Oliver Kreye

Zyklisierende und verzweigende mehrfache Ugi-Reaktionen

Oliver Kreye

Zyklisierende und verzweigende mehrfache Ugi-Reaktionen

Südwestdeutscher Verlag für Hochschulschriften

Impressum / Imprint
Bibliografische Information der Deutschen Nationalbibliothek: Die Deutsche Nationalbibliothek verzeichnet diese Publikation in der Deutschen Nationalbibliografie; detaillierte bibliografische Daten sind im Internet über http://dnb.d-nb.de abrufbar.
Alle in diesem Buch genannten Marken und Produktnamen unterliegen warenzeichen-, marken- oder patentrechtlichem Schutz bzw. sind Warenzeichen oder eingetragene Warenzeichen der jeweiligen Inhaber. Die Wiedergabe von Marken, Produktnamen, Gebrauchsnamen, Handelsnamen, Warenbezeichnungen u.s.w. in diesem Werk berechtigt auch ohne besondere Kennzeichnung nicht zu der Annahme, dass solche Namen im Sinne der Warenzeichen- und Markenschutzgesetzgebung als frei zu betrachten wären und daher von jedermann benutzt werden dürften.

Bibliographic information published by the Deutsche Nationalbibliothek: The Deutsche Nationalbibliothek lists this publication in the Deutsche Nationalbibliografie; detailed bibliographic data are available in the Internet at http://dnb.d-nb.de.
Any brand names and product names mentioned in this book are subject to trademark, brand or patent protection and are trademarks or registered trademarks of their respective holders. The use of brand names, product names, common names, trade names, product descriptions etc. even without a particular marking in this works is in no way to be construed to mean that such names may be regarded as unrestricted in respect of trademark and brand protection legislation and could thus be used by anyone.

Coverbild / Cover image: www.ingimage.com

Verlag / Publisher:
Südwestdeutscher Verlag für Hochschulschriften
ist ein Imprint der / is a trademark of
AV Akademikerverlag GmbH & Co. KG
Heinrich-Böcking-Str. 6-8, 66121 Saarbrücken, Deutschland / Germany
Email: info@svh-verlag.de

Herstellung: siehe letzte Seite /
Printed at: see last page
ISBN: 978-3-8381-3578-6

Zugl. / Approved by: Halle, MLU, Diss., 2009

Copyright © 2012 AV Akademikerverlag GmbH & Co. KG
Alle Rechte vorbehalten. / All rights reserved. Saarbrücken 2012

Für meine Familie und Freunde

Inhalt

1. Einleitung 5

1.1 Multikomponentenreaktionen 5

1.1.1 Isonitrilbasierte Multikomponentenreaktionen (IMCRs) 6
1.1.2 Isonitrile (Isocyanide) 11
1.1.2.1 Chemie und Eigenschaften 11
1.1.2.2 Geschichte und Herstellung 13

1.2 Referenzen 18

2. Ein neues stabiles, konvertierbares Isonitril und dessen Anwendung in IMCRs 21

2.1 Konvertierbare Isonitrile 21

2.2 Aufgabenstellung 26

2.3 Durchführung und Diskussion 28

2.3.1 Synthese von 2-(2,2-Dimethoxyethyl)phenylisonitril 28
2.3.2 Einsatz des konvertierbaren Isonitrils in IMCRs 30
2.3.2.1 Durchführung von UGI-4CRs mit dem konvertierbaren Isonitril 30

2.3.2.2 Durchführung von PASSERINI-3CRs mit dem konvertierbaren Isonitril 35

2.3.2.3 Durchführung einer UGI-SMILES-4CR mit dem konvertierbaren Isonitril 37

2.3.3 Synthese von Peptoiden durch Anwendung des konvertierbaren Isonitrils in IMCRs 38

2.3.4 Einsatz des konvertierbaren Isonitrils als festphasengebundene Variante 40

2.3.4.1 Darstellung des Formamids zur Anbindung an polymeren Trägern 41

2.3.4.2 Darstellung des konvertierbaren Isonitrils an fester Phase und Einsatz in UGI-4CRs 43

2.4 Zusammenfassung 48

2.5 Experimenteller Teil 50

2.6 Referenzen 82

3. Synthese von farbstoffmodifizierten und photochemisch schaltbaren Makrozyklen mit der MiB-Methode 84

3.1 Makrozyklen 84

3.1.1 Die MiB-Methode zum Aufbau von Makrozyklen 85

3.2 Aufgabenstellung 87

3.3 Durchführung und Diskussion..................................89

3.3.1 Synthese von funktionalen bisreaktiven Bausteinen 89

3.3.1.1 Darstellung von farbstoffmodifizierten und photochemisch schaltbaren bifunktionellen Bausteinen 89

3.3.1.2 Synthese von bifunktionellen Biarylethern als Diisonitrile 94

3.3.2 Synthese von Makrozyklen mit der MiB-Methode 96

3.3.3 Synthese von kryptandartigen Strukturen mit der MiB-Methode 101

3.4 Zusammenfassung...103

3.5 Experimenteller Teil..105

3.6 Referenzen 126

4. Divergenter Aufbau von Dendrimeren durch UGI-4CRs 128

4.1 Dendrimere 128

4.1.1 Dendritische Architekturen... 128

4.1.2 Anwendungen von Dendrimeren 131

4.1.3 Synthese von Dendrimeren... 132

4.1.3.1 Divergente Synthesen 132

4.1.3.2 Konvergente Synthesen.. 137

4.1.4 Prinzip der Synthese von Dendrimeren über UGI-4CRs 140

4.1.5 Prinzip der Synthese von Kerneinheiten über UGI-4CRs 146

4.2 Aufgabenstellung 151

4.3 Durchführung und Diskussion 152

4.3.1 Synthese monogeschützter bifunktioneller Bausteine 152

4.3.2 Synthese von Kerneinheiten und deren Funktionalisierungen 156

    4.3.2.1 Homogen längen- und endfunktionalisierte Kerneinheit 156

    4.3.2.2 Divers längenfunktionalisierte Kerneinheiten 157

4.3.3 Divergenter Aufbau von Dendrimeren durch UGI-4CRs 159

    4.3.3.1 Darstellung eines homogen längen- und endfunktionalisierten Dendrimers erster Generation 159

    4.3.3.2 Darstellung hochdiverser Dendrimere erster Generation 160

    4.3.3.3 Darstellung eines homogen längen- und endfunktionalisierten Dendrimers zweiter Generation 164

    4.3.3.4 Darstellung hochdiverser Dendrimere zweiter Generation 168

    4.3.3.5 Darstellung eines homogenen längen- und endfunktionalisierten Dendrimers dritter Generation 173

    4.3.3.6 Oberflächenderivatisierung eines Dendrimers erster Generation mit dem konvertierbaren Isonitril 178

4.4 Zusammenfassung 182

4.5 Experimenteller Teil 184

4.6 Referenzen 223

5. Abkürzungsverzeichnis 227

6. Publikationen und Patente 229

1. Einleitung

1.1 Multikomponentenreaktionen

Unter Multikomponentenreaktionen (MCRs) versteht man Reaktionen, bei denen mehr als zwei Ausgangsverbindungen zu einem Produkt reagieren, wobei der Großteil der Atome sich im Produkt wiederfinden.[1;2] In manchen Fällen finden sich alle Atome im Produkt wieder, was dann als eine hoch atomökonomische Reaktion bezeichnet wird.[3] Bei einigen MCRs werden keine Beiprodukte gebildet, wie z. B. bei der PASSERINI-3CR, oder es handelt sich um Kondensationsreaktionen, wobei nur Wasser freigesetzt wird, was charakteristisch für viele MCRs ist. Damit stellen MCRs in vielen Fällen umweltfreundliche Reaktionen dar.

MCRs als Kondensationsreaktionen sind schon seit langer Zeit bekannt. Die erste beschriebene und auch heute noch sehr bekannte Reaktion ist die nach STRECKER (1850)[4] benannte Synthese von α-Aminonitrilen aus Ammoniak, Blausäure und Aldehyden, die wiederum leicht zu α-Aminosäuren verseift werden können. Weitere bekannte Beispiele von MCRs als Kondensationsreaktionen sind die Dihydropyridin-Synthese nach HANTZSCH (1882),[5] die Imidazolsynthese nach RADZISZEWSKI (1882),[6;7] die Darstellung von Tetrahydropyrimidonen nach BIGINELLI (1891),[8;9] die Synthese von β-Aminocarbonylverbindungen nach MANNICH (1912)[10;11] sowie die Hydantoin-Synthese nach BUCHERER und BERGS (1934).[12;13] Als bekannte modernere Kondensationsreaktionen seien die Darstellung von Thiazolinen nach ASINGER (1958)[14;15] sowie von 2-Aminothiophenen nach GEWALD (1966)[16] zu nennen, in denen sich elementarer Schwefel oder Mercaptane erfolgreich in MCRs einsetzen lassen.

Eine andere Klasse von MCRs stellen die metallkatalysierten Insertionen von Kohlenmonoxid dar. Dazu gehören die von ROELEN und REPPE in den 30er Jahren entwickelten Hydroformylierungen als wichtige Verfahren in der industriellen Chemie. Die wohl bekannteste MCR mit Kohlenmonoxid ist die von PAUSON und KHAND (1973) entwickelte Synthese von Cyclopentenonen.[17;18] Dabei katalysiert Dicobaltoctacarbonyl die Additionsreaktion von Kohlenmonoxid an ein Alkin und ein Alken. Eine erst kürzlich beschriebene MCR mit Kohlenmonoxid ist die von SONODA et al. (2004) entwickelte Synthese von 1,3-Oxathiolan-2-onen durch Umsetzung mit Epoxiden und Schwefel.[19] Ansonsten nehmen die Insertionsreaktionen von Kohlenmonoxid eine untergeordnete Position im Bereich der MCRs ein, da die Ausbeuten häufig schlecht sind und experimentelles Arbeiten mit Kohlenmonoxid im Labor nicht einfach sicher durchzuführen ist.

Eine zum Kohlenmonoxid isoelektronische Substanzklasse sind Isonitrile, die ebenfalls α-Additionen eingehen, und damit erfolgreich in MCRs eingesetzt werden können. Vor fast 90 Jahren wurde mit der PASSERINI-3CR die erste isonitrilbasierte Multikomponentenreaktion (IMCR) entwickelt. Aufgrund der präparativ meist einfach durchzuführenden Reaktionen, den resultierenden hohen Chemoselektivitäten und dem enormen Potenzial in der Erzeugung hoher Produktdiversitäten kommt dieser Klasse von MCRs bis zur heutigen Zeit eine große Bedeutung zu.[20]

1.1.1 Isonitrilbasierte Multikomponentenreaktionen (IMCRs)

Im Jahre 1921 beschrieb PASSERINI die erste Multikomponentenreaktion mit Isonitrilen.[21] Dabei reagieren in einer Dreikomponentenreaktion Carbonsäuren und Isonitrile mit Aldehyden oder Ketonen zu α-Hydroxyacylamiden (Schema 1-1). Die Reaktionen verlaufen bevorzugt in aprotischen Lösungsmitteln, wie z. B. THF oder Dichlormethan, unter mehrstündigem Rühren bei Raumtemperatur ab. Je nach eingesetzten Komponenten lassen sich in den meisten Fällen die Produkte in moderaten bis sehr guten Ausbeuten erhalten.

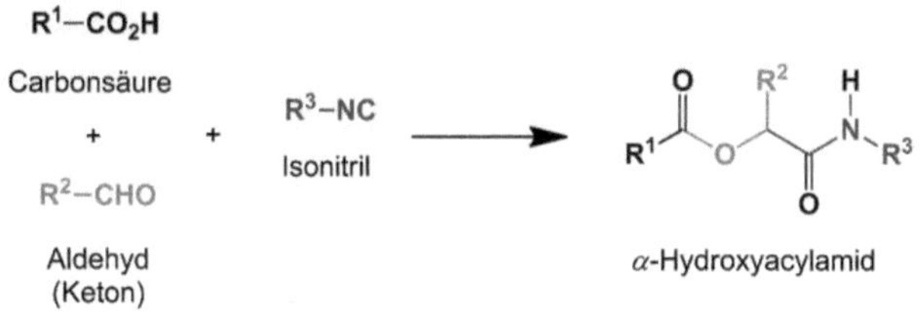

R^1-CO_2H
Carbonsäure
+
R^2-CHO
Aldehyd (Keton)
+
R^3-NC
Isonitril
⟶
α-Hydroxyacylamid

Schema 1-1. Allgemeine Darstellung der PASSERINI-3CR.

Obwohl die PASSERINI-3CR schon sehr lange bekannt ist, herrscht über den Mechanismus der Reaktion bis heute Unklarheit. Da die Umsetzung allerdings in aprotischen Lösungsmitteln bevorzugt abläuft, kann ein ionischer Mechanismus aller Wahrscheinlichkeit nach ausgeschlossen werden. Es wird eher vermutet, dass die Koordination der Aldehyd- oder Ketokomponente mit der Carbonsäure über intermolekulare dipolare Wechselwirkungen den einleitenden Schritt darstellt (Schema 1-2a). Nachfolgend kann das Isonitril in einer α-Addition mit der Carbonylkomponente unter gleichzeitigem nukleophilen Angriff des Carboxylats auf das C-Atom des Isonitrils insertieren. In dem postulierten cyclischen Übergangszustand wird weiterhin das Proton der Carbonsäure auf den Aldehyd oder das Keton übertragen (Schema 1-2b). Die abschließende Reaktion führt wahrscheinlich über eine MUMM-Umlagerung zum α-Hydroxyacylamid als stabiles Endprodukt (Schema 1-2c).[22;23]

Die PASSERINI-3CR, als erste beschriebene IMCR, spielt auch in heutiger Zeit eine wichtige Rolle in der kombinatorischen und medizinischen

Chemie zur Erzeugung hochdiverser Substanzbibliotheken, die für die pharmazeutische Industrie in der Entdeckung neuer Wirkstoffe von großem Interesse sind. Erst kürzlich veröffentlichten ZHU et al. ein modernes Verfahren der PASSERINI-3CR.[24] Dabei werden anstelle der Aldehyde oder Ketone primäre oder sekundäre Alkohole eingesetzt, die in Eintopfreaktionen *in situ* mit IBX zu den korrespondierenden Carbonylkomponenten oxidiert werden, die dann nachfolgend PASSERINI-3CRs eingehen können. Mit dieser Oxidation/IMCR-Tandemreaktion lassen sich auch Aldehyde erfolgreich umsetzen, die unter normalen Bedingungen sehr instabil und hochreaktiv sind, wie z. B. Cyanoacetaldehyd aus der Oxidation von 2-Cyanoethanol.

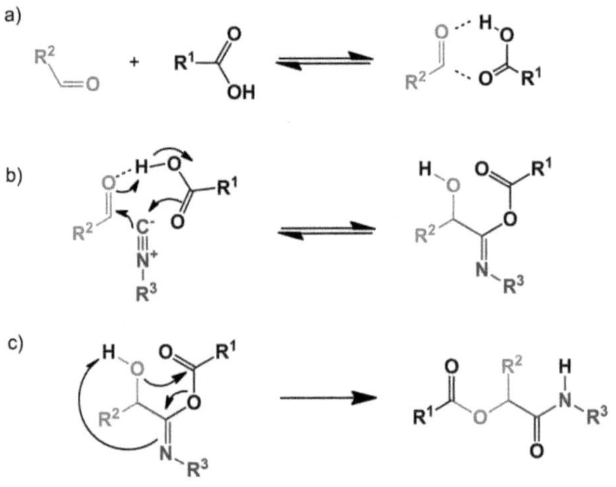

Schema 1-2. Angenommener Mechanismus der PASSERINI-3CR. a) Koordination der Carbonylkomponente und der Carbonsäure über dipolare Wechselwirkungen; b) Insertion des Isonitrils; c) MUMM-Umlagerung zum α-Hydroxyacylamid.

Die bis zur heutigen Zeit bekannteste und am weitesten verbreitete IMCR wurde 1959 von UGI beschrieben.[25-28] In dieser Vierkomponentenreaktion reagieren primäre Amine, Carbonylkomponenten, Carbonsäuren und

Isonitrile in einem Kondensationsprozess zu α-Aminoacylamiden (Schema 1-3).

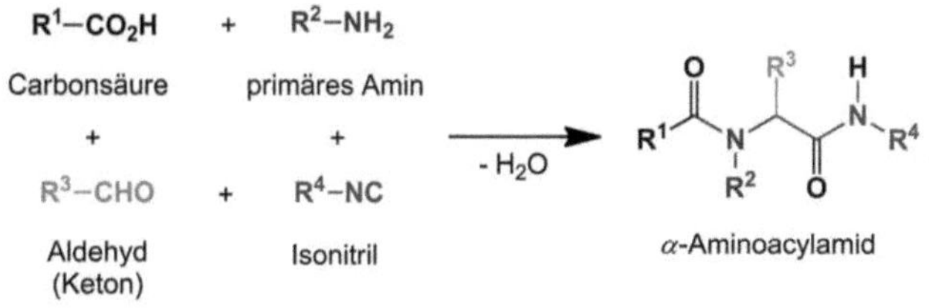

$$R^1-CO_2H \; (\text{Carbonsäure}) + R^2-NH_2 \; (\text{primäres Amin}) + R^3-CHO \; (\text{Aldehyd (Keton)}) + R^4-NC \; (\text{Isonitril}) \xrightarrow{-H_2O} \text{α-Aminoacylamid}$$

Schema 1-3. Allgemeine Darstellung der UGI-4CR.

Die Reaktion verläuft am besten in protischen Lösungsmitteln wie Methanol, Ethanol oder Trifluorethanol unter ca. eintägigem Rühren bei Raumtemperatur. Auch UGI-4CRs in Wasser als Lösungsmittel lassen sich erfolgreich durchführen.[29] Je nach verwendeten Komponenten erhält man die Produkte in moderaten bis sehr guten Ausbeuten. Da die Reste R^1 - R^4 beliebig gewählt werden können, lassen sich mittels der kombinatorischen Chemie hochdiverse Substanzbibliotheken erzeugen.

Im Gegensatz zur PASSERINI-3CR ist der Mechanismus der UGI-4CR hinreichend bekannt. Da die Reaktion in protischen Lösungsmitteln bevorzugt abläuft, kann ein ionischer Mechanismus angenommen werden. Dabei reagiert das primäre Amin zuerst reversibel mit der eingesetzten Carbonylkomponente unter Abspaltung von Wasser zu einem Imin-Intermediat (Schema 1-4a). Das Imin (Schiffsche Base) ist wiederum in der Lage, das Proton der Carbonsäure zu abstrahieren (Schema 1-4b).

Das resultierende Iminiumion mit seinen elektrophilen Eigenschaften kann dann nukleophil mit dem Isonitril reagieren. Der resultierende Elektronenmangel am Isonitrilkohlenstoff wird durch den nukleophilen Angriff des Carboxylats kompensiert (Schema 1-4c). Ob es sich hierbei um einen konzertiert verlaufenden Reaktionsschritt handelt, oder ob die beiden nukleophilen Additionsschritte nacheinander erfolgen, ist noch Gegenstand derzeitiger Untersuchungen. Als gesichert kann der letzte Schritt angesehen werden, indem das Zwischenprodukt in einer MUMM-Umlagerung irreversibel zum stabilen α-Aminoacylamid als Endprodukt überführt wird (Schema 1-4d).[22;23]

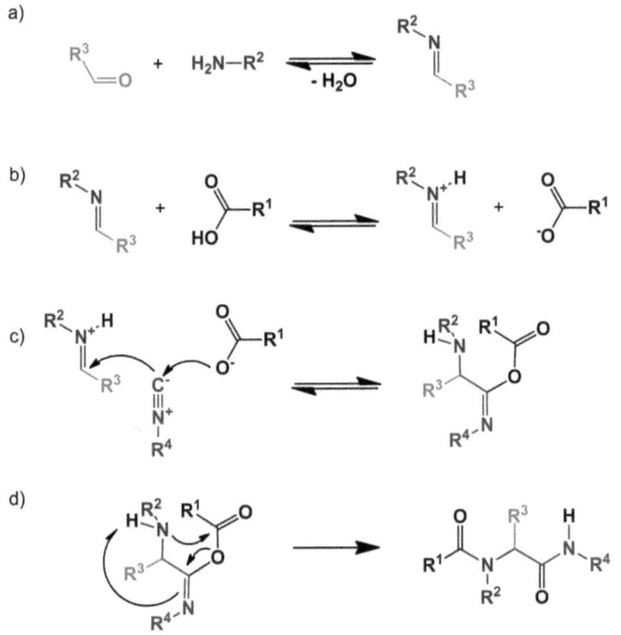

Schema 1-4. Mechanismus der UGI-4CR. a) Iminbildung; b) Protonenübertragung; c) Insertion des Isonitrils; d) MUMM-Umlagerung zum α-Aminoacylamid.

Basierend auf der UGI-4CR sowie der PASSERINI-3CR, entwickelten sich im Laufe der Zeit viele neue Varianten von IMCRs, die auf der Suche nach kleinen Molekülen mit pharmakologischen Eigenschaften eine große Rolle spielen.

Erste Beispiele von Modifikationen der UGI-4CR wurden in den 70er Jahren von VAN LEUSEN in der Synthese von substituierten Imidazolen durch eine Dreikomponentenreaktion mit Tosylmethylisonitril (Tosmic) beschrieben.[30-32] Ein regelrechter Boom in der Entwicklung neuartiger IMCRs trat Anfang der 90er Jahre ein. Hier sollen besonders die Arbeiten der Forschungsgruppen um DÖMLING und UGI,[1;33-38] ZHU und BIENAYMÉ,[39-45] ORRU,[46-48] LAVILLA,[49;50] BANFI und RIVA,[51-54] sowie YAVARI[55-62] und NAIR[63-65] genannt werden. Es kann stark angenommen werden, dass das Interesse an IMCRs in Zukunft weiter enorm zunehmen wird.

1.1.2 Isonitrile (Isocyanide)

Obwohl das erste Isonitril schon vor fast 150 Jahren entdeckt wurde,[66] handelt es sich auch heute noch um eine weniger bekannte und verwendete Substanzklasse in der Organischen Chemie. Ein Grund dafür scheint der sehr unangenehme Geruch und die angenommene hohe Giftigkeit der meisten Isonitrile zu sein, die Chemiker lange Zeit davon abhielten, diese funktionelle Gruppe mit ihren hervorragenden chemischen Eigenschaften genauer zu untersuchen. Isonitrile lassen sich auf unterschiedlichste Weise in einfachen Syntheseschritten herstellen, und auch in biochemischen Prozessen scheinen Isonitrile eine größere Rolle zu spielen. Bis heute sind mehr als hundert Naturstoffe bekannt, die Isonitrilfunktionen aufweisen.[67-69]

1.1.2.1 Chemie und Eigenschaften

Bei Isonitrilen (Isocyaniden) handelt es sich um eine ungewöhnliche Substanzklasse, wobei das Kohlenstoffatom die Oxidationsstufe II aufweist. Außer bei Isonitrilen weisen nur noch Kohlenmonoxid und

Carbene zweiwertigen Kohlenstoff auf. Die Struktur von Isonitrilen kann durch zwei mesomere Grenzstrukturen beschrieben werden (Abbildung 1-1), und zwar als zwitterionische Struktur mit einem Elektronenoktett am Kohlenstoff oder als ungeladene Spezies mit einem Elektronensextett.

$$R-N^+\equiv C^-| \quad \longleftrightarrow \quad R-\bar{N}=C|^{+/-}$$

Abbildung 1-1. Mesomere Grenzstrukturen der Isonitrilfunktion.

Bei beiden mesomeren Grenzstrukturen besitzt das Kohlenstoffatom ein freies Elektronenpaar, das nukleophil reagieren kann.[70] Mit der nukleophilen Reaktion ist gleichzeitig ein auftretender Elektronenmangel am Kohlenstoffatom verbunden, welcher dann als Elektrophil agiert. Somit gehören Isonitrile zu den wenigen Substanzklassen, die sowohl nukleophil als auch elektrophil reagieren können und damit α-Additionen wie bei IMCRs sowie Cycloadditionen[71-73] und Insertionen[74-76] eingehen können. Weitere chemische Eigenschaften der Isonitrile sind geprägt durch deren α-CH-Acidität[33;77-82] und die Neigung zur Polymerisierung.[83-88] Niedermolekulare Isonitrile weisen einen unangenehmen charakteristischen Geruch auf und werden meist als gelbe bis dunkelbraune Flüssigkeiten mit sehr unpolaren Eigenschaften erhalten. Im Gegensatz dazu sind höhermolekulare Isonitrile meist geruchlos und können teilweise in kristalliner Form isoliert werden. Die angenommene hohe Toxizität, die vor allem durch Tosmic begründet ist, konnten durch Versuche der Bayer AG in den 60er Jahren mit mehreren hundert Isonitrilen nicht bestätigt werden.[1] Es zeigten nur einige wenige Isonitrile eine erhöhte Giftigkeit.

1.1.2.2 Geschichte und Herstellung

Mit der Absicht das „Cyanallyl" (Allylnitril) aus der Behandlung von Allyliodid mit Silbercyanid zu erhalten, synthetisierte LIEKE (1859)[66] unwissentlich mit Allylisonitril den ersten Vertreter dieser Substanzklasse (Schema 1-5). Ähnliche Resultate mit der Silbercyanid-Methode erzielten MEYER (1866)[89;90] und GAUTIER (1867).[91]

$$\diagdown\diagup\diagdown\!\!\text{I} \ + \ \text{AgCN} \ \longrightarrow \ \diagdown\diagup\diagdown\!\!\text{NC} \ + \ \text{AgI}$$

Schema 1-5. Darstellung von Allylisonitril nach LIEKE (1859).

Aus eigener Erfahrung kann bestätigt werden, dass es sich beim flüchtigen Allylisonitril um eine extrem übelriechende Substanz handelt. In einem Absatz aus der Originalveröffentlichung von LIEKE[66] beschreibt er exakt die Eigenschaften des „Cyanallyls" (Abbildung 1-2). Es soll aber an dieser Stelle ausdrücklich betont werden, dass nur einige wenige flüchtige Isonitrile einen so unangenehmen Geruch aufweisen.

> Das Cyanallyl ist eine wasserhelle, leicht bewegliche Flüssigkeit, die sich mit der Zeit an der Luft gelb färbt, in Wasser etwas löslich ist, durch Salze wieder daraus abgeschieden wird und sich mit Weingeist und Aether in allen Verhältnissen mischt. Es besitzt einen penetranten, höchst unangenehmen Geruch; das Oeffnen eines Gefäfses mit Cyanallyl reicht hin, die Luft eines Zimmers mehrere Tage lang zu verpesten, wefshalb alle Arbeiten mit demselben im Freien vorgenommen werden müssen. — Das spec. Gewicht bei 17°

Abbildung 1-2. Beschreibung der Eigenschaften von Allylisonitril nach LIEKE (1859).

Gemäß der Regel nach KORNBLUM[92] und dem HSAB-Prinzip[93] reagieren Allylhalogenide mit Silbercyanid in der KOLBE-Nitrilsynthese bevorzugt nach einem S_N1-Mechanismus. In S_N1-Reaktionen reagiert demnach das ambifunktionelle Cyanidion mit dem elektronegativeren Stickstoffatom als Nukleophil. Des Weiteren verhalten sich Silberionen als Lewissäuren und steigern damit die Geschwindigkeit in der Bildung von Allylkationen, was den S_N1-Charakter der Reaktion weiter erhöht. Diese Art der Herstellung von Isonitrilen spielt heutzutage nur noch eine untergeordnete Rolle, da außer Allyl- und Benzylhalogeniden nur noch tertiäre Alkylhalogenide mit Silbercyanid zu Isonitrilen umgesetzt werden können. Primäre und sekundäre Alkylhalogenide gehen bevorzugt S_N2-Reaktionen ein und liefern dementsprechend Nitrile als Hauptprodukte.

Eine andere Methode der Darstellung von Isonitrilen wurde von HOFMANN (1867) beschrieben.[94] Durch Einwirkung von Kaliumhydroxid und Chloroform auf Anilinderivate lassen sich Phenylisonitrile erhalten (Schema 1-6). Unter den stark basischen Bedingungen entsteht aus Chloroform zunächst ein Dichlorcarben, das elektrophil mit der Aminogruppe des Anilins reagiert. Die nachfolgende zweifache basenvermittelte Eliminierung von HCl führt dann zu den entsprechenden Isonitrilen.

$$Ar-NH_2 + 3\,KOH + CHCl_3 \longrightarrow Ar-NC + 3\,KCl + H_2O$$

Schema 1-6. Darstellung von Phenylisonitrilen nach HOFMANN (1867).

Aufgrund der drastischen Bedingungen können mit dieser Methode nur einfache aromatische und aliphatische Aminderivate zu Isonitrilen umgesetzt werden, da es bei empfindlicheren Derivaten zu erheblichen Nebenreaktionen kommen würde. Des Weiteren sind auch die erhaltenen Ausbeuten häufig unbefriedigend. In den 70er Jahren zeigten UGI und

WEBER, dass durch Einsatz von Phasentransferkatalysatoren die Ausbeuten bei der HOFMANN-Isonitrilsynthese gesteigert werden können.[95]

Das gängigste Verfahren zur Synthese von Isonitrilen wurde 1958 von UGI beschrieben.[96;97] In einem Zweistufenverfahren wird das primäre Aminderivat zunächst in das entsprechende Formamid überführt. Die anschließende Behandlung mit Dehydratisierungsreagenzien, unter basischen Bedingungen in unpolaren Lösungsmitteln, führt dann zum korrespondierenden Isonitril (Schema 1-7). In ersten Versuchen wurden Formamide mit Phosgen und Triethylamin zu Isonitrilen umgesetzt.[98] Aufgrund der hohen Giftigkeit und der schweren Handhabbarkeit von Phosgen wurden in modernen Verfahren Phosphorylchlorid oder Triphosgen als Dehydratisierungsreagenzien eingesetzt.

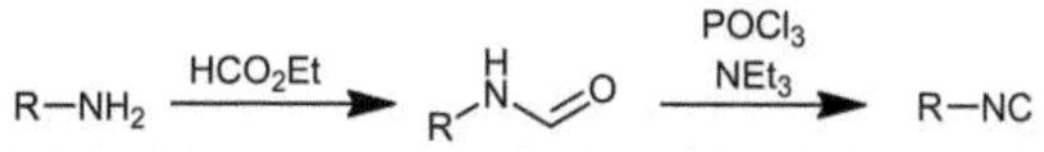

$$R-NH_2 \xrightarrow{HCO_2Et} R-\overset{H}{N}-CHO \xrightarrow[NEt_3]{POCl_3} R-NC$$

Schema 1-7. Synthese von Isonitrilen aus Formamiden nach UGI (1958).

Auch andere Reagenzien wie z. B. Oxalylchlorid, Thionylchlorid, Phosphorpentachlorid und Phosphortrichlorid wurden in UGI-Isonitrilsynthesen eingesetzt, lieferten aber im Allgemeinen schlechtere Ausbeuten. Heutzutage erfolgt die Synthese von Isonitrilen im Labormaßstab meist durch Behandlung der Formamide mit Phosphorylchlorid in THF oder Dichlormethan unter Beteiligung von Triethylamin oder Diisopropylamin als Basen.[99;100] Alle in dieser Arbeit hergestellten Isonitrile ließen sich nach dieser Zweistufenmethode in Ausbeuten von mindestens 75% erhalten. Eine weitere moderne und sehr milde Variante zur Darstellung von Isonitrilen aus empfindlichen Formamiden stellt die Dehydratisierung mit dem von BURGESS entwickelten Methyl *N*-(Triethylammoniumsulfonyl)carbamat dar.[101-103] APPEL *et al.* entwickelten 1971 eine milde Variante, wobei sich Formamide mit Tetrachlorkohlenstoff und Triphenylphosphin unter Baseneinfluss zu Isonitrilen umsetzen lassen.[104] Eine weitere schonende Methode zur Dehydratisierung von Formamiden wurde 1990 von BALDWIN mit dem Einsatz von Triflat-Anhydrid beschrieben.[105] Neben den erwähnten Methoden wurde kürzlich auch ein Mikrowellenverfahren beschrieben,[106] in dem Isonitrile durch Behandlung von Formamiden mit Cyanurchlorid und Pyridin in sehr kurzen Reaktionszeiten zugänglich sind.

Formamide wiederum lassen sich aus primären Aminen ebenfalls nach unterschiedlichsten Methoden erzeugen. Im einfachsten Falle erhitzt man das Aminderivat, gelöst in Ameisensäureester (Methyl- oder Ethylformiat), für längere Zeit unter Rückfluss. Die Formamide lassen sich in den meisten Fällen nahezu quantitativ erhalten. Bei stark deaktivierten Aminen (z. B. Anilinen) können unter diesen Reaktionsbedingungen allerdings keine Formamide erzeugt werden, oder es sind Reaktionszeiten von mehreren Wochen nötig. Verbesserung bietet hierbei der Einsatz von höhersiedenden Ameisensäureester, wie z. B. *n*-Butylformiat, um in kurzen Reaktionszeiten quantitativ die korrespondierenden Formamide zu erhalten.[107] Die Mischung mit Xylol als hochsiedendem Lösungsmittel verkürzt die Reaktionszeiten beträchtlich. Ein modernes Verfahren für Aniline und empfindliche Aminderivate bietet die Formylierung mit einem gemischten Anhydrid, das durch Erhitzen aus Essigsäureanhydrid und Ameisensäure erhalten werden kann.[108] In kürzester Zeit lassen sich damit aliphatische Amine bei Raumtemperatur formylieren. Aniline lassen sich mit diesem Formylierungsreagenz im Allgemeinen durch Erhitzen in wenigen Stunden vollständig umsetzen.[109] Mit Trimethylorthoformiat steht des Weiteren eine Reagenz zur Verfügung, das in der Lage ist, primäre Ammoniumsalze wie z. B. Alkylammoniumchloride direkt ohne vorherige Deprotonierung quantitativ zu Formamiden umzusetzen.[110] Für die Synthese von Isonitrilen existieren noch einige weitere moderne Verfahren. So lassen sich β- und γ-Hydroxyisonitrile aus Behandlung von Epoxiden und Oxetanen mit Trimethylsilylnitril (TMS-CN) und Zinkiodid generieren.[111;112] Vinylisonitrile können aus Reduktion von Ketoximen mit Titan(III)-acetat in Gegenwart des erwähnten gemischten Anhydrids und anschließender Dehydratisierung des α,β-ungesättigten Formamids erhalten werden.[113] Benzyl- und tertiäre Alkylisonitrile lassen sich direkt aus den korrespondierenden Alkoholen durch Behandlung mit TMS-CN unter Einfluss von Lewissäuren herstellen.[114;115]

1.2 Referenzen

[1.] A. Dömling, I. Ugi, *Angew. Chem. Int. Ed.* **2000**, *39*, 3169; *Angew. Chem.* **2000**, *112*, 3300.
[2.] A. Dömling, *Chem. Rev.* **2006**, *106*, 17.
[3.] B. M. Trost, *Angew. Chem. Int. Ed.* **1995**, *34*, 259; *Angew. Chem.* **1995**, *107*, 285.
[4.] A. Strecker, *Liebigs Ann. Chem.* **1850**, *75*, 27.
[5.] A. Hantzsch, *Liebigs Ann. Chem.* **1882**, *215*, 1.
[6.] B. Radziszewksi, *Ber. Dtsch. Chem. Ges.* **1882**, *15*, 2706.
[7.] B. Radziszewski, *Ber. Dtsch. Chem. Ges.* **1882**, *15*, 1499.
[8.] P. Biginelli, *Ber. Dtsch. Chem. Ges.* **1891**, *24*, 2962.
[9.] P. Biginelli, *Ber. Dtsch. Chem. Ges.* **1893**, *26*, 447.
[10.] M. Arend, B. Westermann, N. Risch, *Angew. Chem. Int. Ed.* **1998**, *37*, 1044; *Angew. Chem.* **1998**, *110*, 1096.
[11.] C. Mannich, W. Kröschl, *Arch. Pharm.* **1912**, *250*, 647.
[12.] T. Bucherer, H. Barsch, *J. Prakt. Chem.* **1934**, *140*, 151.
[13.] S. Kubik, R. S. Meissner, J. Rebek, *Tetrahedron Lett.* **1994**, *35*, 6635.
[14.] F. Asinger, M. Thiel, *Angew. Chem.* **1958**, *70*, 667.
[15.] F. Asinger, H. Offermanns, *Angew. Chem. Int. Ed.* **1967**, *6*, 907; *Angew. Chem.* **1967**, *79*, 953.
[16.] K. Gewald, E. Schinke, H. Böttcher, *Chem. Ber.* **1966**, *99*, 94.
[17.] S. E. Gibson, A. Stevenazzi, *Angew. Chem. Int. Ed.* **2003**, *42*, 1800; *Angew. Chem.* **2003**, *115*, 1844.
[18.] I. U. Khand, G. R. Knox, P. L. Pauson, W. E. Watts, M. I. Foreman, *J. Chem. Soc. Perkin Trans. 1* **1973**, 977.
[19.] Y. Nishiyama, C. Katahira, N. Sonoda, *Tetrahedron Lett.* **2004**, *45*, 8539.
[20.] M. D. Burke, S. L. Schreiber, *Angew. Chem. Int. Ed.* **2004**, *43*, 46; *Angew. Chem.* **2004**, *116*, 48.
[21.] M. Passerini, *Gazz. Chem. Ital.* **1921**, *51*, 126.
[22.] O. Mumm, *Ber. Dtsch. Chem. Ges.* **1910**, *43*, 887.
[23.] O. Mumm, H. Hesse, H. Volquartz, *Ber. Dtsch. Chem. Ges.* **1915**, *48*, 379.
[24.] T. Ngouansavanh, J. P. Zhu, *Angew. Chem. Int. Ed.* **2006**, *45*, 3495; *Angew. Chem.* **2006**, *118*, 3575.
[25.] I. Ugi, *Angew. Chem.* **1959**, *71*, 386.
[26.] I. Ugi, C. Steinbrückner, *Angew. Chem.* **1960**, *72*, 267.
[27.] I. Ugi, C. Steinbrückner, *Chem. Ber.* **1961**, *94*, 734.
[28.] I. Ugi, *Angew. Chem.* **1962**, *74*, 9.
[29.] M. C. Pirrung, K. Das Sarma, *J. Am. Chem. Soc.* **2004**, *126*, 444.
[30.] V. Gracias, A. F. Gasiecki, S. W. Djuric, *Org. Lett.* **2005**, *7*, 3183.
[31.] O. H. Oldenziel, A. M. van Leusen, *Tetrahedron Lett.* **1974**, *2*, 163.
[32.] A. M. van Leusen, J. Wildeman, O. H. Oldenziel, *J. Org. Chem.* **1977**, *42*, 1153.
[33.] A. Dömling, I. Ugi, *Angew. Chem. Int. Ed.* **1993**, *32*, 563; *Angew. Chem.* **1993**, *105*, 634.
[34.] A. Dömling, M. Starnecker, I. Ugi, *Angew .Chem. Int. Ed.* **1995**, *34*, 2238; *Angew. Chem.* **1995**, *107*, 2465.
[35.] A. Dömling, *Curr. Opin. Chem. Biol.* **2002**, *6*, 306.
[36.] A. Dömling, K. Illgen, *Synthesis* **2005**, 662.
[37.] J. Kolb, B. Beck, A. Dömling, *Tetrahedron Lett.* **2002**, *43*, 6897.
[38.] I. Ugi, B. Werner, A. Dömling, *Molecules* **2003**, *8*, 53.
[39.] J. Blankenstein, J. P. Zhu, *Eur. J. Org. Chem.* **2005**, 1949.
[40.] D. Bonne, M. Dekhane, J. P. Zhu, *Org. Lett.* **2005**, *7*, 5285.
[41.] D. Bonne, M. Dekhane, B. P. Zhu, *Angew. Chem. Int. Ed.* **2007**, *46*, 2485; *Angew. Chem.* **2007**, *119*, 2537.

[42.] P. Cristau, J. P. Vors, J. P. Zhu, *Org. Lett.* **2001**, *3*, 4079.
[43.] P. Janvier, M. Bois-Choussy, H. Bienaymé, J. P. Zhu, *Angew. Chem. Int. Ed.* **2003**, *42*, 811; *Angew. Chem.* **2003**, *115*, 835.
[44.] X. W. Sun, P. Janvier, G. Zhao, H. Bienaymé, J. P. Zhu, *Org. Lett.* **2001**, *3*, 877.
[45.] J. Zhu, H. Bienaymé, *Multicomponent Reactions;* Wiley-VCH: Weinheim, **2005**.
[46.] R. S. Bon, C. G. Hong, M. J. Bouma, R. F. Schmitz, F. J. J. de Kanter, M. Lutz, A. L. Spek, R. V. A. Orru, *Org. Lett.* **2003**, *5*, 3759.
[47.] R. S. Bon, B. van Vliet, N. E. Sprenkels, R. F. Schmitz, F. J. de Kanter, C. V. Stevens, M. Swart, F. M. Bickelhaupt, M. B. Groen, R. V. Orru, *J. Org. Chem* **2005**, *70*, 3542.
[48.] R. V. A. Orru, M. de Greef, *Synthesis* **2003**, 1471.
[49.] C. Masdeu, E. Gomez, N. Aba Williams, R. Lavilla, *QSAR Comb. Sci.* **2006**, *25*, 465.
[50.] N. A. O. Williams, C. Masdeu, J. L. Diaz, R. Lavilla, *Org. Lett.* **2006**, *8*, 5789.
[51.] L. Banfi, A. Basso, G. Guanti, R. Riva, *Tetrahedron Lett.* **2003**, *44*, 7655.
[52.] L. Banfi, A. Basso, G. Guanti, R. Riva, *Tetrahedron Lett.* **2004**, *45*, 6637.
[53.] L. Banfi, R. Riva, *The Passerini Reaction*, In *Organic Reactions*, Vol. 65; L. E. Overman, Ed.; Wiley: New York, **2005**.
[54.] S. A. Dietrich, L. Banfi, A. Basso, G. Damonte, G. Guanti, R. Riva, *Org. Biomol. Chem.* **2005**, *3*, 97.
[55.] I. Yavari, M. Anary-Abbasinejad, A. Alizadeh, Z. Hossaini, *Tetrahedron* **2003**, *59*, 1289.
[56.] I. Yavari, A. Alizadeh, M. Anary-Abbasinejad, H. R. Bijanzadeh, *Tetrahedron* **2003**, *59*, 6083.
[57.] I. Yavari, H. Djahaniani, F. Nasiri, *Tetrahedron* **2003**, *59*, 9409.
[58.] I. Yavari, F. Nasiri, H. Djahaniani, *Mol. Diversity* **2004**, *8*, 431.
[59.] I. Yavari, A. Habibi, *Synthesis* **2004**, 989.
[60.] I. Yavari, H. Djahaniani, F. Nasiri, *Synthesis* **2004**, 679.
[61.] I. Yavari, H. Djahaniani, *Tetrahedron Lett.* **2005**, *46*, 7491.
[62.] I. Yavari, L. Moradi, *Helv. Chim. Acta* **2006**, *89*, 1942.
[63.] V. Nair, A. U. Vinod, C. Rajesh, *J. Org. Chem.* **2001**, *66*, 4427.
[64.] V. Nair, R. S. Menon, A. Deepthi, B. R. Devi, A. T. Biju, *Tetrahedron Lett.* **2005**, *46*, 1337.
[65.] V. Nair, R. Dhanya, S. Viji, *Tetrahedron* **2005**, *61*, 5843.
[66.] W. Lieke, *Liebigs Ann. Chem.* **1859**, *112*, 316.
[67.] P. S. Baran, T. J. Maimone, J. M. Richter, *Nature* **2007**, *446*, 404.
[68.] G. M. König, A. D. Wright, C. K. Angerhofer, *J. Org. Chem.* **1996**, *61*, 3259.
[69.] P. J. Scheuer, *Acc. Chem. Res.* **1992**, *25*, 433.
[70.] V. V. Tumanov, A. A. Tishkov, H. Mayr, *Angew. Chem. Int. Ed.* **2007**, *46*, 3563; *Angew. Chem.* **2007**, *119*, 3633.
[71.] N. Chatani, M. Oshita, M. Tobisu, Y. Ishii, S. Murai, *J. Am. Chem. Soc.* **2003**, *125*, 7812.
[72.] M. Oshita, K. Yamashita, M. Tobisu, N. Chatani, *J. Am. Chem. Soc.* **2005**, *127*, 761.
[73.] M. Tobisu, M. Oshita, S. Yoshioka, A. Kitajima, N. Chatani, *Pure Appl. Chem.* **2006**, *78*, 275.
[74.] M. Tobisu, S. Yamaguchi, N. Chatani, *Org. Lett.* **2007**, *9*, 3351.
[75.] M. Tobisu, A. Kitajima, S. Yoshioka, I. Hyodo, M. Oshita, N. Chatani, *J. Am. Chem. Soc.* **2007**, *129*, 11431.
[76.] S. Yoshioka, M. Oshita, M. Tobisu, N. Chatani, *Org. Lett.* **2005**, *7*, 3697.
[77.] O. H. Oldenziel, A. M. van Leusen, *Tetrahedron Lett.* **1974**, *2*, 163.
[78.] U. Schöllkopf, F. Gerhart, *Angew. Chem. Int. Ed.* **1968**, *7*, 805; *Angew. Chem.* **1968**, *80*, 842.
[79.] U. Schöllkopf, F. Gerhart, R. Schröder, *Angew. Chem. Int. Ed.* **1969**, *8*, 672; *Angew. Chem.* **1969**, *81*, 701.
[80.] U. Schöllkopf, R. Jentsch, *Angew. Chem. Int. Ed.* **1973**, *12*, 323; *Angew. Chem.* **1973**, *85*, 355.
[81.] U. Schöllkopf, R. Schröder, D. Stafforst, *Liebigs Ann. Chem.* **1974**, 44.

[82.] U. Schöllkopf, *Angew. Chem. Int. Ed.* **1977**, *16*, 339; *Angew. Chem.* **1977**, *89*, 351.
[83.] W. Drenth, R. J. M. Nolte, *Acc. Chem. Res.* **1979**, *12*, 30.
[84.] N. Hida, F. Takei, K. Onitsuka, K. Shiga, S. Asaoka, T. Iyoda, S. Takahashi, *Angew. Chem. Int. Ed.* **2003**, *42*, 4349; *Angew. Chem.* **2003**, *115*, 4485.
[85.] F. Millich, *Chem. Rev.* **1972**, *72*, 101.
[86.] R. J. M. Nolte, *Chem. Soc. Rev.* **1994**, *23*, 11.
[87.] E. Schwartz, H. J. Kitto, R. de Gelder, R. J. M. Nolte, A. E. Rowan, J. J. L. M. Cornelissen, *J. Mater. Chem.* **2007**, *17*, 1876.
[88.] F. Takei, K. Onitsuka, S. Takahashi, *Macromolecules* **2005**, *38*, 1513.
[89.] P. Boullanger, G. Descotes, *Tetrahedron Lett.* **1976**, *4*, 3427.
[90.] E. Meyer, *J. Prakt. Chem.* **1866**, 147.
[91.] A. Gautier, *Liebigs Ann. Chem.* **1867**, *142*, 289.
[92.] N. Kornblum, R. A. Smiley, H. E. Ungnade, A. M. White, B. Taub, S. A. Herbert, *J. Am. Chem. Soc.* **1955**, *77*, 5528.
[93.] B. Saville, *Angew. Chem. Int. Ed.* **1967**, *6*, 928; *Angew. Chem.* **1967**, *79*, 966.
[94.] A. W. Hofmann, *Liebigs Ann. Chem.* **1867**, *144*, 114.
[95.] W. P. Weber, I. K. Ugi, G. W. Gokel, *Angew. Chem. Int. Ed.* **1972**, *11*, 530; *Angew. Chem.* **1972**, *84*, 587.
[96.] I. Ugi, R. Meyr, *Angew. Chem.* **1958**, *70*, 702.
[97.] I. Ugi, R. Meyr, *Chem. Ber.* **1960**, *93*, 239.
[98.] I. Ugi, U. Fetzer, U. Eholzer, H. Knupfer, K. Offermann, *Angew. Chem. Int. Ed.* **1965**, *4*, 472; *Angew. Chem.* **1965**, *77*, 492.
[99.] K. I. Nunami, M. Suzuki, N. Yoneda, *Synthesis* **1978**, 840.
[100.] R. Obrecht, R. Herrmann, I. Ugi, *Synthesis* **1985**, 400.
[101.] P. S. Baran, J. M. Richter, *J. Am. Chem. Soc.* **2005**, *127*, 15394.
[102.] S. M. Creedon, H. K. Crowley, D. G. McCarthy, *J. Chem. Soc. Perkin Trans. 1* **1998**, 1015.
[103.] S. Khapli, S. Dey, D. Mal, *J. Indian. Inst. Sci.* **2001**, *81*, 461.
[104.] R. Appel, R. Kleinstück, K. D. Ziehn, *Angew. Chem. Int. Ed.* **1971**, *10*, 132; *Angew. Chem.* **1971**, *83*, 143.
[105.] J. E. Baldwin, I. A. O'Neil, *Synlett* **1990**, 603.
[106.] A. Porcheddu, G. Giacomelli, M. Salaris, *J. Org. Chem.* **2005**, *70*, 2361.
[107.] K. Kobayashi, K. Yoneda, T. Mizumoto, H. Umakoshi, O. Morikawa, H. Konishi, *Tetrahedron Lett.* **2003**, *44*, 4733.
[108.] D. Prosperi, S. Ronchi, L. Lay, A. Rencurosi, G. Russo, *Eur. J. Org. Chem.* **2004**, 395.
[109.] B. Westermann, D. Michalik, A. Schaks, O. Kreye, Ch. Wagner, K. Merzweiler, L. A. Wessjohann, *Heterocycles* **2007**, *73*, 863.
[110.] T. Chancellor, C. Morton, *Synthesis* **1994**, 1023.
[111.] P. G. Gassman, T. L. Guggenheim, *J. Am. Chem. Soc.* **1982**, *104*, 5849.
[112.] P. G. Gassman, L. M. Haberman, *Tetrahedron Lett.* **1985**, *26*, 4971.
[113.] D. H. R. Barton, T. Bowles, S. Husinec, J. E. Forbes, A. Llobera, A. E. A. Porter, S. Z. Zard, *Tetrahedron Lett.* **1988**, *29*, 3343.
[114.] Y. Kitano, K. Chiba, M. Tada, *Tetrahedron Lett.* **1998**, *39*, 1911.
[115.] Y. Kitano, T. Manoda, T. Miura, K. Chiba, M. Tada, *Synthesis* **2006**, 405.

2. Ein neues stabiles, konvertierbares Isonitril und dessen Anwendung in IMCRs[1]

2.1 Konvertierbare Isonitrile

Isonitrilbasierte Multikomponentenreaktionen (IMCRs), wie z. B. die UGI-4CR, die PASSERINI-3CR oder neuartige Methoden, nehmen in der Suche nach kleinen Molekülen eine herausragende Stellung ein,[2-5] da sie den Zugang zu hoher Produktdiversität häufig in einer ausnahmslos kurzen, höchst atomökonomischen Sequenz gestatten (siehe Kapitel 1).

Durch die vorgegebene Charakteristik der UGI-4CR werden Amide gebildet, die hohe Stabilitäten aufweisen und somit für Folgereaktionen nur sehr schwer funktionalisiert werden können. Somit stellt die Mehrkomponentenreaktion häufig das Ende einer Reaktionssequenz dar. Die selektive Spaltung und vielseitige Funktionalisierung einer Amidgruppe, in Gegenwart anderer Amid- oder Estergruppen (Abbildung 2-1), würde eine Möglichkeit darstellen, die Produktdiversität drastisch zu steigern, da nachfolgende MCRs oder andere Synthesen möglich wären. Somit könnte man, ausgehend von einfachen Edukten, in kurzen Syntheseschritten, hochkomplexe, naturstoffähnliche Substanzgruppen wie Peptide, Peptoide, Depsipeptide, cyclische Derivate und andere komplexe Strukturen erzeugen.

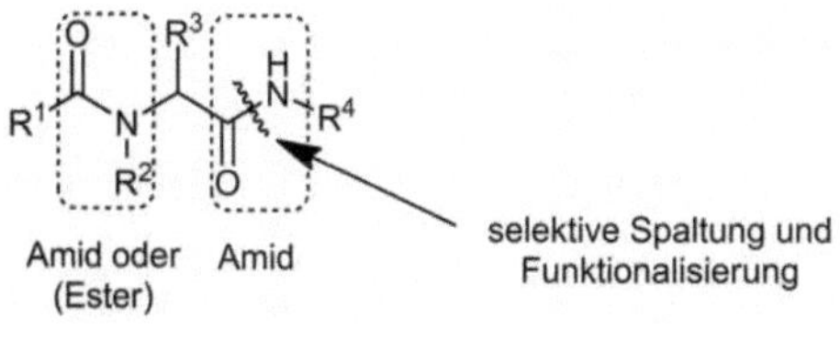

Abbildung 2-1. Selektive Spaltung der Amidbindung, die vom Isonitril (R^4-NC) resultiert.

Um eine Amidbindung selektiv zu spalten, muss diese in eine gute Abgangsgruppe umgewandelt werden. Möglichkeiten dazu liefern sogenannte konvertierbare Isonitrile, in denen nach erfolgten IMCRs die erhaltenen sekundären Amidbindungen durch unterschiedliche Folgereaktionen aktiert werden können. Das Ziel der Aktivierung ist es, die Elektrophilie der benachbarten Carbonylgruppe zu erhöhen, um das Amid mittels moderaten Bedingungen unter Abspaltung des korrespondierenden Amins nukleophil zu substituieren (Schema 2-1).

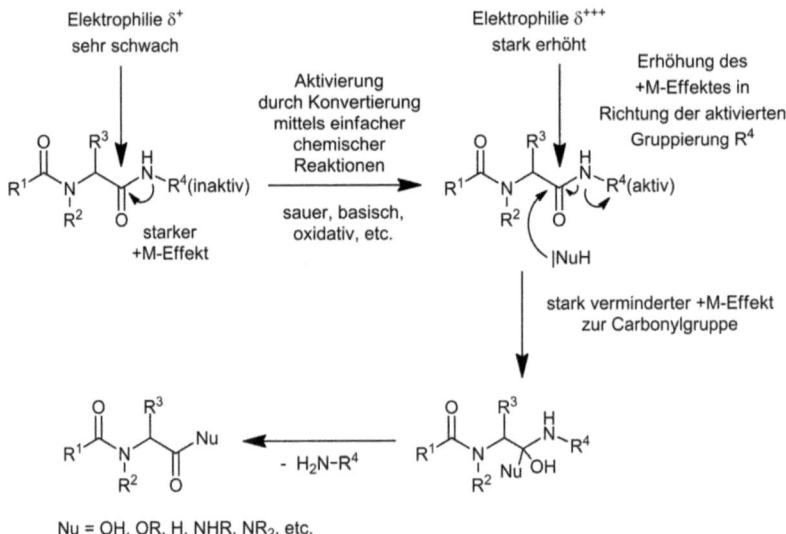

Schema 2-1. Prinzip der Spaltung konvertierbarer Isonitrile durch Nukleophile.

Unter den bislang beschriebenen Versuchen haben die konvertierbaren Isonitrile **1-5** (Abbildung 2-2) in geringem Umfang Anwendung in IMCRs gefunden.

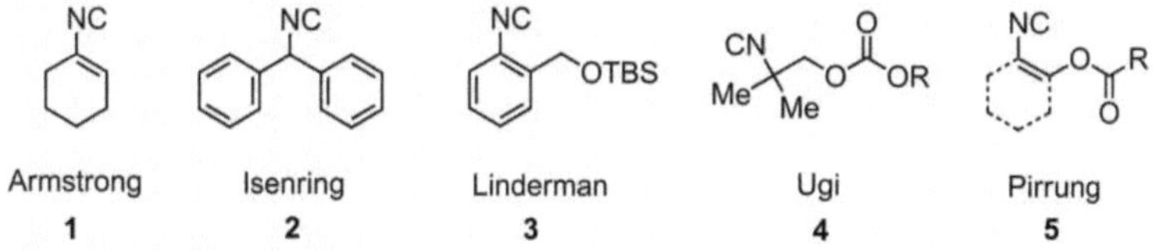

Armstrong	Isenring	Linderman	Ugi	Pirrung
1	2	3	4	5

Abbildung 2-2. Einige konvertierbare Isonitrile.

ARMSTRONG et al. veröffentlichten 1996 die Entwicklung und den Einsatz von 1-Isocyanocyclohexen **1** als konvertierbares Isonitril in UGI-4CRs.[6] Nachfolgend konnten die gebildeten Cyclohexenamide unter sauren Bedingungen vielseitig funktionalisiert werden. Einfache Reaktionen ermöglichten die Darstellungen von Carbonsäuren, Estern, Thioestern und Lactamen (1,4-Benzodiazepin-2,5-dione). Da die Konvertierungen über sogenannte dipolare Münchnone als Intermediate verlaufen (Schema 2-2a), ist es möglich, bei Anwesenheit geeigneter Dienophile, Produkte von 1,3-dipolaren Cycloadditionen, wie z. B. Pyrrolderivate, zu erhalten (Schema 2-2b). Trotz der vielseitigen Umsetzungsmöglichkeiten sind ein wesentlicher Nachteil dieses konvertierbaren Isonitrils die schwere Zugänglichkeit sowie die hohe Instabilität dieser Substanz, die nur bei -30°C unter Argonatmosphäre für längere Zeit haltbar ist.

1999 zeigten LINDERMAN et al. den erfolgreichen Einsatz von TBS-geschützten 2-Isocyanobenzylalkohol **3** als konvertierbares Isonitril zur Darstellung von hochstereoselektiven α-Aminosäuren.[9] Nach erfolgten UGI-4CRs mit Aminozuckern ließen sich die erhaltenen Produkte unter sauren Bedingungen zu 2-Aminobenzylestern umlagern, die wiederum leicht verseift werden konnten. Der Einsatz dieses konvertierbaren Isonitrils scheint besonders wertvoll in der Synthese asymmetrischer α-Aminosäuren über IMCRs zu sein. Weitere Funktionalisierungsmöglichkeiten wurden bisher nicht beschrieben.

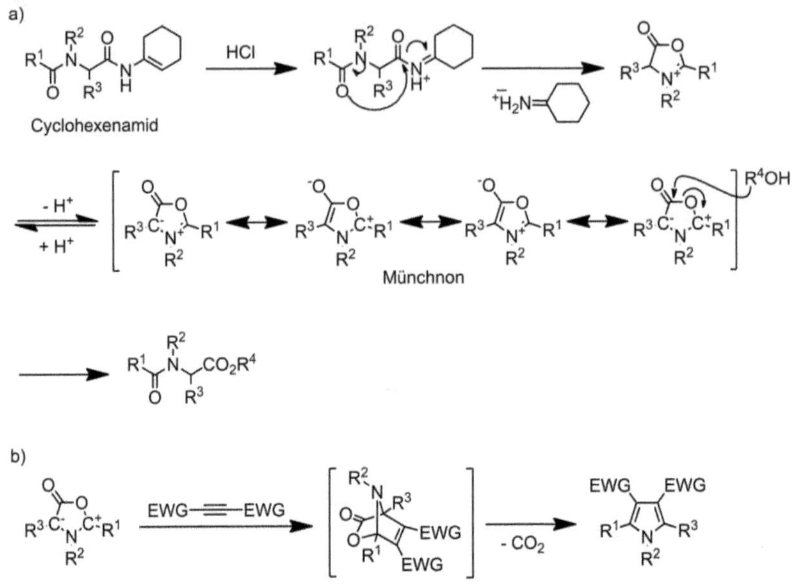

Schema 2-2. Prinzip der Spaltung von Cyclohexenamiden, die über Münchnone verlaufen. Bei geeigneten Dipolarophilen können unter Abspaltung von CO_2 hochsubstituierte Pyrrole erhalten werden (EWG = elektronenziehender Substituent, engl. *electron withdrawing group*).

In der Totalsynthese des Antibiotikums Nocardicin verwendeten ISENRING und HOFHEINZ (1983) Diphenylmethylisocyanid **2** als konvertierbares Isonitril in UGI-4CRs.[7;8] Durch nachfolgende Oxidationen mit Distickstofftetroxid war es möglich, aus den resultierenden Amidbindungen die korrespondierenden Ester zu erhalten, die durch saure Behandlungen leicht zu Carbonsäuren hydrolysiert werden konnten. Ebenfalls war es möglich, *p*-Nitrophenylisonitril einzusetzen und nach gleichen Bedingungen zum entsprechenden *p*-Nitrophenylester zu oxidieren. Außer den erwähnten oxidativen Umsetzungen zu Estern, sind allerdings keine weiteren Konvertierungsmöglichkeiten beschrieben worden.

Mit der Verwendung von β-Isocyanoethyl-alkylcarbonaten **4** in UGI-4CRs präsentierten UGI *et al.* (1999) ein weiteres interessantes konvertierbares Isonitril. Im Gegensatz zu den bisher beschriebenen Konvertierungsmöglichkeiten, die entweder unter sauren oder oxidativen Bedingungen durchgeführt werden, ließen sich die Produkte von **4** unter Einwirkung von starken Basen funktionalisieren.[10] Nachfolgende Reaktionen der erhaltenen α-Aminoacylamide mit KO*t*-Bu lieferten cyclische *N*-Acylurethane als Intermediate, die durch Alkoholate leicht zu den entsprechenden Estern umgesetzt werden konnten.

Erst kürzlich publizierten PIRRUNG *et al.* den Einsatz von 2-Isocyanophenylester und -vinylester **5** in UGI-4CRs und die anschließenden Umsetzungen zu Estern unter Einwirkung von Säuren.[11] Da die Konvertierungen genau wie beim ARMSTRONG-Isonitril **1** über Münchnone verlaufen, konnten ebenfalls durch 1,3-dipolare Cycloadditionen, z. B. mit DMAD, hochsubstituierte Pyrrolderivate dargestellt werden.

Eine Reihe weiterer konvertierbarer Isonitrile spielen nur eine untergeordnete Rolle und kamen für einige spezielle Synthesen in IMCRs zum Einsatz.[12-15]

All die genannten konvertierbaren Isonitrile haben ihre Vor- und Nachteile. Das ARMSTRONG-Isonitril **1** ist schwer zugänglich und äußerst instabil, lässt sich aber nach erfolgter IMCR unter sauren Bedingungen vielseitig umsetzen. Die Isonitrile **2**, **3** und **4** wiederum lassen sich leicht synthetisieren und weisen eine hohe Stabilität auf, können aber in erster Linie nur zu Estern und Carbonsäuren funktionalisiert werden. Die Konvertierungen von Isonitrilen **2** und **4** verlaufen weiterhin unter relativ drastischen Bedingungen ab, wobei zusätzliche vorhandene funktionelle Gruppen im Molekül zersetzt werden könnten. Große Vorteile scheinen die kürzlich veröffentlichten Isonitrile **5** von PIRRUNG zu besitzen. Diese können in einfachen Schritten ausgehend von Oxazolen hergestellt werden, scheinen stabil zu sein, weisen einen angenehmen Geruch auf und besitzen in der Konvertierung die Vorteile des ARMSTRONG-Isonitrils. Bedenken sollte man aber, dass die Konvertierung in methanolischer HCl durchgeführt wird und somit bei Vorhandensein säurelabiler Gruppen im Molekül die Gefahr weiterer Zersetzung besteht.

2.2 Aufgabenstellung

Die Entwicklung eines universellen konvertierbaren Isonitrils, das leicht zu synthetisieren ist, eine hohe Stabilität aufweist und nach erfolgter IMCR unter sehr milden Bedingungen (leicht basisch oder sauer, photochemisch, etc.) vielseitig zu unterschiedlichen funktionellen Gruppen umsetzbar ist, wurde bis jetzt noch nicht verwirklicht.

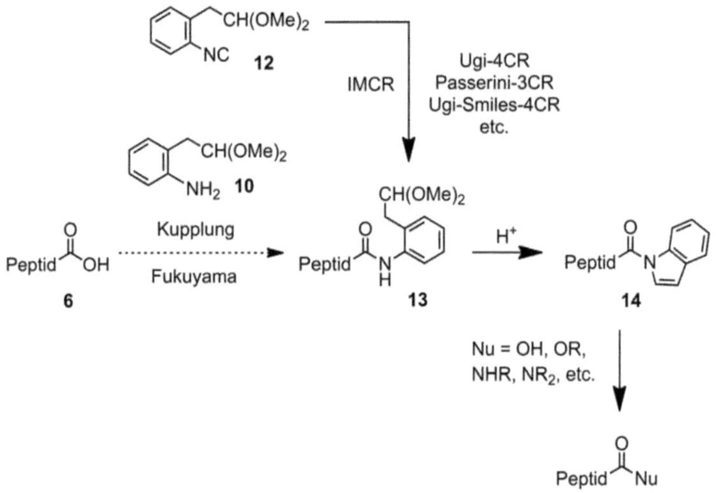

Schema 2-3. Das konvertierbare Isonitril **12** als ein CO_2H-Äquivalent.

1998 publizierten FUKUYAMA *et al.* den Einsatz von 2-(2-Aminophenyl)-acetaldehyd-dimethylacetal **10** als Schutzgruppe für Carbonsäuren (z. B. Peptide) in Form des Amids.[16;17] Mittels klassischer Kupplungsmethoden aus der Peptidchemie konnten Carboxylgruppen mit Anilin **10** in die entsprechenden Amide **13** überführt werden (Schema 2-3).

Diese, unter basischen Bedingungen sehr stabilen Derivate, lassen sich unter schwach sauren Bedingungen zu Indolylamiden **14** konvertieren, die sich wiederum durch Behandlung mit schwach basischen Reagenzien bei Raumtemperatur zu Carbonsäuren verseifen lassen. Des Weiteren lassen sich die Indolylamide **14** nicht nur zu Carbonsäuren umsetzen, sondern bieten auch Möglichkeiten, Ester, Aldehyde, sekundäre und tertiäre Amide in einfachen Reaktionen unter milden Bedingungen darzustellen. Basierend auf den hervorragenden Eigenschaften des Anilinderivates **10** als Carboxylschutzgruppe, wurde in Erwägung gezogen, das korrespondierende Isonitril **12** zu synthetisieren und nach erfolgtem Einsatz in IMCRs die daraus resultierenden Amidbindungen unter den erwähnten Bedingungen zu konvertieren und zu funktionalisieren. Nach intensiver Recherche wurde festgestellt, dass Isonitril **12** schon 2003 durch K. KOBAYASHI *et al.* hergestellt wurde.[18] Allerdings wurden Isonitril **12** und einige aromatensubstituierte Derivate nicht in IMCRs eingesetzt, sondern dienten als Bausteine für die Darstellung von 3-Methoxychinolinen durch Behandlung mit LDA.

2.3 Durchführung und Diskussion

2.3.1 Synthese von 2-(2,2-Dimethoxyethyl)phenylisonitril

Die Synthese des konvertierbaren Isonitrils **12** beinhaltet eine Fünfstufenreaktion, ausgehend von *o*-Nitrotoluol **7** (Schema 2-4). Der einleitende Schritt ist dabei die Darstellung von Enaminen nach LEIMGRUBER und BATCHO,[19] wobei **7** mit DMF-dimethylacetal und Pyrrolidin für längere Zeit in DMF unter Rückfluss erhitzt wurde. Durch die benachbarte Nitrogruppe lässt sich unter Baseneinfluss aus der Methylgruppe von *o*-Nitrotoluol **7** ein resonanzstabilisiertes Carbanion erzeugen, das in einer Art KNOEVENAGEL-Reaktion mit DMF-dimethylacetal kondensiert.

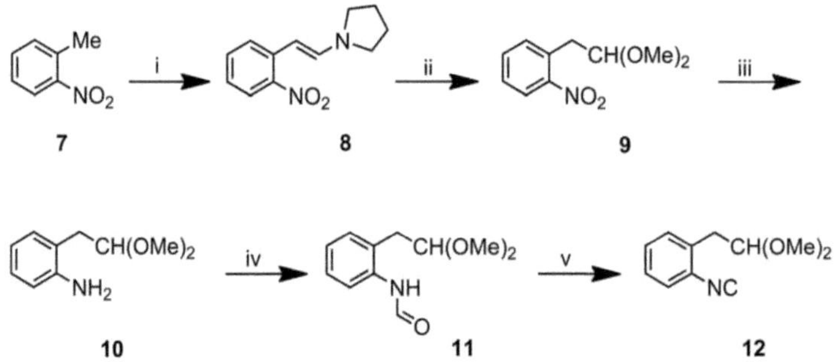

Schema 2-4. Synthese des konvertierbaren Isonitrils **12** in fünf Stufen ausgehend von *o*-Nitrotoluol **7**. *Reagenzien und Bedingungen*: (i) DMF-dimethylacetal, Pyrrolidin, DMF, Rückfluss, 8 h, 79%; (ii) CSA, MeOH, Rückfluss, 6 h, quantitativ; (iii) H$_2$, Raney-Ni, MeOH, RT, 12 h, 93%; (iv) *n*-Butylformiat, Xylol, NEt$_3$, Rückfluss, 12 h, 79%; (v) POCl$_3$, NEt$_3$, THF, -60°C - RT, 15 h, 93%.

Der Zusatz von Pyrrolidin verkürzt die Reaktionszeiten beträchtlich, da Enamine von Pyrrolidinen eine erhöhte Bildungsgeschwindigkeit und

Stabilität aufweisen. Da bei dieser Reaktion ein konjugiertes System erzeugt wurde, konnte der Reaktionsverlauf rein visuell detektiert werden, da die erhaltene Lösung zusehends eine blutrote Färbung erhielt. Nach Aufarbeitung erhielt man das Enaminderivat **8** in einer Ausbeute von 79% in Form dunkelroter Kristalle.

Die nachfolgende Methanolyse von Enamin **8**, durch saure Behandlung mit CSA, lieferte nach Aufarbeitung quantitativ das Dimethylacetal-Derivat **9** als dunkelrote Flüssigkeit. Die Reduktion der Nitrogruppe von **9** erfolgte unter H_2-Atmosphäre mit Raney-Nickel als Hydrierkatalysator. Das Anilinderivat **10** konnte ebenfalls in hoher Ausbeute als rötliche Flüssigkeit erhalten werden. Die analytischen Daten wiesen bei allen erhaltenen Zwischenprodukten **8-10** auf hohe Reinheiten hin, wobei auf weitere Aufreinigungsschritte verzichtet wurde.

Die Darstellung des konvertierbaren Isonitrils **12**, ausgehend von Anilinderivat **10**, erfolgte nach dem Protokoll von K. KOBAYASHI.[18] Die Synthese des Formamids **11** wurde durch Erhitzen von Anilinderivat **10** in einem Gemisch aus *n*-Butylformiat, Xylol (Gemisch der Isomere) und Triethylamin für längere Zeit durchgeführt. Der Zusatz der Base war notwendig, da das verwendete *n*-Butylformiat von technischer Qualität war und einen pH-Wert von drei aufwies. Unter diesen sauren Bedingungen wurde **10** unmittelbar zum unerwünschten Indol cyclisiert. Die Verwendung von Ethylformiat, normalerweise ein Standardverfahren zur Synthese von Formamiden, ist bei Anilinderivaten nur mäßig erfolgreich, da durch die resultierende geringe Siedetemperatur erfahrungsgemäß Reaktionszeiten von über zwei Wochen nötig wären, um eine vollständige Umsetzung zu gewährleisten. Auch die Formylierung nach der Methode des gemischten Anhydrids konnte hier nicht durchgeführt werden,[20] da die Reaktion ebenfalls unter sauren Bedingungen verläuft und die Cyclisierung zum Indol schneller als die Formylierung verläuft. Nach säulenchromatographischer Aufreinigung wurde Formamid **11** in einer Ausbeute von 79% als braunes Öl erhalten.

Die Darstellung des Isonitrils **12** aus dem Formamid **11** erfolgte nach der Standardmethode durch Reaktion mit Phosphorylchlorid und Triethylamin in THF als Lösungsmittel.[21;22] Nach Aufarbeitung und säulenchromatographischer Aufreinigung wurde 2-(2,2-Dimethoxyethyl)phenylisonitril **12** in hoher Ausbeute als hellgelbe, ziemlich unangenehm riechende Flüssigkeit erhalten. Die analytischen Daten stimmten mit denen von K. KOBAYASHI überein.

Ausgehend von preiswerten Startmaterialien konnte Isonitril **12** in einfach durchzuführenden Schritten in einer Gesamtausbeute von 54% erzeugt werden. Weiterhin zeigte sich, dass Isonitril **12** eine hohe Stabilität aufweist und über Monate im Gefrierschrank (-25°C), ohne Abnahme der Qualität, gelagert werden konnte. Auch die Synthese größerer Mengen (>20 g) von **12** ließ sich problemlos in ähnlichen Gesamtausbeuten realisieren.

2.3.2 Einsatz des konvertierbaren Isonitrils in IMCRs

2.3.2.1 Durchführung von UGI-4CRs mit dem konvertierbaren Isonitril

Als erste Anwendung sollte das Reaktionsverhalten von Isonitril **12** in UGI-4CRs bestimmt werden. Es wurde vermutet, dass durch die elektronenziehenden Eigenschaften des aromatischen Systems die Nukleophilie der Isocyanofunktion erniedrigt sein könnte und als Folge schlechte Produktausbeuten in IMCRs liefern würde.[23] In ersten Versuchen wurden UGI-4CRs mit Isonitril **12** und den Carboxylkomponenten Essigsäure **15a** und *p*-Methoxyphenylessigsäure **15b**, den primären Aminokomponenten Isopropylamin **16a** und Benzylamin **16b** sowie den Aldehydkomponenten Paraformaldehyd **17a** und Isobutyraldehyd **17b** durch Rühren über Nacht bei Raumtemperatur in Methanol durchgeführt. Nach wässrigen Aufarbeitungen konnten die Rohprodukte **18a-d** (meist verunreinigt mit geringen Mengen an **12**) in moderaten bis sehr guten Ausbeuten erhalten werden (Schema 2-5; Tabelle 2-1).

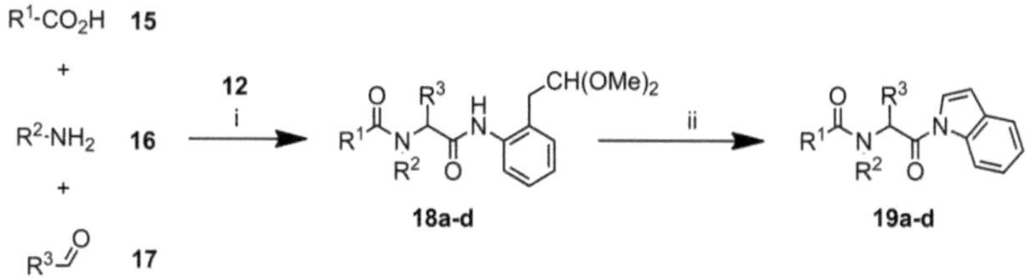

R^1-CO_2H **15**
+
R^2-NH_2 **16**
+
R^3 **17**

→ (i) → **18a-d** → (ii) → **19a-d**

Schema 2-5. UGI-4CRs zu α-Aminoacylamiden **18a-d** und nachfolgende Konvertierungen zu Indolylamiden **19a-d**. *Reagenzien und Bedingungen*: (i) MeOH, RT, 1 d; (ii) PPTS (0.05 Äquiv.), Benzol, Rückfluss, 1.5 - 3 h, 78 - 86% (2 Stufen).

Tabelle 2-1. UGI-4CRs mit Isonitril **12** und Konvertierungen zu Indolylamiden **19a-d**.

		R^1	R^2	R^3	Ausbeute [%] (zwei Stufen)
1	**19a**	Me	i-Pr	H	78
2	**19b**	Me	Bn	H	73
3	**19c**	PMB	Bn	i-Pr	86
4	**19d**	PMB	Bn	H	84

Auf weitere Aufreinigungsschritte wurde verzichtet und die α-Aminoacylamide **18a-d** mit katalytischen Mengen PPTS durch Erhitzen in Benzol direkt zu den Indolylamiden **19a-d** konvertiert. Nach Aufarbeitung und anschließender säulenchromatographischer Aufreinigung oder Umkristallisieren konnten Indolylamide **19a,b,d** als farblose Pulver und **19c** als braunes Öl erhalten werden. Die Analysen dieser neuartigen Substanzen zeigten hohe Reinheiten.

Die nächste Aufgabe bestand darin, die erhaltenen Indolylamide **19a-d** vielseitig umzusetzen. Gemäß dem Protokoll von FUKUYAMA *et al.* konnte **19a** durch Rühren in einer 3 N NaOH (methanolische Lösung mit 5% Wasser) bei Raumtemperatur in kurzer Zeit zum Carbonsäurederivat **20a** verseift werden.[16] Da bei der Reaktion Indol als Beiprodukt entsteht, wurde die erfolgreiche Hydrolyse durch dessen typischen Geruch signalisiert. Durch Abtrennen des Indols aus der basischen Lösung durch extrahieren mit Dichlormethan und nachfolgender wässriger Aufarbeitung konnte Carbonsäure **20a** in guter Ausbeute als farbloses Öl erhalten werden (Schema 2-6; Tabelle 2-2). Produkte, die auf Verseifungen der zusätzlichen Amidgruppe hinweisen würden, waren nicht zu identifizieren. Die Verwendung stärker verdünnter methanolischer NaOH-Lösungen führten ebenfalls zu vollständigen Verseifungen der Indolylamide **19a,b** in kurzen Reaktionszeiten. So wurde Indolylamid **19b** über Nacht in 1 N NaOH nahezu quantitativ gespalten und bei **19c** genügten 40 Minuten, um es mit 0.5 N NaOH zu hydrolisieren.

Die Umsetzung der Indolylamide **19a,b** in die korrespondierenden Methylester **21a,b** erfolgte durch Rühren über Nacht bei Raumtemperatur in MeOH unter Zusatz einer katalytischen Menge Triethylamin. Nach säulenchromatographischen Aufreinigungen wurden beide Derivate als bräunliche Öle in hohen Ausbeuten erhalten. Darstellungen von Allyl- und *t*-Butylestern durch Rühren von Indolylamiden in den entsprechenden Alkoholen unter identischen Bedingungen blieben erfolglos. Selbst das Erhitzen der Reaktionsgemische unter Rückfluss lieferte keinen Erfolg. Dem Anschein nach lassen sich nur einfache Alkohole wie Methanol und Ethanol erfolgreich zu den korrespondierenden Estern umsetzen. Trotz alledem stellt diese Methode aufgrund seiner sehr einfachen chemischen

Durchführung und den erzielten hohen Ausbeuten einen effizienten Zugang zu Methyl- und Ethylestern dar. Des Weiteren konnten Transamidierungen mit den Indolylamiden **19a,b** durch Substitution mit Allylamin als primärem Amin und Pyrrolidin als sekundärem Amin erfolgreich durchgeführt werden. Damit kann über dieses Verfahren die Verwendung des extrem übelriechenden Allylisonitrils vermieden werden, um Allylamide erfolgreich in IMCRs zu generieren. Die Umsetzungen der Indolylamide **19a,b** mit Allylamin und 0.25 Äquivalenten DMAP in Toluol lieferte nach mehrstündigem Erhitzen unter Rückfluss die korrespondierenden Allylamide **22a,b** in sehr hohen Ausbeuten, ohne Spaltungsreaktionen in der inneren Amidbindung zu beobachten.

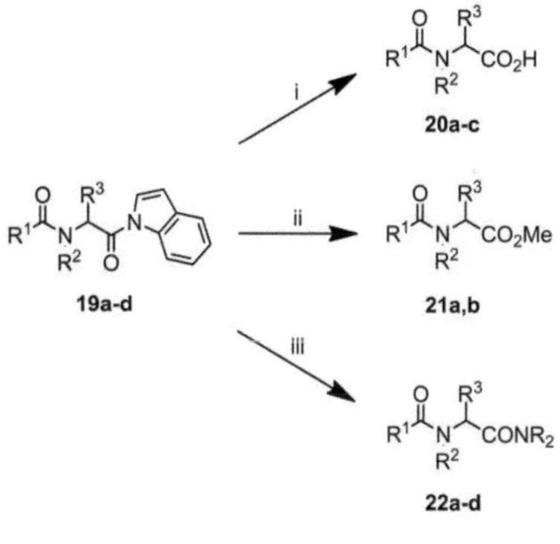

Schema 2-6. Umsetzungen der Indolylamide **19a-d**. *Reagenzien und Bedingungen*: (i) NaOH, MeOH, H$_2$O, RT, 40 Min. - 8 h, 78 - 92%; (ii) MeOH, NEt$_3$, RT, 12 h, 87 - 92%; (iii) primäres oder sekundäres Amin, DMAP, Toluol, Rückfluss, 2 - 5 h, 86 - 99%.

Tabelle 2-2. Umsetzung der Indolylamide **19a-d** zu primären und sekundären Amiden, Carbonsäuren und Methylestern.

		R^1	R^2	R^3	R	Ausbeute [%]
1	20a	Me	i-Pr	H		78
2	20b	Me	Bn	H		92
3	20c	PMB	Bn	i-Pr		85
4	21a	Me	i-Pr	H		87
5	21b	Me	Bn	H		92
6	22a	Me	i-Pr	H	H, Allylamin	86
7	22b	Me	Bn	H	H, Allylamin	quant.
8	22c	Me	i-Pr	H	Pyrrolidin	73
9	22d	Me	Bn	H	Pyrrolidin	89

Die Umsetzungen der Indolylamide **19a,b** mit Pyrrolidin, zur Darstellung tertiärer Amide, führte ebenfalls unter identischen Bedingungen in guten Ausbeuten zu den Pyrrolidinamiden **22c,d**. Somit konnte gezeigt werden, dass aus einer sekundären Amidbindung, wie sie in UGI-4CRs aus der Isonitrilkomponente entsteht, daraus in einfachen Schritten ein tertiäres Amid generiert werden kann.

In weiteren Experimenten wurde versucht, die Indolylamide **19a-d** zu Aldehyden,[16;24] Ketonen[25] und Thioestern[26] umzusetzen. In allen Versuchen konnte kein reines Produkt isoliert werden, obwohl massenspektrometrisch in den meisten Fällen die gewünschten Massen nachweisbar waren. Nach Aufarbeitung wurden keine Substanzen in reiner Form erhalten. Trotzdem sollte man daraus nicht generell schließen, dass Indolylamide zur Erzeugung von Aldehyden, Ketonen und Thioestern ungeeignet sind. Es bedarf einer Verbesserung der Umsetzung von Indolylamiden, um die Vielseitigkeit und Anwendungsmöglichkeiten auch auf solche Produkte auszudehnen.

2.3.2.2 Durchführung von PASSERINI-3CRs mit dem konvertierbaren Isonitril

Als nächstes sollte der Einsatz von Isonitril **12** in PASSERINI-3CRs, eine weitere wichtige IMCR, getestet werden und unter identischen Bedingungen wie bei den UGI-4CRs, konvertiert und funktionalisiert werden. Die Reaktion von *p*-Methoxyphenylessigsäure **15b** und Isobutyraldehyd **17b** mit Isonitril **12**, durch Rühren über Nacht bei Raumtemperatur in Dichlormethan, lieferte nach saurer Konvertierung das Indolylamid **23a** in einer guten Ausbeute (Schema 2-7; Tabelle 2-3). Die PASSERINI-3CR mit Essigsäure **15a** und Phenylacetaldehyd **17c** verlief nach Konvertierung zu Indolylamid **23b** sogar nahezu quantitativ. Nach säulenchromatographischen Aufreinigungen wurden **23a,b** in Form brauner Öle erhalten.

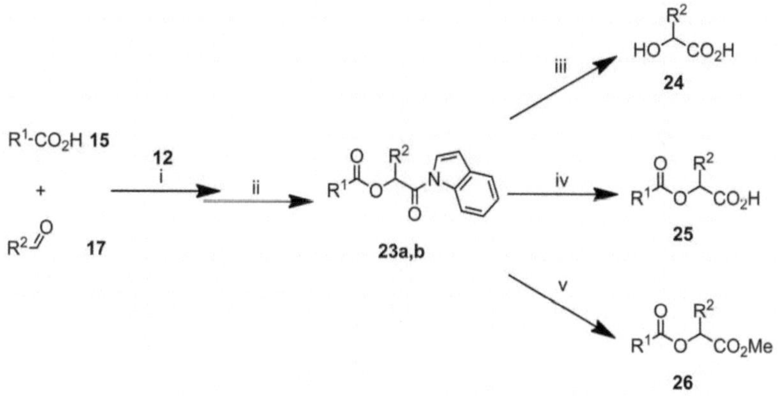

Schema 2-7. PASSERINI-3CRs, Konvertierungen zu Indolylamiden **23a,b** und Umsetzungen zu Carbonsäuren und Methylestern. *Reagenzien und Bedingungen*: (i) CH_2Cl_2, RT, 1 d; (ii) PPTS (0.05 Äquiv.), Benzol, Rückfluss, 1.5 - 3 h, 75 - 96% (2 Stufen); (iii) NaOH, MeOH, H_2O, RT, 3 h, 97%; (iv) *t*-BuOH, H_2O, DMAP, Rückfluss, 2 h, 63%; (v) MeOH, NEt_3, RT, 12 h, 74%.

Tabelle 2-3. PASSERINI-3CRs und Umsetzungen der Indolylamide **23a,b** zu Carbonsäuren und Methylestern.

		R^1	R^2	Ausbeute [%]
1	23a	PMB	i-Pr	75 (zwei Stufen)
2	23b	Me	Bn	96 (zwei Stufen)
3	24		Bn	97
4	25	PMB	i-Pr	63
5	26	PMB	i-Pr	74

Die Behandlung von Indolylamid **23b**, durch Rühren in 1 N NaOH (methanolische Lösung mit 5% Wasser) bei Raumtemperatur, spaltete erwartungsgemäß nicht nur die Indolylamid-Gruppierung, sondern auch die Esterfunktion in kürzester Zeit. Nach Aufarbeitung konnte racemische 2-Hydroxy-3-phenylpropionsäure **24** quantitativ als leicht bräunliches Öl erhalten werden. Der Einsatz von Isonitril **12** in PASSERINI-3CR, bietet nach anschließender Konvertierung und basischer Verseifung damit einen einfachen Zugang zu α-Hydroxycarbonsäuren.

Des Weiteren ließ sich durch Änderung der Bedingungen eine selektive Hydrolyse der Indolylamidfunktion bei **23a** in Gegenwart der Esterfunktion durchführen. Durch Erhitzen von **23a** für zwei Stunden unter Rückfluss in einem Lösungsmittelgemisch von t-Butanol und Wasser im Verhältnis 2 : 1 in Gegenwart einer katalytischen Menge DMAP lieferte Estercarbonsäure **25** in einer Ausbeute von 63%. Nebenprodukte die auf eine vollständige Verseifung hinweisen, konnten nicht detektiert werden. Die selektive Spaltung von Indolylamiden in Gegenwart von Estern, erweitert die Anwendungsmöglichkeiten von Isonitril **12** drastisch.

Weiterhin konnte Indolylamid **23a** unter identischen Bedingungen, wie in den Versuchen von **21a** und **21b** beschrieben, durch Rühren in Methanol mit einer katalytischen Menge Triethylamin in guter Ausbeute zum Methylesterderivat **26** umgesetzt werden.

2.3.2.3 Durchführung einer UGI-SMILES-4CR mit dem konvertierbaren Isonitril

Eine moderne Variante der UGI-4CR ist die sogenannte UGI-SMILES-4CR, die von EL KAÏM *et al.* erst kürzlich beschrieben wurde.[27] Statt Carbonsäuren werden hierbei aktivierte Phenole als Säurekomponenten eingesetzt. Dadurch lassen sich hochsubstituierte Arylamine erhalten. Unter aktivierten Phenolen versteht man Phenole, die durch elektronenziehende Gruppen, wie z. B. Nitrogruppen oder Esterfunktionen, in *ortho*- und/oder *para*-Position substituiert sind und dadurch eine gesteigerte Acidität aufweisen, die dann die Funktionen der Carbonsäuren in UGI-4CRs einnehmen können.

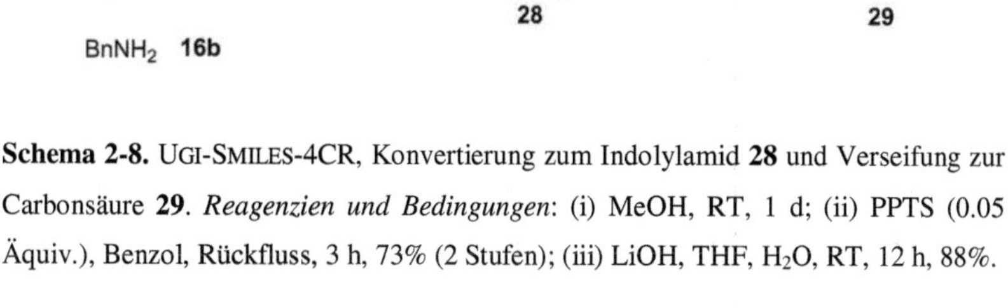

Schema 2-8. UGI-SMILES-4CR, Konvertierung zum Indolylamid **28** und Verseifung zur Carbonsäure **29**. *Reagenzien und Bedingungen*: (i) MeOH, RT, 1 d; (ii) PPTS (0.05 Äquiv.), Benzol, Rückfluss, 3 h, 73% (2 Stufen); (iii) LiOH, THF, H_2O, RT, 12 h, 88%.

Anstatt der MUMM-Umlagerung läuft dann eine intramolekulare nukleophile Substitution am elektronenarmen, aromatischen Ring ab, die als SMILES-Umlagerung bekannt ist und die hochsubstituierten Glycinderivate liefert.[28]

Die UGI-SMILES-4CR mit *p*-Nitrophenol **27**, Benzylamin **16b**, Isobutyraldehyd **17b** und Isonitril **12** lieferte nach Konvertierung das Indolylamid **28** in einer Ausbeute von 73% als gelbes Pulver (Schema 2-8). Die nachfolgende Verseifung mit LiOH in einem Gemisch aus THF und Wasser (2 : 1), liefert erwartungsgemäß das Carbonsäurederivat **29** in Form eines rötlichen Öls.

2.3.3 Synthese von Peptoiden durch Anwendung des konvertierbaren Isonitrils in IMCRs

Das Hauptanwendungsgebiet von Isonitril **12** dürfte im Aufbau von peptidischen oder peptoidischen Strukturen liegen, da durch mehrere aufeinanderfolgende IMCRs mit den Hydrolyseprodukten eine Vielzahl höhermolekulare Kondensationsprodukte durch das Entstehen neuer Amidbindungen aufgebaut werden können. Durch die Variabilität der eingesetzten Amine und Carbonylkomponenten lassen sich hochkomplexe und diverse Moleküle generieren, die sowohl für die kombinatorische Chemie als auch für gezielte Totalsynthesen von hohem Interesse sein könnten.

Als Peptoide werden Substanzen bezeichnet, deren Seitenketten nicht an die α-Kohlenstoffatome gebunden sind, wie es bei Peptiden der Fall ist, sondern an den Stickstoffatomen der Amidbindungen. Somit können Peptoide als Kondensationsprodukte von *N*-substituierten Glycinen aufgefasst werden, die keine stereogenen Zentren an α-Kohlenstoffatomen aufweisen. Das Interesse für die Synthese von Peptoiden sowie anderen Peptidmimetika in der Entwicklung neuer pharmazeutischer Wirkstoffe ist in den letzten Jahren stark gestiegen.[29-32]

Es sollte gezeigt werden, dass der Einsatz von Isonitril **12** in IMCRs eine potenzielle Alternative zu herkömmlichen Methoden in der Synthese von Peptoiden darstellt. Die UGI-4CR mit Cbz-Glycin **15c**, Benzylamin **16b**, Paraformaldehyd **17a** und Isonitril **12** lieferte nach Konvertierung und Verseifung das Peptoid **31** in einer Ausbeute von 54% über drei Stufen (Schema 2-9). Die wiederholende UGI-4CR von **31** mit Isopropylamin **16a**, Para-formaldehyd **17a** und Isonitril **12** führte nach Konvertierung und Hydrolyse erwartungsgemäß zum Dipeptoid **33**. Nach nochmaliger IMCR und Konvertierung erhielt man schließlich Tripeptoid **34** in Form des Indolylamids in einer Gesamtausbeute von 16%.

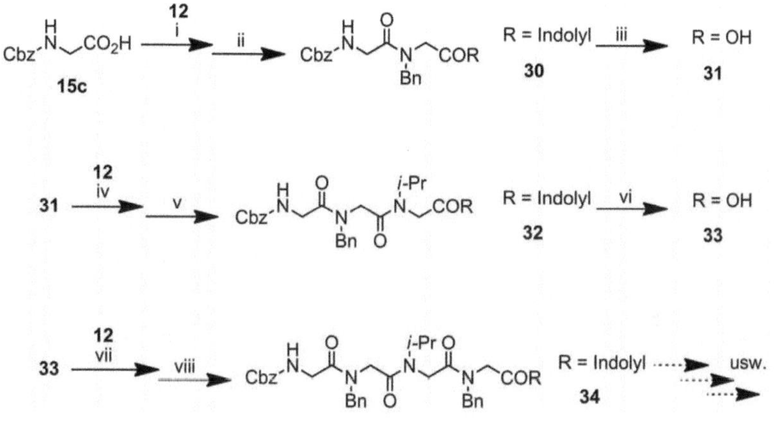

Schema 2-9. Synthese des Tripeptoid-Indolylamids **34** durch wiederholende UGI-4CRs mit Isonitril **12**, anschließenden Konvertierungen und Verseifungen ausgehend von Cbz-Glycin **15c**. *Reagenzien und Bedingungen*: (i) BnNH$_2$ **16b**, CH$_2$O **17a**, MeOH, RT, 1 d; (ii) PPTS (0.05 Äquiv.), Benzol, Rückfluss, 3 h, 63% (zwei Stufen); (iii) LiOH, THF, H$_2$O, RT, 1 d, 86%; (iv) *i*-PrNH$_2$ **16a**, CH$_2$O **17a**, MeOH, RT, 1 d; (v) PPTS (0.05 Äquiv.), Benzol, Rückfluss, 4 h, 61% (zwei Stufen); (vi) LiOH, THF, H$_2$O, RT, 5 h, 78%; (vii) BnNH$_2$ **16b**, CH$_2$O **17a**, MeOH, RT, 1 d; (viii) PPTS (0.05 Äquiv.), Benzol, Rückfluss, 3 h, 61% (zwei Stufen).

Trotz der ziemlich geringen Ausbeute, die zum Tripeptoid **34** führte, stellt der Einsatz von Isonitril **12** in IMCRs eine vielversprechende Methode zum Aufbau von Peptoiden dar. Die relativ schlechten Resultate bei den UGI-4CRs beruhen wahrscheinlich auf die Verwendung von Paraformaldehyd **17a**. Es ist bekannt, dass der Einsatz von Paraformaldehyd im Gegensatz zu anderen aliphatischen Aldehyden in UGI-4CRs zu schlechteren Umsetzungen führt. Die Verwendung höherer Aldehyde in IMCRs würde wiederum stereogene Zentren an α-Kohlenstoffatomen erzeugen. Allerdings ließen sich somit mittels einfachen chemischen Reaktionen komplexe Kondensationsprodukte erzeugen, die sowohl als Peptide wie auch als Peptoide aufgefasst werden könnten. Durch wiederholende PASSERINI-3CRs ließen sich weiterhin durch selektive Spaltungen der Indolylamidbindungen Polyester aufbauen. Des Weiteren sollten auch Darstellungen von Depsipeptiden und -peptoiden möglich sein, wenn die Aufbaustrategie sowohl UGI-4CRs als auch PASSERINI-3CRs beinhalten würde. Bedenkt man, dass Isonitril **12** auch in sämtlichen modernen IMCRs erfolgreich eingesetzt werden könnte und weiterhin nach erfolgter Konvertierung eine vielseitige Funktionalisierung möglich wäre, erhielte man eine immense Diversität in der Erzeugung neuer pseudopeptidischer Strukturen.

2.3.4 Einsatz des konvertierbaren Isonitrils als festphasengebundene Variante

Isonitril **12** konnte erfolgreich in IMCRs eingesetzt werden. Es konnte gezeigt werden, dass sich die erhaltenen Produkte unter milden Bedingungen in einfachster Weise konvertieren ließen und durch nachfolgende Spaltungen unter sehr moderaten Bedingungen der Zugang zu Carbonsäuren, Methylester, sekundäre und tertiäre Amide geboten wurde. Ein Nachteil der Spaltungen ist allerdings die Bildung von Indol als nicht auswaschbares Beiprodukt. Indol lässt sich zwar bei der säulenchromatographischen Aufreinigung aufgrund seines unpolaren Verhaltens leicht entfernen, besitzt aber einen intensiven und unangenehmen Geruch.

Eine geruchsfreie Variante sollte sich durch Anwendung des konvertierbaren Isonitrils in gebundener Form an einem festen polymeren Träger erzielen. Festphasengebundene Isonitrile sind literaturbekannt und wurden schon erfolgreich in IMCRs eingesetzt.[33-38] Basierend auf diesen Ergebnissen, wurde in Erwägung gezogen, dass entsprechende Formamid mit einer aromatensubstituierten Carboxylgruppe zu synthetisieren, die zur Anbindung an einem polymeren Harz dienen sollte. Nach erfolgter Kupplung an der Aminoberfläche des eingesetzten Harzes durch klassische Methoden aus der Peptidchemie wird das konvertierbare Isonitril auf der Oberfläche generiert und in IMCRs eingesetzt.[39] Nachfolgende Konvertierungen und Spaltungen würden dann die entsprechenden Folgeprodukte freisetzen. Die Vorteile ergeben sich durch die einfache Aufarbeitung der Produkte, durch leicht durchzuführendes Filtrieren und Waschen des Harzes sowie die damit verbundene Zeitersparnis, da auf säulenchromatographische Aufreinigungen verzichtet werden könnte. Da das gebildete Indol an dem festen Träger gebunden bleibt, sollte weiterhin keine Geruchsbelästigung auftreten.

2.3.4.1 Darstellung des Formamids zur Anbindung an polymeren Trägern

Als geeignetes Edukt für Darstellung des Formamids **41** diente die kommerziell erhältliche 4-Methyl-3-nitrobenzoesäure **35**. Im ersten Schritt wurde nach gängiger Methode die Carboxylgruppe von **35** mit MeOH verestert (Schema 2-10).[40] Methylester **36** ließ sich nahezu quantitativ in Form gelblicher Kristalle erhalten. Die nachfolgenden Synthesestufen, die zum Formamid **40** führten, sind identisch mit denen von Isonitril **12** (siehe Abschnitt 2.2.1).

Die LEIMGRUBER-BATCHO-Reaktion von Methylesterderivat **36** mit DMF-dimethylacetal verlief im Gegensatz zum Enamin **8** erstaunlicherweise ohne Zusatz von Pyrrolidin in relativ kurzer Zeit. Der ausschlaggebende Faktor für die hohe Reaktionsgeschwindigkeit scheint die Methoxycarbonylgruppe in *para*-Position zu sein, die die Bildung des Carbanions beschleunigt und zusätzlich stabilisierend auf dieses wirkt. Das entstandene Enamin **37** kristallisierte sofort aus dem Reaktionsgemisch aus und konnte in sehr guter Ausbeute als rotes Pulver erhalten werden.

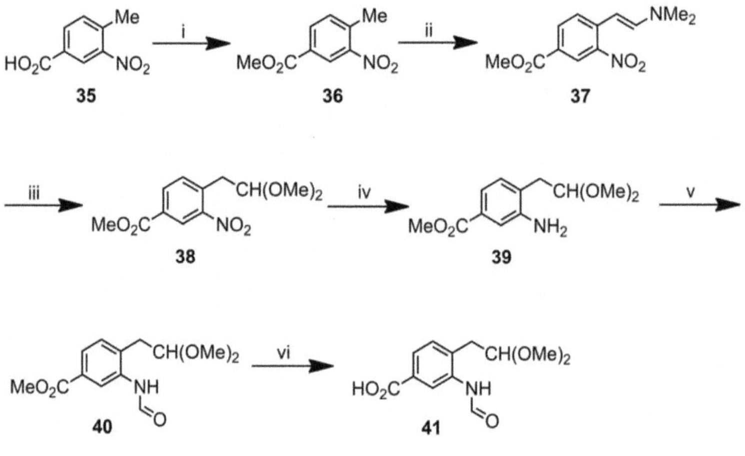

Schema 2-10. Synthese des Formamids **41** für die festphasengebundenen Variante des konvertierbaren Isonitrils. *Reagenzien und Bedingungen*: (i) MeOH, H_2SO_4 (kat.), Rückfluss, 1 d, 96%; (ii) DMF-dimethylacetal, DMF, Rückfluss, 6 h, 90%; (iii) CSA, MeOH, Rückfluss, 3 h, 87%; (iv) H_2, Raney-Ni, MeOH, RT, 6 h, 89%; (v) *n*-Butylformiat, Xylol, NEt_3, Rückfluss, 1 d, 86%; (vi) LiOH, THF, H_2O, 0°C - RT, 3 h, 94%.

Die nachfolgende Methanolyse zum Dimethylacetal-Derivat **38** und die anschließende Hydrierung zum Anilin-Derivat **39** erfolgten nach gleichen Bedingungen wie bei **9** und **10**. Die erhaltenen Ausbeuten und Erscheinungsformen waren ebenfalls weitgehend identisch. Die darauf folgende Formylierung von Anilin-Derivat **39** in einem Gemisch aus *n*-Butylformiat, Xylol und Triethylamin lieferte Formamid **40** nach säulenchromatographischer Aufreinigung in einer Ausbeute von 86% als farbloses Pulver. Um das Formamid **40** an einem festen, polymeren Träger zu binden, war die Verseifung zum Carbonsäurederivat **41** nötig. Die Hydrolyse erfolgte durch basische Behandlung mit LiOH Monohydrat in einem Gemisch aus THF und Wasser. Die Reaktion wurde unter Eiskühlung vorgenommen, da bei höherer Temperatur auch eine Spaltung der Formamid-Gruppierung beobachtet wurde. Carbonsäurederivat **41** ließ sich ebenfalls in sehr hoher Ausbeute als farbloses Pulver erhalten. Bei allen Syntheseschritten handelte es sich um einfach durch-zuführende Reaktionen, und die resultierende Gesamtausbeute über sechs Stufen betrug dabei 54%.

2.3.4.2 Darstellung des konvertierbaren Isonitrils an fester Phase und Einsatz in UGI-4CRs

Zu Testreaktionen wurde das preiswert erhältliche MBHA-Polystyrol-Harz mit Aminoberfläche in Form des Hydrochlorids **42** eingesetzt. Mittels klassischer Methoden aus der Peptidchemie konnte Carbonsäurederivat **41** durch Kupplungsreaktion in einem Gemisch aus TBTU, HOBt und DIPEA in DMF erfolgreich an das Harz **42** gebunden werden (Schema 2-11).[39]
Nach intensiver Wäsche und Trocknung des Harzes zeigte der TNBS-Test eine vollständige Belegung der freien Aminogruppen an.[41] Das als Amid

gebundene Formamid **43** wurde in Form eines braunen Harzes erhalten. Die Beladung wurde durch Wiegen ermittelt und betrug 1.50 mmol/g Harz. Anschließend wurde das festphasengebundene Isonitril **44** durch Behandlung von **43** mit großen Überschüssen an Phosphorylchlorid und Triethylamin in Dichlormethan nach dem Standardverfahren generiert. Die Verwendung von Dichlormethan, als Lösungsmittel für Reaktanden, eignet sich besonders gut in der Festphasenchemie mit Polystyrol-Harzen, da es ein enormes Quellvermögen aufweist. Daraus resultiert eine Vergrößerung der Harzoberfläche und Diffusionsprobleme lassen sich minimieren.

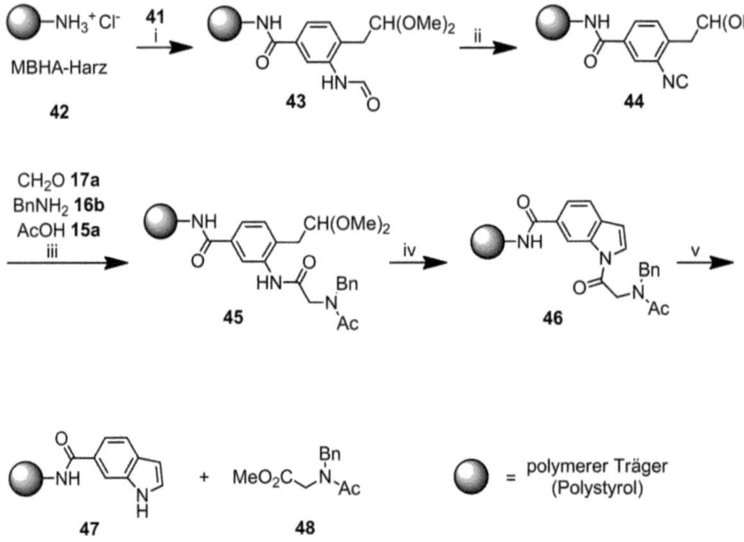

Schema 2-11. Synthese des konvertierbaren Isonitrils an fester Phase, UGI-4CR, Konvertierung und Spaltung als Methylester **48**. *Reagenzien und Bedingungen*: (i) TBTU, HOBt, DIPEA, DMF, RT, 3 h; (ii) $POCl_3$, NEt_3, CH_2Cl_2, -60°C - RT, 1 d; (iii) CH_2Cl_2, MeOH, RT, 3 d; (iv) TFA, CH_2Cl_2, RT, 1 d; (v) MeOH, NEt_3, CH_2Cl_2, RT, 1 d, **48** konnte nur verunreinigt in Spuren erhalten werden.

Das festphasengebundene Isonitril **44** wurde in Form eines dunkelbraunen Harzes erhalten. Einen Nachweis, ob das Isonitril tatsächlich entstanden ist, konnte durch Aufnahme eines IR-Spektrums des Harzes (KBr-Methode) bestätigt werden (Abbildung 2-3). Der Nachweis von Isonitrilen mit der IR-Spektroskopie ist sehr charakteristisch, da Isocyanofunktionen stark ausgeprägte, scharfe Banden bei Wellenzahlen von ~2100 cm^{-1} aufweisen.

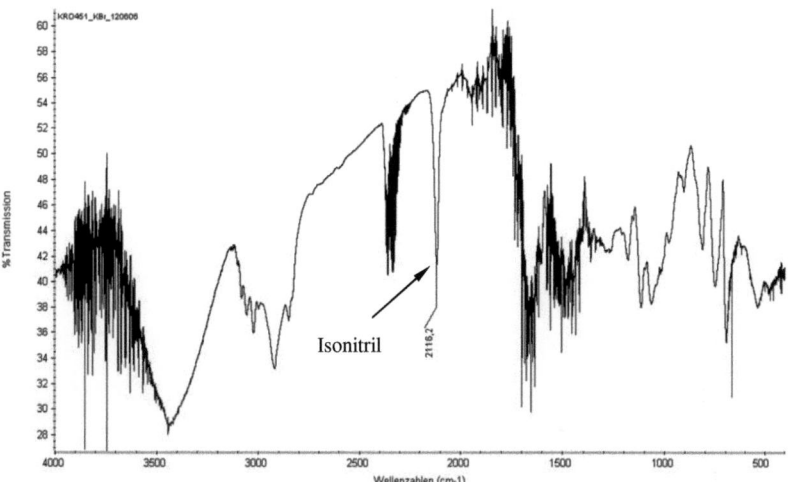

Abbildung 2-3. IR-Spektrum (KBr) vom konvertierbaren Isonitril an fester Phase **44**. Isonitrilbande ist bei ν = 2116 cm^{-1} stark ausgeprägt.

Nachfolgend wurde eine UGI-4CR mit Essigsäure **15a**, Benzylamin **16b**, Paraformaldehyd **17a** und dem harzgebundenen Isonitril **44** durchgeführt. Als Lösungsmittel wurde ein Dichlormethan/Methanol-Gemisch (2 : 1) eingesetzt, und man ließ für drei Tage bei Raumtemperatur reagieren. Reines Methanol als Lösungsmittel hat im Gegensatz zu Dichlormethan die negative Eigenschaft, dass Harz stark zu schrumpfen. Die daraus resultierenden Diffusionsprobleme würden zu schlechteren Ausbeuten in UGI-4CRs führen. Anderseits ist Dichlormethan kein geeignetes

Lösungsmittel für UGI-4CRs, sondern findet bevorzugt Anwendung in PASSERINI-3CRs. Es wurde befürchtet, dass der hohe Anteil an Dichlormethan, α-Hydroxyacylamide als Nebenprodukte liefern könnte. Trotz alledem konnte eine IMCR auf der Harzoberfläche durchgeführt werden. Ein Indiz, was auf die Umsetzung zum festphasengebundenen α-Aminoacylamid **45** hindeutete, war die intensive Farbaufhellung des Harzes von dunkel- nach hellbraun. Ein eindeutiger Hinweis konnte allerdings wiederum durch Aufnahme eines IR-Spektrums erzielt werden. Die stark ausgeprägte Isonitrilbande, wie sie bei **44** vorhanden war, konnte bei **45** nur mit minimaler Intensität detektiert werden (Abbildung 2-4).

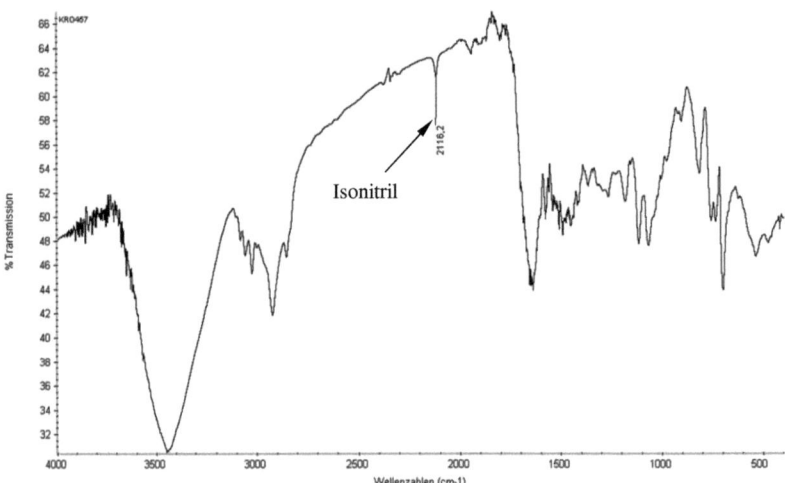

Abbildung 2-4. IR-Spektrum (ATR) des Harzes nach erfolgter UGI-4CR **45**. Isonitrilbande ist bei $\nu = 2116$ cm^{-1} nur noch sehr schwach ausgeprägt.

Die Konvertierung des festphasengebundenen α-Acylaminoamids **45** erfolgte zuerst nach üblicher Methode mit einer katalytischen Menge PPTS, das in Benzol für längere Zeit unter Rückfluss erhitzt wurde.

Allerdings ließ sich nach erfolgter Reaktion das PPTS nur sehr schwer durch Lösungsmittel entfernen, wie massenspektrometrische Analysen der Waschlösungen zeigten. Eine bessere Methode schien die saure Behandlung des Harzes mit TFA zu sein, da die Abspaltung von säurelabilen Schutzgruppen mit TFA, in der Peptidsynthese an festen Phasen, eine sehr gängige Methode darstellt. Des Weiteren lässt sich TFA auch einfach mit Dichlormethan und Methanol auswaschen. Somit wurde **45** mit 20%-iger TFA in Dichlormethan für einen Tag bei Raumtemperatur zu wahrscheinlich harzgebundenem Indolylamid **46** konvertiert. Eine quantitative Umsetzung ließ sich analytisch aber nicht nachweisen.

Durch nachfolgende Behandlung des Indolylamids **46** in einem Dichlormethan/Methanol-Gemisch, unter Zusatz katalytischer Mengen Triethylamin für einen Tag, wurde die Abspaltung des Methylesterderivates **48** erwartet. Nach intensiver Wäsche mit Dichlormethan und Methanol wurden die vereinten Lösungen zur Trockene eingeengt. Zur großen Enttäuschung konnte Methylester **48** nur in Spuren (~1 mg) erhalten werden. Massenspektrometrische Analysen detektierten eindeutig das gewünschte Produkt, allerdings zeigte das ^{1}H NMR-Spektrum auf stärkere Verunreinigungen hin.

Eine Erklärung, warum Methylester **48** nur verunreinigt in einer sehr geringen Ausbeute, bezogen auf die Beladung des Harzes, erhalten wurde, ließ sich nicht finden. Ob das verwendete MBHA-Harz ungeeignet war für die Methanolyse oder ob die Konvertierung zum Indolylamid unvollständig verlief, konnten nicht gedeutet werden. Vielleicht war die Behandlung mit TFA zu drastisch und es kam zu unerwarteten Nebenreaktionen, die zu irreversiblen Bindungen des α-Aminoacylamids an das Harz führten. Möglicherweise könnten auch nicht bekannte Faktoren die Gründe für den Misserfolg sein. Auf jeden Fall sollen weitere Versuche unternommen werden, um das konvertierbare Isonitril erfolgreich als festphasengebundene Variante zu etablieren.

2.4 Zusammenfassung

2-(2,2-Dimethoxyethyl)phenylisonitril **12** wurde als neuartiges konvertierbares Isonitril eingeführt. Es kann durch einfache Syntheseschritte in hohen Ausbeuten aus preisgünstigen Reagenzien hergestellt werden. Weitere Vorteile sind die hohe Stabilität und die vielseitigen Umsetzungsmöglichkeiten in IMCRs mit einfacher Aktivierung der terminalen Amidfunktion.

Isonitril **12** ließ sich erfolgreich in UGI-4CRs, PASSERINI-4CRs und UGI-SMILES-4CRs einsetzen und unter milden Bedingungen zu hochreaktiven Indolylamiden umsetzen. Nachfolgend ließen sich diese Derivate zu Carbonsäuren, Estern sowie sekundären und tertiären Amiden umsetzen. Des Weiteren konnte gezeigt werden, dass die selektive Hydrolyse des Indolylamids in Gegenwart einer Esterfunktion möglich ist.

Das größte Potenzial von Isonitril **12** liegt höchstwahrscheinlich in der Synthese von Peptoiden und anderen pseudopeptidischen Strukturen, da durch wieder-holende IMCRs der Hydrolyseprodukte höhermolekulare Polyamidderivate erzeugt werden können.

Die Anwendung des konvertierbaren Isonitrils in der Festphasenchemie konnte leider bisher nicht erfolgreich umgesetzt werden. Es ließ sich zwar eindeutig das konvertierbare Isonitril auf der Oberfläche des MBHA-Harzes erzeugen, und auch die Durchführung einer UGI-4CR schien erfolgreich zu sein, wie die Aufnahme von IR-Spektren zeigte. Allerdings konnten nach Konvertierung und Spaltung nur Spuren des gewünschten Produktes in verunreinigter Form erhalten werden. Es scheint aber nur eine Frage der Bedingungen zu sein, bis auch die festphasengebundene Variante erfolgreich in IMCRs eingesetzt werden kann.

Etwa zur gleichen Zeit wie unsere Forschungsgruppe erkannten auch Y. KOBAYASHI *et al.* das enorme Potenzial von Isonitril **12** in der Synthese von Pyroglutaminsäurederivate über IMCRs. Sie konnten identische Folgereaktionen wie z. B. die selektive Verseifungen von Indolylamiden in Gegenwart von Estern durchführen.[42-44]

2.5 Experimenteller Teil

Alle verwendeten Chemikalien und Lösungsmittel sind kommerziell erhältlich (Fluka, Buchs, Schweiz) und wurden ohne weitere Aufreinigung zur Synthese eingesetzt. Die für einige Reaktionen notwendige Trocknung der Lösungsmittel THF, Et_2O und CH_2Cl_2 erfolgte nach gängigen Methoden.[45] Beim verwendeten Petrolether (PE) handelt es sich um die niedrig siedende Fraktion (40 – 60°C). Arbeiten unter Luft- und Feuchtigkeitsausschluss wurden unter Stickstoffatmosphäre durchgeführt.

Die Aufreinigung der Rohprodukte durch Säulenchromatographie wurde mit Kieselgel 60 (230 – 400 Maschen, 0.040 – 0.063 mm) der Firma Merck, Darmstadt, Deutschland durchgeführt. Zur Reaktionskontrolle diente die analytische Dünnschichtchromatographie an mit Kieselgel beschichteter Aluminiumfolie (Kieselgel 60 F_{254}) ebenfalls von der Firma Merck, Darmstadt. Die Detektion der Substanzen erfolgte mit UV-Licht (λ = 254 nm), Cer(IV)-Molybdatophosphorsäure, Ninhydrin-Lösung, Anisaldehyd-Lösung oder durch Anfärben mit Iod.

NMR-Spektren wurden mit Varian Mercury 300 und 400 Spektrometern aufgenommen. Alle in ppm angegebenen ^1H NMR-Spektren wurden relativ zum TMS-Signal bestimmt. Die ermittelten Daten der ^{13}C NMR-Spektren beziehen sich auf die Zentrallinie von $CDCl_3$ bei 77.00 ppm oder CD_3OD bei 49.00 ppm.

Infrarotspektren wurden mit einem Infrarot-Spektrometer 5700 der Firma Nicolet aufgenommen. Die Durchführung der Messungen erfolgte mit der ATR- bzw. KBr-Methode.

Elektronenspray-Ionisations Massenspektren (ESI-MS) wurden mit API 150 der Firma Applied Biosystems aufgenommen. Hochauflösende

Massenspektren (HRMS) wurden durch Messungen mit einem Bruker BioApex 70 eV FT-ICR erhalten. Die Bestimmung der Schmelzpunkte erfolgte mit einem DM LS2 Mikroskop der Firma Leica. UV/Vis-Spektren wurden mit einem Jasco V-560 UV/Vis-Spectrophotometer in den dafür angegebenen Lösungsmitteln aufgenommen. Elementaranalysen wurden mit einem CHNS automatic elemental analyzer Flash EA (ThermoQuest) an der Martin-Luther-Universität Halle-Wittenberg durchgeführt.

Synthese des konvertierbaren Isonitrils 12

1-[(E)-2-(2-Nitrophenyl)vinyl]pyrrolidin (8)[19]

o-Nitrotoluol **7** (19.9 g, 145 mmol), Dimethylformamid-dimethylacetal (20.0 g, 168 mmol) und Pyrrolidin (12.1 g, 169 mmol) in trockenem DMF (90 mL) werden unter N_2-Atmosphäre für acht Stunden unter Rückfluss erhitzt. Die erhaltene dunkelrote Lösung wird dann im Vakuum zur Trockene eingedampft und der Rückstand in MeOH (360 mL) und CH_2Cl_2 (45 mL) gelöst. Die Lösung wird erneut im Vakuum auf ein Volumen von 250 mL konzentriert und anschließend auf 5°C gekühlt. Dabei kristallisiert das Produkt vollständig aus. Man filtriert die Kristalle über eine Glasfritte ab und wäscht zuerst mit MeOH (30 mL) und schließlich mit einer großen Menge Petrolether. Das Enamin **8** wird in Form dunkelroter Kristalle erhalten (25.2 g, 79%). DC (PE/Et$_2$O 1:1) R_f = 0.38; Smp. 28 – 29°C (MeOH); ^{1}H NMR (CD$_3$OD, 300 MHz) δ = 1.95 (dt, J = 6.7, 3.7 Hz, 4 H, 2 CH$_2$), 3.28 – 3.34 (m, 4 H, 2 CH$_2$), 5.72 (d, J = 13.4 Hz, 1 H, CH), 6.89 – 6.94 (m, 1 H, CH), 7.31 (dt, J = 8.1, 1.0 Hz, 1 H, CH), 7.41 (d, J = 13.5 Hz, 1 H, CH), 7.56 (d, J = 8.4 Hz, 1 H, CH), 7.73 (dd, J = 9.7, 1.4 Hz, 1 H, CH) ppm; ^{13}C NMR

(CD$_3$OD, 75 MHz) δ = 26.23, 49.96, 91.36, 122.48, 124.81, 125.99, 133.28, 137.42, 141.96, 145.54 ppm; ESI-MS von C$_{12}$H$_{14}$N$_2$O$_2$ (M+H$^+$ = 219.1; M+Na$^+$ = 240.7); IR (ATR) ν = 2969.9, 2860.4, 2360.3, 2340.5, 1641.4, 1619.0, 1593.6, 1561.7, 1552.5, 1529.5, 1494.3, 1479.6, 1466.7, 1440.7, 1402.5, 1383.2, 1344.2, 1326.9, 1297.3, 1254.8, 1159.3, 1150.3, 1129.0, 1114.7, 1069.8, 1039.6, 933.5, 882.8, 862.0, 786.7, 776.4, 744.8, 702.9, 692.6 cm^{-1}; λ_{max} = 328 nm (MeOH); HRMS von C$_{12}$H$_{14}$N$_2$O$_2$ [M+Na]$^+$ ber. 241.09530 gef. 241.09458.

1-(2,2-Dimethoxyethyl)-2-nitrobenzol (9)[18]

Enamin **8** (20.0 g, 91.6 mmol) und CSA (63.8 g, 275 mmol) in MeOH (600 mL) werden für sechs Stunden unter Rückfluss erhitzt, bis die DC-Kontrolle (PE/Et$_2$O 1:1) eine vollständige Umsetzung anzeigt. Nach Zugabe von Triethylamin (20 mL) wird das Lösungsmittel im Rotationsverdampfer bis zur Trockene eingeengt und der Rückstand in CH$_2$Cl$_2$ (250 mL) gelöst. Es wird mehrere Male mit Wasser (5 x 100 mL) gewaschen. Daraufhin wird die organische Lösung über Na$_2$SO$_4$ getrocknet, filtriert und im Vakuum zur Trockene eingedampft. Das Dimethylacetal-Derivat **9** wird als dunkelrote Flüssigkeit erhalten (19.4 g, 100%). DC (PE/Et$_2$O 1:1) R_f = 0.66; ^{1}H NMR (CDCl$_3$, 400 MHz) δ = 3.22 (d, J = 5.5 Hz, 2 H, CH$_2$), 3.35 (s, 6 H, 2 CH$_3$), 4.57 (t, J = 5.5 Hz, 1 H, CH), 7.36 – 7.43 (m, 2 H, 2 CH), 7.51 – 7.55 (m, 1 H, CH), 7.89 (dd, J = 8.2, 1.2 Hz, 1 H, CH) ppm; ^{13}C NMR (CDCl$_3$, 100 MHz) δ = 36.86, 54.21, 104.51, 124.40, 127.53, 131.56, 132.56, 133.62, 149.89 ppm; ESI-MS von C$_{10}$H$_{13}$NO$_4$ (M+Na$^+$ = 234.1); IR (ATR) ν = 1612.3, 1578.6, 1525.6, 1485.1, 1441.6, 1358.2, 1190.8, 1146.4, 1118.4, 1068.9, 978.8, 924.2, 864.3, 817.1, 785.7, 741.6, 717.3, 702.4, 670.0 cm^{-1}; HRMS von C$_{10}$H$_{13}$NO$_4$ [M+Na]$^+$ ber. 234.07423 gef. 234.07353.

2-(2,2-Dimethoxyethyl)anilin (10)[18]

Dimethylacetal-Derivat **9** (15.0 g, 71.0 mmol) in MeOH (350 mL) wird mit wasserfeuchtem Raney-Nickel (~15 g) versetzt. Unter kräftigem Rühren lässt man bei Raumtemperatur unter einer H_2-Atmosphäre für längere Zeit reagieren. Nach 12 Stunden zeigt die DC-Kontrolle (PE/Et_2O 1:1) eine vollständige Umsetzung an. Der Katalysator wird daraufhin über Celite® abfiltriert und die erhaltene rötliche Lösung im Vakuum zur Trockene eingeengt. Das Anilinderivat **10** wird in hoher Reinheit als rote Flüssigkeit erhalten (12.0 g, 93%). DC (PE/Et_2O 1:1) R_f = 0.41; ^{1}H NMR (CDCl$_3$, 400 MHz) δ = 2.86 (d, J = 5.5 Hz, 2 H, CH$_2$), 3.37 (s, 6 H, 2 CH$_3$), 4.02 (br, s, 2 H, NH$_2$), 4.50 (t, J = 5.3 Hz, 1 H, CH), 6.66 – 6.74 (m, 2 H, 2 CH), 7.03 – 7.07 (m, 2 H, 2 CH) ppm; ^{13}C NMR (CDCl$_3$, 100 MHz) δ = 36.41, 53.84, 106.48, 116.18, 118.58, 122.30, 127.62, 131.20 ppm; ESI-MS von $C_{10}H_{15}NO_2$ (M+H$^+$ = 182.1; M+Na$^+$ = 204.2); IR (ATR) ν = 1626.1 (Amin), 1585.0, 1499.0, 1458.2, 1366.3, 1316.2, 1277.1, 1229.9, 1190.1, 1117.1, 1063.5, 974.6, 918.3, 860.8, 827.9, 750.5, 676.2 cm^{-1}.

N-[2-(2,2-Dimethoxyethyl)phenyl]formamid (11)[18]

Anilinderivat **10** (8.36 g, 46.1 mmol) wird in einem Gemisch von *n*-Butylformiat (40 mL) und Xylol (30 mL, Gemisch der Isomere) gelöst. Um saure Bedingungen zu vermeiden, wird Triethylamin (6 mL) hinzugegeben. Man erhitzt für ca. einen Tag unter Rückfluss, bis die DC-Kontrolle (PE/Et_2O 1:1) eine vollständige Formylierung ergibt. Die Lösung wird daraufhin im Rotationsverdampfer bis zur Trockene eingeengt. Nach säulenchromatographischer Aufreinigung (Ethylacetat/PE 4:1) wird das Formamid **11** als braune, viskose Flüssigkeit erhalten (8.56 g, 79%). DC (PE/Et_2O 1:1) R_f = 0.23; ^{1}H NMR (CDCl$_3$, 400 MHz, *s-cis* (Minder)- und *s-trans* (Haupt)-Isomer) δ = 2.93, 2.95 (d, J = 7.0 Hz, 2 H, CH$_2$), 3.40, 3.42 (s, 6 H, 2 CH$_3$), 4.47 (q, J = 5.0 Hz, 1 H, CH), 7.10 – 7.29 (m, 3 H, 3 CH), 7.91 – 7.93 (m, 1 H, CH), 8.42 (s, 1 H, CHO, trans), 8.48 (d, J = 11.7 Hz, 1 H, CHO, cis), 8.72 – 8.79 (br, m, 1 H, NH) ppm; ^{13}C NMR (CDCl$_3$, 100 MHz, *s-cis* (Minder)- und *s-trans* (Haupt)-Isomer) δ = 36.39, 36.83, 54.02, 54.50, 106.07, 106.84, 121.10, 123.88, 125.13, 125.72, 127.54, 127.57, 128.00, 128.72, 131.10, 131.78, 135.57, 136.38, 159.16, 162.87 ppm; ESI-MS von $C_{11}H_{15}NO_3$ (M+Na$^+$

= 232.1; M+H⁻ = 208.1); IR (ATR) ν = 1690.5 (Amid), 1604.9, 1588.9, 1517.8, 1452.6, 1366.1, 1266.4, 1229.2, 1194.0, 1118.2, 1067.1, 979.5, 921.3, 883.2, 831.2, 758.9 cm^{-1}; HRMS von $C_{11}H_{15}NO_3$ [M+Na]$^+$ ber. 232.09496 gef. 232.09412.

2-(2,2-Dimethoxyethyl)phenylisonitril (12)[18]

Formamid **11** (4.00 g, 19.1 mmol) in absolutem THF (300 mL) wird mit Triethylamin (9.67 g, 95.6 mmol) versetzt. Anschließend wird die Lösung mit Hilfe eines EtOH/Trockeneisbades auf -60°C gekühlt. Nach Erreichen dieser Temperatur wird POCl$_3$ (3.66 g, 23.9 mmol) in absolutem THF (50 mL) tropfenweise hinzugegeben. Anschließend lässt man das Reaktionsgemisch über einen Zeitraum von ca. 15 Stunden auf Raumtemperatur erwärmen. Die DC-Kontrolle (PE/Et$_2$O 1:1) zeigt eine vollständige Umsetzung an. Die dunkelbraune Lösung wird daraufhin in Eiswasser gegossen (500 mL) und mit Et$_2$O (3 x 300 mL) extrahiert. Die vereinten organischen Lösungen werden über Na$_2$SO$_4$ getrocknet, filtriert und anschließend im Vakuum zur Trockene eingedampft, um das verunreinigte Isonitril **12** als braune Flüssigkeit zu erhalten. Nach säulenchromatographischer Aufreinigung (PE/Ethylacetat 7:3), wird das reine konvertierbare Isonitril **12** als leicht gelbliche Flüssigkeit erhalten (3.39 g, 93%). DC (PE/Et$_2$O 1:1) R_f = 0.73; ^{1}H NMR (CDCl$_3$, 400 MHz) δ = 3.08 (d, J = 5.5 Hz, 2 H, CH$_2$), 3.38 (s, 6 H, 2 CH$_3$), 4.60 (t, J = 5.5 Hz, 1 H, CH), 7.26 – 7.37 (m, 4 H, 4 CH) ppm; ^{13}C NMR (CDCl$_3$, 100 MHz) δ = 35.97, 53.88, 103.70, 126.75, 127.43, 129.21, 131.27, 133.53 ppm; ESI-MS von $C_{11}H_{13}NO_2$ (M+Na$^+$ = 214.2); IR (ATR) ν = 2937.6, 2839.5, 2116.2 (NC), 1491.5, 1451.5, 1366.2, 1282.6, 1193.6, 1173.7, 1117.4, 1068.3, 1046.5, 1001.1, 977.5, 924.9, 870.4, 834.1, 759.6 cm^{-1}.

UGI-4CRs mit Isonitril 12 und Konvertierungen zu Indolylamiden 19a-d

Allgemeine Arbeitsvorschrift zu UGI-4CRs mit konvertierbaren Isonitril 12:
Die Aldehyd- oder Ketokomponente **17** (10.5 mmol) und das primäre Amin **16** (10.5 mmol) in MeOH (20 mL) werden für zwei Stunden bei Raumtemperatur gerührt, um das Imin-Intermediat zu bilden. Anschließend gibt man nacheinander die Carbonsäurekomponente **15** (10.5 mmol) und das Isonitril **12** (2.00 g, 10.5 mmol) hinzu. Die Reaktion verläuft üblicherweise bei Raumtemperatur unter Rühren für einen Tag und der Verlauf wird dabei per DC kontrolliert. Nach beendeter Reaktion wird die methanolische Lösung eingedampft und das erhaltene Rohprodukt **18** in Ethylacetat (50 mL) und Wasser (30 mL) gelöst. Nach Abtrennen der wässrigen Phase wird die organische Phase nacheinander zuerst mit Zitronensäure-Lösung (3 x 30 mL, pH 2), anschließend mit Wasser (2 x 30 mL), mit gesättigter $NaHCO_3$-Lösung (3 x 30 mL) und schließlich mit gesättigter NaCl-Lösung (3 x 30 mL) gewaschen. Danach wird die organische Lösung über Na_2SO_4 getrocknet, filtriert und im Rotationsverdampfer bis zur Trockene eingeengt.

Die erhaltenen α-Aminoacylamide **18a-d** werden nicht weiter aufgereinigt, sondern direkt zu den Indolylamiden **19a-d** umgesetzt.

Allgemeine Arbeitsvorschrift zur Synthese von Indolylamiden aus 2-(2,2-Dimethoxyethyl)-aniliden:
Das Produkt **18** (2.92 mmol) in Benzol (40 mL) wird mit PPTS (0.04 g, 0.15 mmol) versetzt. Die Lösung wird für 1.5 – 3 Stunden unter Rückfluss erhitzt, bis die DC-Kontrolle (CH_2Cl_2/MeOH 19:1) eine vollständige Konvertierung anzeigt. Man lässt auf Raumtemperatur abkühlen und wäscht zuerst mit Wasser (2 x 20 mL) und anschließend mit gesättigter NaCl-Lösung (20 mL). Die organische Lösung wird dann über Na_2SO_4 getrocknet, filtriert und im Vakuum zur Trockene eingeengt. Die erhaltenen Indolylamide **19a-d** werden durch Umkristallisieren oder Säulenchromatographie aufgereinigt.

N-[2-(1H-Indolyl)-2-oxoethyl]-N-isopropylacetamid (19a)

Die UGI-4CR mit Essigsäure **15a** (0.63 g, 10.5 mmol), Isopropylamin **16a** (0.62 g, 10.5 mmol), Paraformaldehyd **17a** (0.31 g, 10.5 mmol), und Isonitril **12** (2.00 g, 10.5 mmol) liefert nach Konvertierung das Indolylamid **19a**. Nach einer Woche im Kühlschrank (5°C) kristallisiert das Produkt vollständig aus. Die Kristalle werden abfiltriert und intensiv mit Petrolether gewaschen. Reines Indolylamid **19a** wird als farbloses Pulver erhalten (2.11 g, 78%, zwei Stufen). DC (CH$_2$Cl$_2$/MeOH 19:1) R_f = 0.81; Smp. 121 – 122°C (Benzol); ^{1}H NMR (CDCl$_3$, 400 MHz, s-cis (Minder)- und s-trans (Haupt)-Isomer) δ = 1.10, 1.24 (2d, J = 6.6 Hz, 6 H, 2 CH$_3$), 2.04, 2.25 (2s, 3 H, CH$_3$), 4.21, 5.00 (2quint., J = 6.6 Hz, 1 H, CH), 4.53, 4.54 (2s, 2 H, CH$_2$), 6.66, 6.72 (2d, J = 3.5 Hz, 1 H, CH), 7.24 – 7.60 (m, 4 H, 4 CH), 8.43 (d, J = 7.8 Hz, 1 H, CH) ppm; ^{13}C NMR (CDCl$_3$, 100 MHz, s-cis (Minder)- und s-trans (Haupt)-Isomer) δ = 19.97, 21.02, 21.37, 22.10, 43.39, 44.59, 49.24, 109.60, 116.54, 120.75, 121.03, 123.59, 123.69, 124.17, 125.10, 125.59, 128.25, 129.96, 135.69, 166.70, 170.38 ppm; ESI-MS von C$_{15}$H$_{18}$N$_2$O$_2$ (M+H$^+$ = 259.3; M+Na$^+$ = 281.5; M-H$^-$ = 257.5); IR (ATR) ν = 1699.6 (Amid), 1630.2 (Amid), 1589.3, 1479.0, 1462.1, 1451.4, 1410.0, 1385.5, 1367.1, 1342.6, 1306.2, 1233.8, 1210.8, 1181.7, 1161.7, 1132.6, 1109.6, 1075.9, 1013.1, 984.0, 919.6, 815.4, 772.5, 754.6, 729.1 cm^{-1}; HRMS von C$_{15}$H$_{18}$N$_2$O$_2$ [M+Na]$^+$ ber. 281.12660 gef. 281.12580.

N-Benzyl-N-[2-(1H-indolyl)-2-oxoethyl]acetamid (19b)

Die UGI-4CR mit Essigsäure **15a** (0.94 g, 15.7 mmol), Benzylamin **16b** (1.68 g, 15.7 mmol), Paraformaldehyd **17a** (0.47 g, 15.7 mmol) und Isonitril **12** (3.00 g, 15.7 mmol) liefert nach Konvertierung das Indolylamid **19b**. Durch Umkristallisieren aus Ethylacetat wird reines **19b** als farbloses Pulver erhalten (3.51 g, 73%, zwei Stufen).

DC (CH$_2$Cl$_2$/MeOH 19:1) R_f = 0.86; Smp. 129 – 130°C (Ethylacetat); ^{1}H NMR (CDCl$_3$, 400 MHz, *s-cis* (Minder)- und *s-trans* (Haupt)-Isomer) δ = 2.15, 2.30 (2s, 3 H, CH$_3$), 4.67 (s, 2 H, CH$_2$), 4.73 (s, 2 H, CH$_2$), 6.60, 6.64 (2d, *J* = 3.7 Hz, 1 H, CH), 7.19 – 7.39 (m, 8 H, 8 CH), 7.52 (d, *J* = 8.2 Hz, 1 H, CH) ppm, 8.39 (d, *J* = 8.1 Hz, 1 H, CH) ppm; ^{13}C NMR (CDCl$_3$, 100 MHz, *s-cis* (Minder)- und *s-trans* (Haupt)-Isomer) δ = 21.36, 47.82, 52.74, 109.89, 116.35, 120.77, 123.48, 123.84, 125.16, 126.58, 127.85, 128.27, 128.62, 128.94, 129.93, 135.45, 135.69, 166.27, 171.44 ppm; ESI-MS von C$_{19}$H$_{18}$N$_2$O$_2$ (M+H$^+$ = 307.2; M+Na$^+$ = 329.1; M-H$^-$ = 305.0); IR (ATR) ν = 3132.8, 3107.8, 3046.5, 3032.9, 2944.4, 2849.0, 1711.5 (Amid), 1634.6 (Amid), 1534.7, 1485.4, 1471.0, 1450.5, 1431.1, 1383.4, 1367.5, 1350.5, 1315.5, 1262.2, 1227.7, 1202.7, 1154.7, 1108.4, 1087.7, 1040.6, 997.8, 976.6, 949.7, 918.0, 820.9, 793.9, 772.7, 746.6, 723.2, 696.1, 663.6 cm^{-1}; HRMS von C$_{19}$H$_{18}$N$_2$O$_2$ [M+Na]$^+$ ber. 329.12660 gef. 329.12602; EA: C$_{19}$H$_{18}$N$_2$O$_2$ ber. C, 74.49; H, 5.92; N, 9.14; gef. C, 74.07; H, 6.09; N, 9.07.

N-Benzyl-N-[1-(1H-indolylcarbonyl)-2-methylpropyl]-2-(4-methoxyphenyl)acetamid (19c)

Die UGI-4CR mit *p*-Methoxyphenylessigsäure **15b** (1.74 g, 10.5 mmol), Benzylamin **16b** (1.12 g, 10.5 mmol), Isobutyraldehyd **17b** (0.75 g, 10.5 mmol) und Isonitril **12** (2.00 g, 10.5 mmol) liefert nach Konvertierung das Indolylamid **19c**. Die säulenchromatographische Aufreinigung (Ethylacetat/PE 1:1) liefert reines **19c** als braunes Öl (4.10 g, 86%, zwei Stufen). DC (Ethylacetat/PE 1:1) R_f = 0.69; ^{1}H NMR (CDCl$_3$, 300 MHz, *s-cis* (Minder)- und *s-trans* (Haupt)-Isomer) δ = 0.86, 1.01 (2d, *J* = 6.8 Hz, 6 H, 2 CH$_3$), 2.53 – 2.61 (m, 1 H, CH), 3.56 (s, 2 H, CH$_2$), 3.77 (s, 3 H, CH$_3$), 4.63 (q, *J* = 17.8 Hz, 2 H, CH$_2$), 5.82 (d, *J* = 10.6 Hz, 1 H, CH), 6.65– 6.90 (m, 6 H, 6 CH), 7.06 – 7.38 (m, 7 H, 7 CH), 7.50 – 7.65 (m, 1 H, CH), 7.97 (d, *J* = 4.0 Hz, 1 H, CH), 8.04 (d, *J* = 8.1 Hz, 1 H, CH) ppm; ^{13}C NMR (CDCl$_3$, 75 MHz, *s-cis* (Minder)- und *s-trans* (Haupt)-Isomer) δ = 18.10, 19.96, 27.32, 40.23, 47.02, 55.18, 60.39, 109.77, 113.90, 116.51, 120.32, 123.74, 124.69, 124.90, 125.37, 125.97, 126.76, 128.23,

129.87, 130.58, 135.30, 136.04, 158.42, 168.47, 172.56 ppm; ESI-MS von $C_{29}H_{30}N_2O_3$ ($M+H^+$ = 455.5; $M+Na^+$ = 477.2); IR (ATR) ν = 3141.9, 3112.4, 3064.7, 3030.6, 2963.0, 2928.5, 2874.0, 2837.7, 2247.4, 1738.6, 1699.6 (Amid), 1639.8 (Amid), 1612.0, 1583.7, 1539.1, 1510.8, 1451.7, 1403.6, 1386.6, 1339.3, 1302.4, 1272.9, 1245.9, 1205.1, 1175.3, 1130.8, 1104.5, 1030.6, 971.0, 951.4, 907.1, 880.3, 817.6, 800.2, 765.9, 727.3, 695.4 cm^{-1}; HRMS von $C_{29}H_{30}N_2O_3$ $[M+Na]^+$ ber. 477.21541 gef. 477.21431.

N-Benzyl-N-[2-(1H-indolyl)-2-oxoethyl]-2-(4-methoxyphenyl)acetamid (19d)

Die UGI-4CR mit *p*-Methoxyphenylessigsäure **15b** (1.30 g, 7.84 mmol), Benzylamin **16b** (0.84 g, 7.84 mmol), Paraformaldehyd **17a** (0.24 g, 7.84 mmol) und Isonitril **12** (1.50 g, 7.84 mmol) liefert nach Konvertierung das Indolylamid **19d**. Die säulenchromatographische Aufreinigung (Ethylacetat) liefert reines **19d** als farblosen Feststoff (2.72 g, 84%, zwei Stufen). DC (Ethylacetat) R_f = 0.85; Smp. 121 – 122°C (Ethylacetat); ^1H NMR (CDCl$_3$, 300 MHz, *s-cis* (Minder)- und *s-trans* (Haupt)-Isomer) δ = 3.66, 3.69 (2s, 2 H, CH$_2$), 3.79, 3.85 (2s, 3 H, CH$_3$), 4.66, 4.79 (2s, 2 H, CH$_2$), 6.60, 6.62 (2d, J = 3.6 Hz, 1 H, CH), 6.74 – 6.90 (m, 2 H, 2 CH), 7.08 – 7.37 (m, 10 H, 10 CH), 7.53 (d, J = 8.2 Hz, 1 H, CH), 8.42 (d, J = 8.2 Hz, 1 H, CH) ppm; ^{13}C NMR (CDCl$_3$, 75 MHz, *s-cis* (Minder)- und *s-trans* (Haupt)-Isomer) δ = 39.67, 40.75, 47.99, 49.43, 49.76, 52.25, 55.13, 55.28, 109.84, 110.47, 114.08, 116.41, 120.77, 120.91, 123.55, 123.83, 124.14, 125.12, 125.53, 126.05, 126.30, 126.72, 127.56, 127.85, 128.28, 128.62, 128.91, 129.59, 129.80, 129.96, 135.47, 135.66, 136.62, 158.39, 165.74, 166.22, 171.76, 172.25 ppm; ESI-MS von $C_{26}H_{24}N_2O_3$ ($M+H^+$ = 413.3; $M+Na^+$ = 435.0; $M-H^-$ = 411.4); IR (ATR) ν = 3400.7, 3141.9, 3119.2, 3016.3, 2928.5, 2840.0, 1715.5 (Amid), 1647.0 (Amid), 1607.5, 1582.1, 1534.1, 1510.9, 1464.2, 1454.9, 1443.4, 1416.8, 1405.7, 1383.6, 1358.5, 1310.6, 1275.4, 1240.0, 1224.0, 1206.8, 1179.8, 1154.1, 1106.5, 1082.1, 1022.5, 973.8, 955.7, 943.2, 918.2, 905.5, 876.5, 860.6, 832.0, 809.1, 790.0, 752.0, 738.3, 722.8, 703.6, 693.8, 666.7 cm^{-1}; HRMS von $C_{26}H_{24}N_2O_3$ $[M+Na]^+$ ber. 435.16846 gef. 435.16844.

Umsetzungen der Indolylamide 19a-d

N-Acetyl-N-isopropylglycin (20a)

$$\text{Ac-N(}i\text{-Pr)-CH}_2\text{-CO}_2\text{H}$$

Indolylamid **19a** (0.20 g, 0.79 mmol) in 3 N methanolischer NaOH (20 mL, enthält 5% Wasser) wird bei Raumtemperatur gerührt. Nach 1.5 Stunden zeigt die DC-Kontrolle (CH$_2$Cl$_2$/MeOH 19:1) eine vollständige Hydrolyse zum Carbonsäurederivat **20a** an. Das Reaktionsgemisch wird im Vakuum auf ein Volumen von 5 mL konzentriert und nachfolgend mit CH$_2$Cl$_2$ (50 mL) und Wasser (40 mL) versetzt. Nach Abtrennen und Verwerfen der organischen Phase wird die wässrige Phase mit 1 N HCl angesäuert (pH 2), und man extrahiert mit Ethylacetat (4 x 50 mL). Die vereinten organischen Lösungen werden über Na$_2$SO$_4$ getrocknet, filtriert und im Rotationsverdampfer bis zur Trockene eingedampft. Das Carbonsäurederivat **20a** wird als farbloses Öl erhalten (0.10 g, 78%). DC (Ethylacetat/MeOH/H$_2$O 3:2:1) R_f = 0.76; ^{1}H NMR (CDCl$_3$, 300 MHz, *s-cis* (Minder)- und *s-trans* (Haupt)-Isomer) δ = 1.08, 1.21 (2d, J = 6.8 Hz, 6 H, 2 CH$_3$), 2.08, 2.22 (2s, 3 H, CH$_3$), 3.95 (s, 2 H, CH$_2$), 4.12, 4.86 (2quint., J = 6.8 Hz, 1 H, CH), 10.04 (br, s, 1 H, OH) ppm; ^{13}C NMR (CDCl$_3$, 75 MHz, *s-cis* (Minder)- und *s-trans* (Haupt)-Isomer) δ = 19.66, 20.67, 20.98, 21.71, 42.31, 44.56, 45.18, 49.56, 171.86, 172.09, 172.51, 172.54 ppm; ESI-MS von C$_7$H$_{13}$NO$_3$ (M+H$^+$ = 160.1; M+Na$^+$ = 181.9; M-H$^-$ = 158.0); IR (ATR) ν = 1725.7 (CO$_2$H), 1606.9 (Amid), 1462.0, 1399.3, 1371.7, 1301.2, 1236.8, 1194.1, 1126.5, 1089.7, 1069.8, 1039.1, 994.7, 938.0, 892.0, 772.5, 686.7, 674.4 cm^{-1}; HRMS von C$_7$H$_{13}$NO$_3$ [M+Na]$^+$ ber. 182.07931 gef. 182.07859.

N-Acetyl-N-benzylglycin (20b)

$$\text{Ac-N(Bn)-CH}_2\text{-CO}_2\text{H}$$

Die Vorschrift ist identisch mit derjenigen zu Experiment **20a**, aber anstatt einer 3 N methanolischen NaOH wird Indolylamid **19b** (0.15 g, 0.49 mmol) in einer 1 N methanolischen NaOH (20 mL, enthält 5% Wasser) für ca. einen Tag gerührt. Nach Aufarbeitung wird Carbonsäurederivat **20b** als leicht bräunlicher Feststoff erhalten (0.09 g, 92%). DC (Ethylacetat/MeOH 2:1) R_f = 0.19; Smp. 119 – 120°C (Ethylacetat); ^{1}H NMR (CDCl$_3$, 300 MHz, *s-cis* (Minder)- und *s-trans* (Haupt)-Isomer) δ = 2.16, 2.24 (2s, 3 H, CH$_3$), 3.92, 4.08 (2s, 2 H, CH$_2$), 4.62, 4.64 (2s, 2 H, CH$_2$), 7.17 – 7.39 (m, 5 H, 5 CH), 10.85 (br, s, 1 H, OH) ppm; ^{13}C NMR (CDCl$_3$, 75 MHz, *s-cis* (Minder)- und *s-trans* (Haupt)-Isomer) δ = 21.02, 21.18, 46.92, 48.86, 49.61, 52.94, 126.54, 127.53, 127.85, 128.23, 128.50, 128.88, 135.18 135.98, 171.26, 172.14, 172.50, 172.69 ppm; ESI-MS von C$_{11}$H$_{13}$NO$_3$ (M+H$^+$ = 208.1; M+Na$^+$ = 230.2; M-H$^-$ = 206.1); IR (ATR) v = 2922.7, 2851.3, 2717.4, 1712.8 (CO$_2$H), 1585.6 (Amid), 1484.9, 1440.6, 1398.9, 1365.9, 1354.2, 1337.3, 1247.9, 1202.3, 1173.0, 1067.7, 1038.6, 1027.9, 998.7, 970.3, 947.1, 909.9, 884.4, 870.2, 820.9, 801.6, 751.3, 737.6, 704.3, 682.9 cm^{-1}; HRMS von C$_{11}$H$_{13}$NO$_3$ [M+Na]$^+$ ber. 230.07931 gef. 230.07832.

N-Benzyl-*N*-[(4-methoxyphenyl)acetyl]valin (20c)

Die Vorschrift ist identisch mit derjenigen zu Experiment **20a**, aber anstatt einer 3 N methanolischen NaOH, wird Indolylamid **19c** (0.30 g, 0.66 mmol) in einer 0.5 N methanolischen NaOH (20 mL, enthält 5% Wasser) gerührt. Nach 40 Minuten wird eine vollständige Verseifung detektiert. Die anschließende Aufarbeitung liefert Carbonsäurederivat **20c** als leicht rötlichen Feststoff (0.20 g, 85%). DC (Ethylacetat/MeOH 1:1) R_f = 0.70; Smp. 132 – 133°C (Ethylacetat); ^{1}H NMR (CDCl$_3$, 300 MHz, *s-cis* (Minder)- und *s-trans* (Haupt)-Isomer) δ = 0.72 – 1.10 (m, 6 H, 2 CH$_3$), 2.21 – 2.65 (m, 1 H, CH), 3.68 (s, 2 H, CH$_2$), 3.77, 3.78 (2s, 3 H, CH$_3$), 3.82 – 4.12 (m, 1 H, CH), 4.35 – 4.79 (m, 2 H, CH$_2$), 6.82 – 6.91 (m, 2 H, 2 CH), 7.04 – 7.36 (m, 7 H, 7 CH) ppm; ^{13}C NMR (CDCl$_3$, 75 MHz, *s-cis* (Minder)- und *s-trans* (Haupt)-Isomer) δ = 19.43, 19.83, 27.28, 28.55, 40.88, 43.87, 54.18, 55.27, 56.58, 69.01, 70.84, 114.16, 114.39, 124.13, 125.37, 126.66, 127.80, 127.99, 128.17, 128.21, 128.46, 128.92, 129.30, 129.52, 129.76, 135.18, 158.62, 171.74, 174.96 ppm; ESI-MS von C$_{21}$H$_{25}$NO$_4$ (M+Na$^+$ = 378.3; M-H$^-$ = 354.2); IR (ATR) v = 3064.7, 3028.4, 3001.1, 2965.8, 2933.0,

2874.0, 2835.4, 2612.9, 1716.1 (CO_2H), 1623.4 (Amid), 1609.1, 1589.2, 1575.7, 1512.5, 1495.7, 1477.2, 1453.7, 1430.7, 1415.2, 1386.6, 1369.1, 1354.6, 1334.2, 1295.0, 1273.8, 1246.4, 1175.7, 1112.0, 1075.1, 1030.0, 998.5, 963.9, 948.3, 925.8, 911.4, 868.0, 838.9, 818.6, 801.8, 752.9, 729.0, 694.5, 665.8 cm^{-1} HRMS von $C_{21}H_{25}NO_4$ $[M+Na]^+$ ber. 378.16813 gef. 378.16679.

Methyl N-Acetyl-N-isopropylglycinat (21a)

$$Ac-N(i\text{-}Pr)-CO_2Me$$

Indolylamid **19a** (0.38 g, 1.47 mmol) in MeOH (30 mL) wird mit 25 Tropfen Triethylamin versetzt. Man lässt für einen Tag bei Raumtemperatur reagieren und dampft dann die Reaktionslösung im Vakuum bis zur Trockene ein. Das Rohprodukt wird säulenchromatographisch aufgereinigt (Ethylacetat/MeOH 1:1), um Methylesterderivat **21a** als leicht bräunliches Öl zu erhalten (0.22 g, 87%). ^{1}H NMR ($CDCl_3$, 400 MHz, s-cis (Minder)- und s-trans (Haupt)-Isomer) δ = 1.06, 1.20 (2d, J = 6.6 Hz, 6 H, 2 CH_3), 2.03, 2.18 (2s, 3 H, CH_3), 3.71, 3.78 (2s, 3 H, CH_3), 3.92, 3.97 (2s, 2 H, CH_2), 4.13, 4.87 (2quint., J = 6.8 Hz, 1 H, CH) ppm; ^{13}C NMR ($CDCl_3$, 100 MHz, s-cis (Minder)- und s-trans (Haupt)-Isomer) δ = 19.22, 20.35, 20.83, 21.57, 41.37, 43.92, 44.01, 48.60, 51.42, 51.87, 169,72, 169.77, 170.14, 170,23 ppm; ESI-MS von $C_8H_{15}NO_3$ ($M+H^+$ = 174.3; $M+Na^+$ = 196.3); IR (ATR) ν = 2958.1, 2847.8, 2353.5, 1752.6 (CO_2Me), 1642.1 (Amid), 1433.1, 1369.9, 1345.6, 1345.6, 1303.0, 1199.0, 1129.3, 1087.3, 1070.9, 1003.9, 982.9, 931.7, 757.5, 700.8 cm^{-1}; HRMS von $C_8H_{15}NO_3$ $[M+Na]^+$ ber. 196.09496 gef. 196.09421.

Methyl N-Acetyl-N-benzylglycinat (21b)

$$Ac-N(Bn)-CO_2Me$$

Die Vorschrift zur Synthese des Methylesters von Indolylamid **19b** (0.50g, 1.63 mmol) ist identisch mit derjenigen zu Experiment **21a**. Nach säulenchromatographischer Aufreinigung (CH_2Cl_2/MeOH 4:1) wird Methylesterderivat **21b** als braunes Öl erhalten

(0.33 g, 92%). DC (Ethylacetat/MeOH 9:1) R_f = 0.69; ^{1}H NMR (CDCl$_3$, 300 MHz, s-cis (Minder)- und s-trans (Haupt)-Isomer) δ = 2.13, 2.22 (2s, 3 H, CH$_3$), 3.71 (s, 3 H, CH$_3$), 3.93, 4.06 (2s, 2 H, CH$_2$), 4.62, 4.64 (2s, 2 H, CH$_2$), 7.18 – 7.39 (m, 5 H, 5 CH) ppm; ^{13}C NMR (CDCl$_3$, 75 MHz, s-cis (Minder)- und s-trans (Haupt)-Isomer) δ = 21.32, 21.54, 46.72, 49.41, 52.07, 52.37, 52.87, 126.49, 127.46, 127.72, 128.26, 128.44, 128.81, 135.72, 136.40, 169.28, 169.57, 171.26 ppm; ESI-MS von C$_{12}$H$_{15}$NO$_3$ (M+H$^+$ = 222.1; M+Na$^+$ = 244.5); IR (ATR) ν = 3337.1, 2980.7, 2933.0, 2870.2, 2245.2, 1693.7. 1648.8, 1520.0, 1454.7, 1437.5, 1391.6, 1365.0, 1272.2, 1248.0, 1221.3, 1167.2, 1099.6, 1038.6, 995.7, 918.6, 862.4, 773.4, 728.9 cm^{-1}; HRMS von C$_{12}$H$_{15}$NO$_3$ [M+Na]$^+$ ber. 244.09496 gef. 244.09421.

N^2-Acetyl-N-allyl-N^2-isopropylglycinamid (22a)

Indolylamid **19a** (0.44 g, 1.69 mmol) und Allylamin **16c** (9.66 g, 169 mmol) in Toluol (70 mL) werden mit DMAP (0.05 g, 0.42 mmol) versetzt. Das Reaktionsgemisch wird unter Rückfluss erhitzt und der Reaktionsverlauf per DC (CH$_2$Cl$_2$/MeOH 19:1) verfolgt. Nach zwei Stunden wird eine vollständige Umsetzung detektiert und die Lösung im Vakuum zur Trockene eingeengt. Die anschließende säulenchromatographische Aufreinigung (CH$_2$Cl$_2$/MeOH 9:1) liefert Allylamid **22a** als leicht bräunliches Öl (0.29 g, 86%). DC (CH$_2$Cl$_2$/MeOH 9:1) R_f = 0.85; ^{1}H NMR (CDCl$_3$, 400 MHz, s-cis (Minder)- und s-trans (Haupt)-Isomer) δ = 1.10, 1.24 (2d, J = 6.6 Hz, 6 H, 2 CH$_3$), 2.07, 2.21 (2s, 3 H, CH$_3$), 3.83 – 3.87 (m, 2 H, CH$_2$), 3.92 (s, 2 H, CH$_2$), 4.08, 4.85 (2quint., J = 6.6 Hz, 1 H, CH), 5.09 – 5.21 (m, 2 H, CH$_2$), 5.76 – 5.86 (m, 1 H, CH), 6.62, 6.87 (br, 2s, 1 H, NH) ppm; ^{13}C NMR (CDCl$_3$, 100 MHz, s-cis (Minder)- und s-trans (Haupt)-Isomer) δ = 19.76, 20.25, 20.66, 21.58, 41.49, 41.84, 44.86, 45.22, 46.65, 49.95, 115.81, 116.99, 133.45, 133.91, 168.81, 170.25, 171.40 ppm; ESI-MS von C$_{10}$H$_{18}$N$_2$O$_2$ (M+H$^+$ = 199.1; M+Na$^+$ = 221.2; M-H$^-$ = 197.1); IR (ATR) ν = 1690.8, 1658.2 (Amid), 1641.3 (Amid), 1626.4, 1562.9, 1547.5, 1536.2, 1461.9, 1426.7, 1367.8, 1327.0, 1246.3, 1209.1, 1128.9, 1084.0, 1035.3, 986.7, 923.8, 734.2, 700.1 cm^{-1}; HRMS von C$_{10}$H$_{18}$N$_2$O$_2$ [M+Na]$^+$ ber. 221.12660 gef. 221.12581.

N^2-Acetyl-N-allyl-N^2-benzylglycinamid (22b)

Die Vorschrift zur Synthese des Allylamids von Indolylamid **19b** (0.15 g, 0.49 mmol) ist identisch mit derjenigen zu Experiment **22a**. Nach säulenchromatographischer Aufreinigung (CH$_2$Cl$_2$/MeOH 19:1) wird Allylamid **22b** als leicht gelblicher Feststoff erhalten (0.12 g, 99%). DC (CH$_2$Cl$_2$/MeOH 19:1) R_f = 0.61; ^{1}H NMR (CDCl$_3$, 400 MHz, *s-cis* (Minder)- und *s-trans* (Haupt)-Isomer) δ = 2.14, 2.21 (2s, 3 H, CH$_3$), 3.78 – 3.86 (m, 2 H, CH$_2$), 3.91, 3.98 (2s, 2 H, CH$_2$), 4.62, 4.67 (2s, 2 H, CH$_2$), 5.06 – 5.19 (m, 2 H, CH$_2$), 5.65 – 5.86 (m, 1 H, CH), 6.33, 6.60 (br, 2s, 1 H, NH), 7.16 – 7.39 (m, 5 H, 5 CH) ppm; ^{13}C NMR (CDCl$_3$, 100 MHz, *s-cis* (Minder)- und *s-trans* (Haupt)-Isomer) δ = 21.45, 21.76, 41.69, 41.87, 50.01, 50.14, 51.71, 53.29, 116.09, 116.75, 126.40, 127.75, 128.27, 128.74, 128.85, 133.29, 133.68, 135.52, 136.51, 167.53, 168.55, 171.24, 171.77 ppm; ESI-MS von C$_{14}$H$_{18}$N$_2$O$_2$ (M+H$^+$ = 247.4; M+Na$^+$ = 269.0; M-H$^-$ = 245.3); IR (ATR) ν = 3294.5, 3082.9, 3065.8, 3030.6, 2985.2, 2923.0, 2849.0, 2245.5, 1633.1 (Amid), 1538.1 (Amid), 1495.8, 1471.0, 1420.2, 1358.8, 1334.2, 1289.7, 1232.3, 1203.9, 1178.1, 1073.3, 1029.6, 987.2, 910.9, 819.3, 801.8, 726.1, 696.1 cm^{-1}; HRMS von C$_{14}$H$_{18}$N$_2$O$_2$ [M+Na]$^+$ ber. 269.12660 gef. 269.12589.

N-Isopropyl-N-(2-oxo-2-pyrrolidinylethyl)acetamid (22c)

Die Vorschrift zur Synthese des Pyrrolidinamids von Indolylamid **19a** (0.41 g, 1.60 mmol) ist identisch mit derjenigen zu Experiment **22a**, aber anstatt Allylamin **16c** wird Pyrrolidin **16d** (11.40 g, 160 mmol) zur Darstellung des tertiären Amids **22c** eingesetzt. Nach säulenchromatographischer Aufreinigung (CH$_2$Cl$_2$/MeOH 9:1) wird Pyrrolidinamid **22c** als leicht bräunliches Öl erhalten (0.25 g, 73%). DC (CH$_2$Cl$_2$/MeOH 9:1) R_f = 0.81; ^{1}H NMR (CDCl$_3$, 400 MHz, *s-cis* (Minder)- und *s-trans*

(Haupt)-Isomer) δ = 1.07, 1.22 (2d, J = 6.6 Hz, 6 H, 2 CH$_3$), 1.81 – 2.09 (m, 4 H, 2 CH$_2$), 2.01, 2.18 (2s, 3 H, CH$_3$), 3.44 – 3.54 (m, 4 H, 2 CH$_2$), 3.89, 3.90 (2s, 2 H, CH$_2$), 4.12, 4.87 (2quint., J = 6.8 Hz, 1 H, CH) ppm; ^{13}C NMR (CDCl$_3$, 100 MHz, s-cis (Minder)- und s-$trans$ (Haupt)-Isomer) δ = 19.57, 20.66, 21.02, 21.82, 23.56, 23.61, 25.78, 25.80, 42.11, 44.09, 44.59, 45.26, 45.36, 45.53, 45.79, 48.79, 166.19, 166.45, 169.83, 170.89 ppm; ESI-MS von C$_{11}$H$_{20}$N$_2$O$_2$ (M+H$^+$ = 213.0; M+Na$^+$ = 235.1); IR (ATR) ν = 1644.2 (Amid), 1630.1 (Amid), 1479.0, 1424.6, 1368.6, 1350.2, 1320.4, 1279.7, 1223.0, 1174.0, 1126.5, 1080.5, 1034.5, 936.5, 913.5, 858.3, 810.8, 763.3, 691.0 cm^{-1}; HRMS von C$_{11}$H$_{20}$N$_2$O$_2$ [M+Na]$^+$ ber. 235.14225 gef. 235.14146.

N-Benzyl-*N*-(2-oxo-2-pyrrolidinylethyl)acetamid (22d)

Die Vorschrift zur Synthese des Pyrrolidinamids von Indolylamid **19b** (0.15 g, 0.49 mmol) ist identisch mit derjenigen zu Experiment **22a**, aber anstatt Allylamin **16c** wird Pyrrolidin **16d** (3.48 g, 49.0 mmol) zur Darstellung des tertiären Amids **22d** eingesetzt. Nach säulenchromatographischer Aufreinigung (CH$_2$Cl$_2$/MeOH 19:1) wird Pyrrolidinamid **22d** als braunes Öl erhalten (0.11 g, 89%). DC (CH$_2$Cl$_2$/MeOH 19:1) R_f = 0.54; ^{1}H NMR (CDCl$_3$, 400 MHz, s-cis (Minder)- und s-$trans$ (Haupt)-Isomer) δ = 1.78 – 2.01 (m, 4 H, 2 CH$_2$), 2.13, 2.22 (2s, 3 H, CH$_3$), 3.20 – 3.51 (m, 4 H, 2 CH$_2$), 3.86, 4.05 (2s, 2 H, CH$_2$), 4.67, 4.72 (2s, 2 H, CH$_2$), 7.20 – 7.40 (m, 5 H, 5 CH) ppm; ^{13}C NMR (CDCl$_3$, 100 MHz, s-cis (Minder)- und s-$trans$ (Haupt)-Isomer) δ = 21.35, 21.59, 23.96, 24.03, 26.09, 45.53, 45.60, 45.84, 46.05, 46.81, 49.27, 49.32, 52.79, 126.44, 127.22, 127.45, 128.17, 128.35, 128.71, 136.38, 137.08, 165.51, 166.24, 171.30 ppm; ESI-MS von C$_{15}$H$_{20}$N$_2$O$_2$ (M+H$^+$ = 261.2; M+Na$^+$ = 283.5; M-H$^-$ = 259.1); IR (ATR) ν = 3087.4, 3064.7, 3030.6, 2973.1, 2951.2, 2930.8, 2874.9, 2242.1, 1634.7 (Amid), 1495.4, 1472.4, 1434.9, 1353.2, 1330.3, 1240.3, 1229.3, 1203.9, 1189.6, 1173.7, 1067.2, 1029.7, 985.0, 912.0, 856.6, 810.4, 773.0, 724.6, 695.9 cm^{-1}; HRMS von C$_{15}$H$_{20}$N$_2$O$_2$ [M+Na]$^+$ ber. 283.14225 gef. 283.14126.

PASSERINI-3CRs mit Isonitril 12 und Konvertierungen zu Indolylamiden 23a,b

Allgemeine Arbeitsvorschrift zu PASSERINI-3CRs mit konvertierbaren Isonitril 12:
Das Isonitril **12** (2.00 g, 10.5 mmol) und die Aldehyd- oder Ketokomponente **17** (10.5 mmol) werden in CH_2Cl_2 (15 mL) gelöst. Nach Zugabe der Carbonsäurekomponente **15** (10.5 mmol) lässt man bei Raumtemperatur für ca. einen Tag rühren und kontrolliert die Umsetzung per DC (Ethylacetat/MeOH 9:1). Anschließend verdünnt man das Reaktionsgemisch mit CH_2Cl_2 (10 mL) und Wasser (10 mL). Die organische Phase wird mit gesättigter $NaHCO_3$-Lösung (4 x 10 mL) gewaschen, über Na_2SO_4 getrocknet, filtriert und im Vakuum zur Trockene eingeengt, um das α-Hydroxyacylamid-Rohprodukt zu erhalten.

Die Vorschrift für die Konvertierung zum Indolylamid **23** ist identisch mit derjenigen zu **19**.

1-(1*H*-Indolylcarbonyl)-2-methylpropyl (4-methoxyphenyl)acetat (23a)

Die PASSERINI-3CR mit *p*-Methoxyphenylessigsäure **15b** (1.74 g, 10.5 mmol), Isobutyraldehyd **17b** (0.75 g, 10.5 mmol) und Isonitril **12** (2.00 g, 10.5 mmol) liefert nach Konvertierung das Indolylamid **23a**. Die säulenchromatographische Aufreinigung (Ethylacetat/PE 1:1) liefert reines **23a** als braunes Öl (3.18 g, 75%, zwei Stufen). DC (Ethylacetat/PE 1:1) R_f = 0.78; ^{1}H NMR ($CDCl_3$, 300 MHz) δ = 0.99, 1.01 (2d, J = 6.6 Hz, 6 H, 2 CH_3), 2.32 – 2.38 (m, 1 H, CH), 3.71 (s, 2 H, CH_2), 3.77 (s, 3 H, CH_3), 5.44 (d, J = 5.9 Hz, 2 H, CH_2), 6.61 (d, J = 3.8 Hz, 1 H, CH), 6.82– 6.86 (m, 2 H, 2 CH), 7.18 – 7.37 (m, 4 H, 4 CH), 7.46 (d, J = 3.8 Hz, 1 H, CH), 7.52– 7.55 (m, 1 H, CH), 8.45 (d, J = 8.2 Hz, 1 H, CH) ppm; ^{13}C NMR ($CDCl_3$, 75 MHz) δ = 17.53, 19.00, 30.76, 39.94, 55.22, 77.00, 109.81, 113.86, 116.63, 120.71, 123.94, 123.99, 125.16, 125.26, 130.07, 130.27, 135.56, 158.55, 167.81, 171.45 ppm; ESI-MS von $C_{22}H_{23}NO_4$ (M+H$^+$ = 366.2; M+Na$^+$ = 388.5; M-H$^-$ = 365.3); IR (ATR) ν = 3151.0, 2967.6, 2933.0, 2876.3,

2835.7, 2252.0, 1737.8 (Ester), 1707.9 (Amid), 1611.9, 1585.6, 1539.8, 1511.8, 1451.3, 1404.5, 1332.8, 1310.0, 1245.0, 1226.4, 1205.7, 1177.7, 1143.3, 1100.7, 1080.7, 1025.9, 908.0, 879.6, 855.9, 818.4, 765.6, 749.7, 726.2 cm^{-1}; HRMS von $C_{22}H_{23}NO_4$ [M+Na]$^+$ ber. 388.15248 gef. 388.15290.

1-Benzyl-2-(1H-indolyl)-2-oxoethylacetat (23b)

Die PASSERINI-3CR mit Essigsäure **15a** (0.48 g, 8.00 mmol), Phenylacetaldehyd **17c** (0.96 g, 8.00 mmol) und Isonitril **12** (1.53 g, 8.00 mmol) liefert nach Konvertierung das Indolylamid **23b**. Die säulenchromatographische Aufreinigung (Ethylacetat) liefert reines **23b** als braunes Öl (2.36 g, 96%, zwei Stufen). DC (Ethylacetat) R_f = 0.83; ^{1}H NMR (CDCl$_3$, 300 MHz) δ = 2.12 (s, 3 H, CH$_3$), 3.25 – 3.28 (m, 2 H, CH$_2$), 5.83 – 5.88 (m, 1 H, CH), 6.60 – 6.62 (m, 1 H, CH), 7.22 – 7.40 (m, 8 H, 8 CH), 7.52 – 7.55 (m, 1 H, CH), 8.46 (d, J = 8.1 Hz, 1 H, CH) ppm; ^{13}C NMR (CDCl$_3$, 75 MHz) δ = 20.62, 37.79, 73.03, 110.21, 116.67, 120.77, 123.51, 124.11, 125.30, 127.17, 128.55, 129.13, 130.07, 135.23, 135.60, 167.58, 170.09 ppm; ESI-MS von $C_{19}H_{17}NO_3$ (M+H$^+$ = 308.4; M+Na$^+$ = 330.1); IR (ATR) ν = 3151.0, 3110.1, 3062.4, 3029.3, 2930.8, 1742.5 (Ester), 1704.0 (Amid), 1604.0, 1585.6, 1540.1, 1496.9, 1472.0, 1451.2, 1403.7, 1370.2, 1322.4, 1223.7, 1204.9, 1155.1, 1140.3, 1110.9, 1079.9, 1060.5, 1038.6, 1016.8, 1000.5, 937.6, 907.8, 891.3, 881.0, 854.0, 797.0, 746.6, 697.2, 656.0 cm^{-1}; HRMS von $C_{19}H_{17}NO_3$ [M+Na]$^+$ ber. 330.11061 gef. 330.10977.

Umsetzungen der Indolylamide **23a,b**

2-Hydroxy-3-phenylpropionsäure (24)

Die Vorschrift ist identisch mit derjenigen zu Experiment **20a**, aber anstatt einer 3 N methanolischen NaOH wird Indolylamid **23b** (0.52 g, 1.70 mmol) in einer 1 N methanolischen NaOH (20 mL, enthält 5% Wasser) für drei Stunden gerührt. Nach Aufarbeitung wird das α-Hydroxycarbonsäurederivat **24** als leicht bräunliches Öl erhalten (0.27 g, 97%). DC (Ethylacetat/MeOH 1:1) R_f = 0.54; ^{1}H NMR (CDCl$_3$, 300 MHz) δ = 2.90 – 3.19 (m, 2 H, CH$_2$), 4.40 – 4.44 (m, 1 H, CH), 7.20 – 7.36 (m, 5 H, 5 CH) ppm; ^{13}C NMR (CDCl$_3$, 75 MHz) δ = 40.23, 70.94, 126.61, 128.18, 129.34, 136.47, 176.11 ppm; ESI-MS von C$_9$H$_{10}$O$_3$ (M+H$^+$ = 167.1; M+Na$^+$ = 189.2; M-H$^-$ = 164.9); IR (ATR) ν = 3442.3 (OH), 3085.1, 3062.4, 3028.4, 2953.5, 2927.6, 2894.4, 1722.9 (CO$_2$H), 1495.1, 1455.0, 1429.5, 1237.5, 1188.6, 1088.2, 1065.5, 1029.3, 1000.7, 910.2, 878.5, 793.6, 738.4, 698.2 cm^{-1}; HRMS von C$_9$H$_{10}$O$_3$ [M-H]$^-$ ber. 165.05517 gef. 165.05592.

2-{[(4-Methoxyphenyl)acetyl]oxy}-3-methylbuttersäure (25)

Indolylamid **23a** (0.25 g, 0.69 mmol) wird in einem Gemisch aus *t*-BuOH (20 mL) und Wasser (10 mL) gelöst. Nach Zugabe von DMAP (0.02 g, 0.17 mmol) wird das Reaktionsgemisch für zwei Stunden unter Rückfluss erhitzt, bis die DC-Kontrolle (Ethylacetat/PE 1:1) eine vollständige Verseifung des Indolylamids **23a** anzeigt. Die Lösung wird im Vakuum auf ein Volumen von 10 mL konzentriert und mit CH$_2$Cl$_2$ (30 mL) und gesättigter NaHCO$_3$-Lösung (15 mL) versetzt. Nach Abtrennen der organischen Phase wird die wässrige Phase nochmals mit CH$_2$Cl$_2$ (2 x 30 mL) extrahiert. Anschließend wird die wässrige Phase mit 2 M NaHSO$_4$ angesäuert (pH 2) und das Produkt mit Ethylacetat (3 x 20 mL) extrahiert. Die vereinten organischen Lösungen werden über Na$_2$SO$_4$ getrocknet, filtriert und im Rotationsverdampfer bis zur Trockene eingedampft, um das Carbonsäurederivat **25** als leicht rötliches Öl zu erhalten (0.12 g, 63%). DC (Ethylacetat/MeOH 1:1) R_f = 0.69; ^{1}H NMR (CDCl$_3$, 300 MHz) δ = 0.87 – 0.90 (m, 6 H, 2 CH$_3$), 2.12 – 2.21 (m, 1 H, CH), 3.59 (s, 2 H, CH$_2$), 3.70 (s, 3 H, CH$_3$), 4.80 (d, J = 4.2 Hz, 1 H, CH), 6.75 – 6.80 (m, 2 H, 2 CH), 7.10 – 7.17 (m, 2 H, 2 CH) ppm; ^{13}C NMR (CDCl$_3$, 75 MHz) δ = 17.04, 18.76, 30.01, 39.96, 55.21, 76.39,

113.82, 113.94, 125.41, 130.24, 158.47, 171.50, 175.05 ppm; ESI-MS von $C_{14}H_{18}O_5$ (M+Na$^+$ = 289.1; M-H$^-$ = 264.9); IR (ATR) ν = 1720.1 (CO$_2$H), 1620.3, 1611.2, 1587.8, 1512.9, 1495.7, 1461.0, 1435.1, 1378.6, 1289.9, 1246.1, 1179.3, 1036.3, 963.9, 818.6, 757.1, 729.4, 694.5 cm^{-1}; HRMS von $C_{14}H_{18}O_5$ [M+Na]$^+$ ber. 289.10519 gef. 289.10467.

Methyl 2-{[(4-Methoxyphenyl)acetyl]oxy}-3-methylbutyrat (26)

Die Vorschrift zur Synthese des Methylesters von Indolylamid **23a** (0.23 g, 0.63 mmol) ist identisch mit derjenigen zu Experiment **21a**. Nach säulenchromatographischer Aufreinigung (CH$_2$Cl$_2$/MeOH 19:1) wird Methylesterderivat **26** als leicht gelbliches Öl erhalten (0.13 g, 74%). DC (CH$_2$Cl$_2$) R_f = 0.33; ^{1}H NMR (CDCl$_3$, 300 MHz) δ = 0.93 (d, J = 6.8 Hz, 6 H, 2 CH$_3$), 2.18 – 2.24 (m, 1 H, CH), 3.66 (s, 2 H, CH$_2$), 3.71 (s, 3 H, CH$_3$), 3.78 (s, 3 H, CH$_3$), 4.83 (d, J = 4.6 Hz, 1 H, CH), 6.84 – 6.88 (m, 2 H, 2 CH), 7.20 – 7.26 (m, 2 H, 2 CH) ppm; ^{13}C NMR (CDCl$_3$, 75 MHz) δ = 17.24, 18.66, 30.10, 40.04, 51.98, 55.18, 76.90, 113.77, 125.54, 130.20, 158.47, 169.86, 171.30 ppm; ESI-MS von $C_{15}H_{20}O_5$ (M+H$^+$ = 281.3; M+Na$^+$ = 303.1); IR (ATR) ν = 2962.9, 2926.2, 2876.3, 2849.6, 1737.4 (Ester), 1612.6, 1585.4, 1512.3, 1463.8, 1436.8, 1390.3, 1371.0, 1299.2, 1281.2, 1245.4, 1209.0, 1178.0, 1127.2, 1026.7, 962.3, 919.4, 852.7, 819.1, 789.2, 770.3, 725.0, 696.4 cm^{-1}; HRMS von $C_{15}H_{20}O_5$ [M+Na]$^+$ ber. 303.12084 gef. 303.11977.

UGI-SMILES-4CR, Konvertierung zum Indolylamid 28 und Hydrolyse zur Carbonsäure 29

N-Benzyl-N-[1-(1H-indolylcarbonyl)-2-methylpropyl]-4-nitroanilin (28)

Allgemeine Arbeitsvorschrift für Durchführungen von UGI-SMILES-*4CRs mit dem konvertierbaren Isonitril* **12**:

Benzylamin **16b** (1.12 g, 10.5 mmol) und Isobutyraldehyd **17b** (0.75 g, 10.46 mmol) in MeOH (20 mL) werden für zwei Stunden bei Raumtemperatur gerührt, um das Imin-Intermediat zu bilden. Anschließend werden nacheinander *p*-Nitrophenol **27** (1.46 g, 10.5 mmol) und das konvertierbare Isonitril **12** (2.00 g, 10.5 mmol) hinzugegeben. Man lässt für etwa einen Tag rühren und kontrolliert den Reaktionsverlauf dabei per DC (CH_2Cl_2/MeOH 19:1). Nach beendeter Reaktion wird die methanolische Lösung im Vakuum eingedampft und das erhaltene Rohprodukt in Ethylacetat (50 mL) und Wasser (30 mL) gelöst. Nach Abtrennen der wässrigen Phase wird die organische Phase nacheinander zuerst mit Zitronensäure-Lösung (3 x 30 mL, pH 2), anschließend mit Wasser (2 x 30 mL), mit gesättigter $NaHCO_3$-Lösung (3 x 30 mL) und schließlich mit gesättigter NaCl-Lösung (3 x 30 mL) gewaschen. Danach wird die organische Lösung über Na_2SO_4 getrocknet, filtriert und im Rotationsverdampfer bis zur Trockene eingeengt, um das Rohprodukt der UGI-SMILES-4CR zu erhalten.

Die Vorschrift für die Konvertierung zum Indolylamid **28** ist identisch mit derjenigen zu **19**. Nach einer Stunde bei Raumtemperatur kristallisiert das Produkt vollständig aus. Man filtriert das Kristallisat ab und wäscht intensiv mit Petrolether. Reines Indolylamid **28** wird als gelbes Pulver erhalten (3.47 g, 73%, zwei Stufen). DC (Ethylacetat/PE 1:2) R_f = 0.91; Smp. 113 – 114°C (Ethylacetat); ^{1}H NMR (CDCl$_3$, 300 MHz, *s-cis* (Minder)- und *s-trans* (Haupt)-Isomer) δ = 1.05, 1.13 (2d, *J* = 6.8 Hz, 6 H, 2 CH$_3$), 2.81 – 2.94 (m, 1 H, CH), 4.62 – 4.88 (m, 2 H, CH$_2$), 5.01 (d, *J* = 10.4 Hz, 1 H, CH), 6.61 (d, *J* = 3.8 Hz, 1 H, CH), 6.77 – 6.93 (m, 7 H, 7 CH), 7.04 – 7.57 (m, 4 H, 4 CH), 8.04 – 8.15 (m, 3 H, 3 CH) ppm; ^{13}C NMR (CDCl$_3$, 75 MHz, *s-cis* (Minder)- und *s-trans* (Haupt)-Isomer) δ = 19.14, 20.10, 28.43, 49.61, 65.40, 110.54, 112.02, 115.57, 116.50, 120.65, 123.27, 124.05, 125.28, 126.02, 126.20, 126.67, 128.20, 130.18, 135.49, 135.59, 138.47, 153.25, 167.27 ppm; ESI-MS von $C_{26}H_{25}N_3O_3$ (M+H$^+$ = 428.4; M+Na$^+$ = 450.3; M-H$^-$ = 426.3); IR (ATR) ν = 3157.8, 3073.8, 3023.8, 2965.4, 2928.5, 2874.0, 2433.6, 2088.5, 1691.8 (Amid), 1590.7 (Amid), 1494.5, 1464.5, 1449.6, 1384.2, 1365.9, 1315.2, 1287.3, 1251.5, 1205.5, 1160.8, 1111.5 1017.9, 997.4, 973.2, 949.7, 941.7, 907.1, 877.3, 850.9, 822.6, 792.3, 749.5, 733.5, 723.7, 709.6, 691.1, 667.0 cm^{-1}.

N-Benzyl-N-(4-nitrophenyl)valin (29)

Indolylamid **28** (0.57 g, 1.34 mmol) in THF (10 mL) und Wasser (5 mL) wird mit Hilfe eines Eisbades auf 0°C gekühlt. Danach versetzt man mit LiOH Monohydrat (0.14 g, 3.35 mmol) und lässt das Reaktionsgemisch langsam auf Raumtemperatur erwärmen. Man lässt für einen Tag reagieren und kontrolliert den Reaktionsverlauf per DC (Ethylacetat/PE 1:2). Anschließend wird die Lösung im Vakuum auf ein Volumen von 5 mL konzentriert und nachfolgend mit CH_2Cl_2 (20 mL) und Wasser (10 mL) versetzt. Nach Abtrennen und Verwerfen der organischen Phase wird die wässrige Phase mit 2 M $NaHSO_4$ angesäuert (pH 2), und man extrahiert mit Ethylacetat (4 x 30 mL). Die vereinten organischen Lösungen werden über Na_2SO_4 getrocknet, filtriert und im Rotationsverdampfer bis zur Trockene eingedampft. Das Carbonsäurederivat **29** wird als rötliches Öl erhalten (0.39 g, 88%). DC (Ethylacetat/MeOH 1:1) R_f = 0.86; ^{1}H NMR ($CDCl_3$, 300 MHz, *s-cis* (Minder)- und *s-trans* (Haupt)-Isomer) δ = 0.89 – 1.23 (m, 6 H, 2 CH_3), 2.39 – 2.71 (m, 1 H, CH), 3.68, 3.71 (s, 1 H, CH), 4.24 – 4.87 (m, 2 H, CH_2), 6.78 – 6.92 (m, 2 H, 2 CH), 7.11 – 7.38 (m, 5 H, 5 CH), 8.01 – 8.17 (m, 2 H, 2 CH) ppm; ^{13}C NMR ($CDCl_3$, 75 MHz, *s-cis* (Minder)- und *s-trans* (Haupt)-Isomer) δ = 14.14, 19.61, 19.65, 28.84, 50.31, 68.41, 113.26, 115.61, 125.77, 125.90, 126.10, 126.48, 127.05, 128.57, 136.30, 138.26, 141.04, 153.82, 161.88, 175.18 ppm; ESI-MS von $C_{18}H_{20}N_2O_4$ (M+H$^+$ = 329.4; M+Na$^+$ = 351.3; M-H$^-$ = 327.3); IR (ATR) ν = 3121.5, 3085.1, 2965.3, 2923.9, 2871.7, 1712.2 (CO_2H), 1613.8, 1589.5 (Amid), 1495.3, 1451.9, 1388.2, 1315.5, 1285.5, 1270.6, 1249.9, 1199.7, 1162.3, 1108.8, 1019.5, 997.3, 970.3, 946.3, 909.9, 848.8, 826.9, 751.9, 728.6, 692.0 cm^{-1}; HRMS von $C_{18}H_{20}N_2O_4$ [M-H]$^-$ ber. 327.13448 gef. 327.13500.

Darstellung des Tripeptoids **34**

N-Benzyl-N^2-[(benzyloxy)carbonyl]-N-[2-(1H-indolyl)-2-oxoethyl]glycinamid (30)

Die UGI-4CR mit Cbz-Glycin **15c** (1.09 g, 5.23 mmol), Benzylamin **16b** (0.56 g, 5.23 mmol), Paraformaldehyd **17a** (0.16 g, 5.23 mmol) und Isonitril **12** (1.00 g, 5.23 mmol) liefert nach Konvertierung das Indolylamid **30**. Die säulenchromatographische Aufreinigung (Ethylacetat/PE 1:1) liefert reines **30** als hellgelbes Öl (1.50 g, 63%, zwei Stufen). DC (Ethylacetat/PE 1:1) R_f = 0.74; ^{1}H NMR (CDCl$_3$, 300 MHz, *s-cis* (Minder)- und *s-trans* (Haupt)-Isomer) δ = 4.04, 4.28 (2d, *J* = 4.5 Hz , 2 H, CH$_2$), 4.48, 4.65, 4.74 (3s, 4 H, 2 CH$_2$), 5.04, 5.11 (2s, 2 H, CH$_2$), 5.81 – 5.87 (m, 1 H, NH), 6.60, 6.64 (2d, *J* = 3.8 Hz , 1 H, CH), 7.13 – 7.38 (m, 13 H, 13 CH), 7.51 – 7.56 (m, 1 H, CH), 8.38 (d, *J* = 8.1 Hz , 1 H, CH) ppm; ^{13}C NMR (CDCl$_3$, 75 MHz, *s-cis* (Minder)- und *s-trans* (Haupt)-Isomer) δ = 42.73, 48.02, 50.14, 51.01, 66.88, 110.15, 110.84, 116.31, 120.84, 121.01, 123.20, 123.97, 124.30, 125.28, 125.60, 126.81, 127.87, 127.95, 128.15, 128.27, 128.33, 128.72, 129.05, 129.89, 134.55, 135.41, 135.66, 136.10, 136.17, 155.97, 165.60, 169.19 ppm; ESI-MS von C$_{27}$H$_{25}$N$_3$O$_4$ (M+H$^+$ = 456.3; M+Na$^+$ = 478.2; 2M+Na$^+$ = 933.5); IR (ATR) ν = 3397.4, 3032.4, 2939.7, 2827.9, 1707.8 (Amid), 1656.8 (Amid), 1586.2, 1538.6, 1496.7, 1471.6, 1451.6, 1386.9, 1358.4, 1310.9, 1260.2, 1203.9, 1156.2, 1108.1, 1082.4, 1025.7, 948.0, 915.1, 836.5, 751.0, 731.1, 696.0 cm^{-1}; HRMS von C$_{27}$H$_{25}$N$_3$O$_4$ [M+Na]$^+$ ber. 478.17428 gef. 478.17359.

N-[(Benzyloxy)carbonyl]glycyl-N-benzylglycin (31)

Die Vorschrift zur Hydrolyse des Indolylamids **30** (1.19 g, 2.61 mmol) ist identisch mit derjenigen zu Experiment **29**. Nach Aufarbeitung wird Carbonsäurederivat **31** als leicht rötliches Öl erhalten (0.80 g, 86%). DC (Ethylacetat/MeOH 1:1) R_f = 0.63; ^{1}H NMR

(CDCl$_3$, 300 MHz, s-cis (Minder)- und s-trans (Haupt)-Isomer) δ = 3.88, 4.01, 4.03, 4.16 (4s, 4 H, 2 CH$_2$), 4.54, 4.63 (2s, 2 H, CH$_2$), 5.09, 5.11 (2s, 2 H, CH$_2$), 7.08 – 7.38 (m, 10 H, 10 CH) ppm; ^{13}C NMR (CDCl$_3$, 75 MHz, s-cis (Minder)- und s-trans (Haupt)-Isomer) δ = 42.27, 42.37, 46.88, 47.03, 66.81, 126.59, 127.56, 127.68, 127.84, 128.06, 128.20, 128.46, 128.81, 134.56, 135.48, 135.95, 156.22, 169.14, 169.32, 170.09, 170.54 ppm; ESI-MS von C$_{19}$H$_{20}$N$_2$O$_5$ (M+H$^+$ = 356.8; M+Na$^+$ = 379.1; M-H$^-$ = 355.4); IR (ATR) ν = 3338.3, 2945.0, 2834.9, 1708.1 (CO$_2$H), 1650.9 (Amid), 1530.8, 1496.9, 1452.9, 1410.4, 1351.5, 1215.1, 1017.0, 736.4, 696.8 cm^{-1}; HRMS von C$_{19}$H$_{20}$N$_2$O$_5$ [M+Na]$^+$ ber. 379.12699 gef. 379.12655.

N-Benzyl-N^2-[(benzyloxy)carbonyl]-N-{2-[[2-(1H-indolyl)-2-oxoethyl](isopropyl)-amino]-2-oxoethyl}glycinamid (32)

Die UGI-4CR mit Carbonsäurederivat **31** (0.54 g, 1.52 mmol), Isopropylamin **16a** (0.09 g, 1.52 mmol), Paraformaldehyd **17a** (0.05 g, 1.52 mmol) und Isonitril **12** (0.29 g, 1.52 mmol) liefert nach Konvertierung das Indolylamid **32**. Die säulenchromatographische Aufreinigung (Ethylacetat) liefert reines **32** als leicht bräunliches Öl (0.51 g, 61%, zwei Stufen). DC (Ethylacetat/PE 3:1) R_f = 0.44; ^{1}H NMR (CDCl$_3$, 300 MHz, s-cis (Minder)- und s-trans (Haupt)-Isomer) δ = 1.08 – 1.28 (m, 6 H, 2 CH$_3$), 4.00 – 4.17 (m, 4 H, 2 CH$_2$), 4.20 (2d, J = 4.2 Hz, 1 H, CH), 4.30, 4.36 (2s, 2 H, CH$_2$), 4.54, 4.55, 4.59, 4.65, 4.66 (5s, 4 H, 2 CH$_2$), 5.06, 5.10, 5.12 (3s, 2 H, CH$_2$), 5.64 – 5.88 (m, 1 H, NH), 6.66, 6.70 (2d, J = 3.5 Hz, 1 H, CH), 7.17 – 7.58 (m, 14 H, 14 CH), 8.34, 8.41 (d, J = 8.1 Hz, 1 H, CH) ppm; ^{13}C NMR (CDCl$_3$, 75 MHz, s-cis (Minder)- und s-trans (Haupt)-Isomer) δ = 20.04, 21.18, 21.25, 42.83, 43.94, 44.11, 45.34, 45.99, 46.38, 46.69, 47.22, 47.38, 48.07, 50.05, 51.00, 51.32, 66.91, 109.92, 110.03, 110.77, 116.46, 116.61, 120.88, 121.11, 123.38, 123.54, 123.86, 123.92, 124.31, 125.20, 125.30, 125.63, 127.11, 127.20, 127.79, 127.94, 128.02, 128.06, 128.45, 128.55, 128.77, 128.89, 128.96, 129.07, 130.00, 130.03, 135.09, 135.21, 135.70, 136.33, 136.40, 136.44, 155.92, 156.08, 156.22, 165.66, 166.16, 166.78, 166.88, 167.40, 168.65, 168.85, 169.10, 169.35

ppm; ESI-MS von $C_{32}H_{34}N_4O_5$ (M+H$^+$ = 555.5; M+Na$^+$ = 577.4; M-H$^-$ = 553.7); IR (ATR) v = 3354.1, 2941.2, 2829.7, 1711.5 (Amid), 1650.6 (Amid), 1540.1, 1472.4, 1452.7, 1391.8, 1360.7, 1304.7, 1224.5, 1206.6, 1157.3, 1109.3, 1077.1, 1022.8, 915.1, 750.9, 731.7, 697.9 cm^{-1}; HRMS von $C_{32}H_{34}N_4O_5$ [M+Na]$^+$ ber. 577.24269 gef. 577.24225.

N-[(Benzyloxy)carbonyl]glycyl-*N*-benzylglycyl-*N*-isopropylglycin (33)

Die Vorschrift zur Hydrolyse des Indolylamids **32** (0.77 g, 1.39 mmol) ist identisch mit derjenigen zu Experiment **29**. Nach Aufarbeitung wird Carbonsäurederivat **33** als leicht bräunliches Öl erhalten (0.55 g, 87%). DC (Ethylacetat/MeOH 1:1) R_f = 0.68; ^{1}H NMR (CDCl$_3$, 300 MHz, *s-cis* (Minder)- und *s-trans* (Haupt)- Isomer) δ = 1.06 – 1.26 (m, 6 H, 2 CH$_3$), 3.74 – 4.04 (m, 4 H, 2 CH$_2$), 4.16 – 4.21 (m, 2 H, CH$_2$), 4.55 – 4.64 (m, 2 H, CH$_2$), 4.64 – 4.83 (m, 1 H, CH), 5.09 (s, 2 H, CH$_2$), 7.07 – 7.40 (m, 10 H, 10 CH) ppm; ^{13}C NMR (CDCl$_3$, 75 MHz, *s-cis* (Minder)- und *s-trans* (Haupt)-Isomer) δ = 19.44, 20.54, 20.63, 42.20, 42.40, 43.20, 45.72, 46.18, 47.78, 50.78, 64.57, 66.76, 121.35, 126.70, 126.88, 127.16, 127.59, 127.70, 127.83, 128.17, 128.22, 128.30, 128.43, 128.52, 128.74, 128.82, 134.92, 136.06, 140.71, 156.23, 166.75, 167.17, 167.41, 168.17, 169.32, 169.72, 170.64, 170.87, 170.99, 171.28 ppm; ESI-MS von $C_{24}H_{29}N_3O_6$ (M+H$^+$ = 456.3; M+Na$^+$ = 478.0; M-H$^-$ = 454.1); IR (ATR) v = 3335.9, 2946.4, 2834.5, 1777.1, 1715.3 (CO$_2$H), 1661.3 (Amid), 1615.0 (Amid), 1557.1, 1491.5, 1456.8, 1414.3, 1371.9, 1294.7, 1263.8, 1232.9, 1194.3, 1082.4, 1018.5, 989.3, 755.6, 738.0, 700.3 cm^{-1}; HRMS von $C_{24}H_{29}N_3O_6$ [M+Na]$^+$ ber. 478.19541 gef. 478.19504.

N-Benzyl-*N*-{2-[(2-{benzyl[2-(1*H*-indolyl)-2-oxoethyl]amino}-2-oxoethyl)(isopropyl)-amino]-2-oxoethyl}-*N*^{2}-[(benzyloxy)carbonyl]glycinamid (34)

Die UGI-4CR mit Carbonsäurederivat **33** (0.27 g, 0.60 mmol), Benzylamin **16b** (0.06 g, 0.60 mmol), Paraformaldehyd **17a** (0.02 g, 0.60 mmol) und Isonitril **12** (0.12 g, 0.60 mmol) liefert nach Konvertierung das Indolylamid **34**. Die säulenchromatographische Aufreinigung (Ethylacetat) liefert reines **34** als leicht gelbliches Öl (0.26 g, 61%, zwei Stufen). DC (Ethylacetat) R_f = 0.62; ^{1}H NMR (CDCl$_3$, 300 MHz, *s-cis* (Minder)- und *s-trans* (Haupt)-Isomer) δ = 0.98 – 1.28 (m, 6 H, 2 CH$_3$), 3.73 – 4.31 (m, 7 H, 3 CH$_2$, CH), 4.53 – 4.86 (m, 6 H, 3 CH$_2$), 5.05, 5.10, 5.11 (3s, 2 H, CH$_2$), 5.82 – 5.84 (m, 1 H, NH), 6.60 – 6.67 (m, 1 H, CH), 7.14 – 7.39 (m, 18 H, 18 CH), 7.53 – 7.58 (m, 1 H, CH), 8.28 – 8.45 (m, 1 H, CH) ppm; ^{13}C NMR (CDCl$_3$, 75 MHz, *s-cis* (Minder)- und *s-trans* (Haupt)-Isomer) δ = 19.73, 20.84, 20.92, 42.04, 42.60, 43.35, 45.45, 46.25, 47.33, 47.78, 48.17, 48.34, 49.83, 50.75, 51.11, 51.46, 51.57, 66.69, 109.91, 110.17, 116.36, 120.83, 123.18, 123.53, 123.89, 124.03, 124.25, 125.16, 125.28, 126.14, 126.42, 127.01, 127.08, 127.35, 127.64, 127.87, 127.94, 128.07, 128.21, 128.38, 128.62, 128.73, 128.94, 129.08, 129.27, 129.35, 130.01, 135.17, 135.22, 135.29, 135.50, 136.38, 136.68, 156.07, 165.58, 166.28, 166.52, 167.16, 167.48, 168.54, 168.73, 168.95, 169.18, 169.47, 169.70, 169.89 ppm; ESI-MS von C$_{41}$H$_{43}$N$_5$O$_6$ (M+H$^+$ = 702.3; M+Na$^+$ = 724.4; 2M+Na$^+$ = 1427.0); IR (ATR) ν = 3396.3, 2941.1, 2830.6, 1708.9 (Amid), 1651.4 (Amid), 1539.3, 1496.0, 1471.6, 1452.3, 1389.8, 1359.8, 1311.8, 1221.3, 1205.1, 1157.2, 1108.4, 1079.6, 1023.3, 951.2, 915.6, 839.3, 749.4, 735.1, 697.4 cm^{-1}; HRMS von C$_{41}$H$_{43}$N$_5$O$_6$ [M+Na]$^+$ ber. 724.31110 gef. 724.31154.

Synthese des Formamids zur Anbindung an einem polymeren Träger

Methyl 4-Methyl-3-nitrobenzoat (36)[40]

MeO$_2$C — (Ar) — Me, NO$_2$

4-Methyl-3-nitrobenzoesäure **35** (10.0 g, 55.2 mmol) in MeOH (50 mL) wird unter kräftigem Rühren tropfenweise mit konzentrierter H$_2$SO$_4$ (3 mL) versetzt. Das Reaktionsgemisch wird dann für einen Tag unter Rückfluss erhitzt und anschließend im Vakuum auf die Hälfte des Volumens eingeengt. Die konzentrierte Lösung wird dann in

Eiswasser (100 mL) gegossen und nachfolgend mit Et$_2$O (3 x 100 mL) extrahiert. Die vereinten organischen Lösungen werden mit gesättigter NaCl-Lösung (2 x 50 mL) gewaschen, über Na$_2$SO$_4$ getrocknet, filtriert und im Rotationsverdampfer bis zur Trockene eingedampft. Methylesterderivat **36** wird in Form gelblicher Kristalle erhalten (10.4 g, 96%). DC (PE/Et$_2$O 1:1) R_f = 0.74; Smp. 41 – 42°C (Et$_2$O); ^{1}H NMR (CDCl$_3$, 300 MHz) δ = 2.66 (s, 3 H, CH$_3$), 3.96 (s, 3 H, CH$_3$), 7.45 (d, J = 8.1 Hz, 1 H, CH), 8.14 (dd, J = 8.0, 1.7 Hz, 1 H, CH), 8.59 (d, J = 1.8 Hz, 1 H, CH) ppm; ^{13}C NMR (CDCl$_3$, 75 MHz) δ = 20.66, 52.60, 125.65, 129.23, 132.92, 133.26, 138.27, 148.94, 164.82 ppm; ESI-MS von C$_8$H$_6$NO$_4$ (2M+Na$^+$ = 413.6; M-CH$_3$$^-$ = 180.1); IR (ATR) ν = 1727.0 (CO$_2$Me), 1619.9, 1530.2, 1433.0, 1382.4, 1358.5, 1288.8, 1258.3, 1202.4, 1154.1, 1128.7, 1037.6, 976.1, 916.5, 890.5, 843.0, 823.6, 767.4, 744.8, 705.3, 674.3 cm^{-1}; HRMS von C$_8$H$_6$NO$_4$ [M-CH$_3$]$^-$ ber. 180.02968 gef. 180.03035.

Methyl 4-[(E)-2-(Dimethylamino)vinyl]-3-nitrobenzoat (37)

Methylesterderivat **36** (10.4 g, 53.1 mmol) und Dimethylformamid-dimethylacetal (7.35 g, 61.4 mmol) in trockenem DMF (40 mL) werden unter N$_2$-Atmosphäre für sechs Stunden unter Rückfluss erhitzt. Die erhaltene dunkelrote Lösung wird auf Raumtemperatur gekühlt. Das entstandene Kristallisat wird abfiltriert und mit einer großen Menge Petrolether gewaschen. Das Enamin **37** wird als rotes Pulver erhalten (12.0 g, 90%). DC (PE/Et$_2$O 1:1) R_f = 0.22; Smp. 126 – 127°C (PE); ^{1}H NMR (CDCl$_3$, 300 MHz) δ = 2.98 (s, 6 H, 2 CH$_3$), 3.89 (s, 3 H, CH$_3$), 5.90 (d, J = 13.2 Hz, 1 H, CH), 7.16 (d, J = 13.4 Hz, 1 H, CH), 7.45 (d, J = 8.8 Hz, 1 H, CH), 7.87 (dd, J = 8.7, 1.6 Hz, 1 H, CH), 8.47 (d, J = 1.8 Hz, 1 H, CH) ppm; ^{13}C NMR (CDCl$_3$, 75 MHz) δ = 40.91, 52.13, 90.30, 122.84, 122.98, 127.40, 132.24, 140.02, 143.55, 146.65, 165.49 ppm; ESI-MS von C$_{12}$H$_{14}$N$_2$O$_4$ (M+H$^+$ = 251.1; M+Na$^+$ = 273.3; 2M+Na$^+$ = 523.6); IR (ATR) ν = 1721.0 (CO$_2$Me), 1710.6, 1692.0, 1658.3, 1631.7, 1598.4, 1547.2, 1501.4, 1440.7, 1432.7, 1401.6, 1391.1, 1382.4, 1344.3, 1334.1, 1315.0, 1296.2, 1253.9, 1220.0, 1104.2, 1064.3, 984.6, 969.1, 953.9, 908.2, 879.2, 826.9, 790.8, 764.7, 752.0, 715.4, 692.6 cm^{-1}; HRMS von C$_{12}$H$_{14}$N$_2$O$_4$ [M+Na]$^+$ ber. 273.08513 gef. 273.08437.

Methyl 4-(2,2-Dimethoxyethyl)-3-nitrobenzoat (38)

$$\text{MeO}_2\text{C} \underset{\text{NO}_2}{\overset{\text{CH(OMe)}_2}{\bigcirc}}$$

Enamin **37** (8.00 g, 32.0 mmol) und CSA (22.3 g, 95.9 mmol) in MeOH (200 mL) werden für drei Stunden unter Rückfluss erhitzt, bis die DC-Kontrolle (PE/Et$_2$O 1:1) eine komplette Umsetzung anzeigt. Nach Zugabe von Triethylamin (7 mL) wird die Lösung im Vakuum zur Trockene eingeengt. Der Rückstand wird in CH$_2$Cl$_2$ (150 mL) gelöst und mehrere Male mit Wasser (5 x 50 mL) gewaschen. Die organische Lösung wird über Na$_2$SO$_4$ getrocknet, filtriert und im Rotationsverdampfer eingedampft. Das Dimethylacetal-Derivat **38** wird als rote Flüssigkeit erhalten (7.47 g, 87%). DC (PE/Et$_2$O 1:1) R_f = 0.44; ^{1}H NMR (CDCl$_3$, 300 MHz) δ = 3.28 (d, J = 5.3 Hz, 2 H, CH$_2$), 3.34 (s, 6 H, 2 CH$_3$), 3.96 (s, 3 H, CH$_3$), 4.56 (t, J = 5.3 Hz, 1 H, CH), 7.51 (d, J = 8.1 Hz, 1 H, CH), 8.15 (dd, J = 8.1, 1.8 Hz, 1 H, CH), 8.51 (d, J = 1.6 Hz, 1 H, CH) ppm; ^{13}C NMR (CDCl$_3$, 75 MHz) δ = 37.02, 52.65, 54.37, 104.12, 125.45, 129.79, 132.80, 133.89, 136.19, 149.78, 164.78 ppm; ESI-MS von C$_{12}$H$_{15}$NO$_6$ (M+H$^+$ = 269.2; M+Na$^+$ = 292.2); IR (ATR) ν = 1727.2 (CO$_2$Me), 1621.5, 1532.6, 1439.1, 1359.4, 1290.5, 1266.0, 1197.0, 1152.5, 1115.8, 1068.3, 1005.4, 979.4, 922.7, 908.9, 858.3, 823.1, 810.8, 772.5, 754.1, 721.9, 697.4 cm^{-1}; HRMS von C$_{12}$H$_{15}$NO$_6$ [M+Na]$^+$ ber. 292.07971 gef. 292.07910.

Methyl 3-Amino-4-(2,2-dimethoxyethyl)benzoat (39)

$$\text{MeO}_2\text{C} \underset{\text{NH}_2}{\overset{\text{CH(OMe)}_2}{\bigcirc}}$$

Dimethylacetal-Derivat **38** (7.42 g, 27.6 mmol) in MeOH (140 mL) wird mit feuchtem Raney-Nickel (~10 g) versetzt. Unter kräftigem Rühren lässt man bei Raumtemperatur unter einer H$_2$-Atmosphäre für längere Zeit reagieren. Nach sechs Stunden zeigt die DC-Kontrolle (PE/Et$_2$O 1:1) eine vollständige Umsetzung an. Der Katalysator wird daraufhin über Celite® abfiltriert und die erhaltene rötliche Lösung im Vakuum zur Trockene eingeengt. Das Anilinderivat **39** wird in hoher Reinheit als rote Flüssigkeit erhalten (5.87 g, 89%). DC (PE/Et$_2$O 1:1) R_f = 0.38; ^{1}H NMR (CDCl$_3$, 300 MHz) δ = 2.90 (d, J = 5.3 Hz, 2 H, CH$_2$), 3.37 (s, 6 H, 2 CH$_3$), 3.87 (s, 3 H, CH$_3$), 4.18 (br, s, 2 H, NH$_2$), 4.49 (t, J = 5.2 Hz, 1 H, CH), 7.09 (d, J = 7.7 Hz, 1 H, CH), 7.35 – 7.39 (m, 2 H, 2 CH) ppm; ^{13}C NMR (CDCl$_3$, 75 MHz) δ = 36.60, 51.95, 54.08, 106.09, 116.87, 119.62, 127.33, 129.36, 131.13, 145.95, 167.04 ppm; ESI-MS von C$_{12}$H$_{17}$NO$_4$ (M+Na$^+$ = 262.0; 2M+Na$^+$ = 501.3); IR (ATR) ν = 3436.1, 3362.5, 2361.4, 2336.9, 1703.9 (CO$_2$Me), 1642.2, 1609.5, 1580.5, 1445.6, 1435.1, 1368.0, 1355.3, 1333.5, 1297.7, 1255.2, 1117.0, 1081.0, 1061.3, 1037.6, 1003.0, 993.8, 921.1, 899.4, 841.3, 812.3, 760.6, 736.0 cm^{-1}; HRMS von C$_{12}$H$_{17}$NO$_4$ [M+Na]$^+$ ber. 262.10553 gef. 262.10482.

Methyl 4-(2,2-Dimethoxyethyl)-3-(formylamino)benzoat (40)

Anilin Derivat **39** (5.34 g, 22.3 mmol) wird in einem Gemisch von *n*-Butylformiat (50 mL) und Xylol (40 mL, Gemisch der Isomere) gelöst. Um saure Bedingungen zu vermeiden, wird Triethylamin (10 mL) hinzugegeben. Man erhitzt für ca. einen Tag unter Rückfluss, bis die DC-Kontrolle (Ethylacetat/PE 4:1) eine vollständige Formylierung anzeigt. Die Lösung wird daraufhin im Rotationsverdampfer bis zur Trockene eingeengt. Nach säulenchromato-graphischer Aufreinigung (Ethylacetat/PE 4:1) wird das Formamid **40** als farbloses Pulver erhalten (5.14 g, 86%). DC (PE/Et$_2$O 1:2) R_f = 0.22; Smp. 82 – 83°C (Ethylacetat); ^{1}H NMR (CDCl$_3$, 300 MHz, *s-cis* (Minder)- und *s-trans* (Haupt)-Isomer δ = 2.99 (t, J = 5.7 Hz, 2 H, CH$_2$), 3.40, 3.42 (2s, 6 H, 2 CH$_3$), 3.90, 3.92 (2s, 3 H, CH$_3$), 4.48 (q, J = 5.1 Hz, 1 H, CH), 7.78 – 7.85 (m, 2 H, 2 CH), 8.55 (s, 1 H, CHO), 8.72 – 8.75 (br, m, 1 H, NH) ppm; ^{13}C NMR (CDCl$_3$, 75 MHz, *s-cis* (Minder)- und *s-trans* (Haupt)-Isomer δ = 36.67, 37.04, 52.14, 52.32, 54.32, 54.74, 105.67, 106.40, 121.74, 124.95, 126.23, 126.56, 129.54, 129.96, 131.15, 131.87, 132.71, 133.72, 135.57, 136.59, 159.02, 162.52, 165.95, 166.30 ppm; ESI-MS von C$_{13}$H$_{17}$NO$_5$ (M+Na$^+$ = 290.1; 2M+Na$^+$ = 557.3; M-H$^-$ = 266.1); IR (ATR) ν = 3238.5, 1726.3 (CO$_2$Me), 1659.5 (Amid), 1612.3, 1581.6, 1547.9, 1492.8, 1479.0, 1439.3, 1422.5, 1391.0, 1368.6, 1303.3, 1257.7, 1227.6, 1194.1, 1161.5, 1120.1,

1072.0, 1052.9, 991.5, 960.0, 921.1, 899.7, 855.3, 847.6, 827.7, 763.4, 717.8 cm^{-1}; HRMS von $C_{13}H_{17}NO_5$ [M+Na]$^+$ ber. 290.10044 gef. 290.09963.

4-(2,2-Dimethoxyethyl)-3-(formylamino)benzoesäure (41)

Formamid **40** (4.74 g, 17.7 mmol) in einem Gemisch aus THF (200 mL) und Wasser (100 mL) wird mit Hilfe eines Eisbades auf 0°C gekühlt. Danach versetzt man mit LiOH Monohydrat (1.86 g, 44.3 mmol), und man lässt das Reaktionsgemisch langsam auf Raumtemperatur erwärmen. Die Verseifung wird per DC (Ethylacetat/MeOH 9:1) kontrolliert, und nach drei Stunden wird eine vollständige Umsetzung detektiert. Die Lösung wird mit 2 M KHSO$_4$ angesäuert (pH 2) und mit Ethylacetat (4 x 300 mL) extrahiert. Die vereinten organischen Lösungen werden über Na$_2$SO$_4$ getrocknet, filtriert und im Vakuum zur Trockene eingeengt. Das Carbonsäurederivat **41** kristallisiert nach kurzer Zeit im Kühlschrank (5°C) vollständig aus. Reines **41** wird als farbloses Pulver erhalten (4.23 g, 94 %). DC (Ethylacetat/MeOH 9:1) R_f = 0.58; Smp. 131 – 132°C (Ethylacetat); ^{1}H NMR (CDCl$_3$, 300 MHz, *s-cis* (Minder)- und *s-trans* (Haupt)-Isomer) δ = 2.78 (br, s, 1 H, NH), 2.91 – 3.02 (m, 2 H, CH$_2$), 3.39 – 3.43 (m, 6 H, 2 CH$_3$), 4.46 – 4.52 (m, 1 H, CH), 7.28 – 7.33 (m, 1 H, CH), 7.81 – 7.89 (m, 1 H, CH), 8.44 (s, 1 H, CH), 8.54 (s, 1 H, CH) ppm; ^{13}C NMR (CDCl$_3$, 75 MHz, *s-cis* (Minder)- und *s-trans* (Haupt)-Isomer) δ = 36.55, 37.03, 53.44, 54.07, 54.30, 54.73, 105.44, 106.25, 122.36, 125.69, 126.79, 127.33, 128.97, 129.54, 131.27, 132.00, 133.59, 134.61, 135.54, 136.43, 159.62, 163.33, 169.95, 170.47 ppm; ESI-MS von $C_{12}H_{15}NO_5$ (M+Na$^+$ = 276.1; 2M+Na$^+$ = 529.2; M-H$^-$ = 251.9); IR (ATR) ν = 3311.1, 1676.9 (CO$_2$H), 1666.3 (Amid), 1612.3, 1578.6, 1536.7, 1461.6, 1440.0, 1413.0, 1393.2, 1368.6, 1295.6, 1271.2, 1253.7, 1181.4, 1162.5, 1118.4, 1045.2, 1035.8, 980.7, 962.0, 918.1, 859.8, 817.4, 767.8, 748.0, 715.0 cm^{-1}; HRMS von $C_{12}H_{15}NO_5$ [M+Na]$^+$ ber. 276.08479 gef. 276.08409.

Synthese des konvertierbaren Isonitrils an fester Phase, UGI-4CR, Konvertierung und Spaltung als Methylester

Beladung des MBHA-Harzes 42 mit Formamid 41 (43)

Das MBHA-Harz VHL Hydrochlorid **42** (0.50 g, 100 – 200 mesh, 1% Divinylbenzol, 1.57 mmol/g) wird zuerst für eine Stunde in CH_2Cl_2 (5 mL) vorgequollen. Formamid **41** (0.82 g, 3.25 mmol), HOBt Monohydrat (0.50 g, 3.25 mmol) und DIPEA (1.26 g, 9.75 mmol) in DMF (8 mL) werden durch Zugabe von TBTU (1.04 g, 3.25 mmol) für zehn Minuten voraktiviert und dann zum Harz gegeben. Bei Raumtemperatur lässt man dann für drei Stunden reagieren, bis der TNBS-Test eine vollständige Beladung signalisiert. Das Harz wird daraufhin mit DMF (3 x 5 mL) und anschließend mit CH_2Cl_2 (3 x 5 mL) gewaschen. Nach intensiver Trocknung des braunen Harzes **43** wird die Beladung durch Wiegen ermittelt (1.50 mmol/g).

Synthese des konvertierbaren Isonitrils an fester Phase (44)

Beladenes MBHA-Harz **43** (0.67 g) wird in CH_2Cl_2 (12 mL) suspendiert und mit Triethylamin (0.46 g, 4.50 mmol) versetzt. Mit Hilfe eines EtOH/Trockeneisbades wird der Ansatz auf -60°C gekühlt und anschließend tropfenweise mit $POCl_3$ (0.34 g, 2.25 mmol) versetzt. Danach lässt man das Reaktionsgemisch langsam auf Raumtemperatur erwärmen und rührt noch für ca. einen Tag bei Raumtemperatur weiter. Das Harz wird dann abfiltriert und nacheinander mit CH_2Cl_2 (3 x 5 mL), mit MeOH (3 x 5 mL) und schließlich nochmals mit CH_2Cl_2 (3 x 5 mL) gewaschen. Nach intensiver Trocknung wird das dunkelbraune isonitrilmodifizierte Harz **44** erhalten (0.63 g). IR (KBr) $\nu =$ 2116.2 cm^{-1} (NC, stark ausgeprägt).

UGI-4CR mit festphasengebundenen konvertierbaren Isonitril (45)

Paraformaldehyd **17a** (0.11 g, 3.75 mmol) und Benzylamin **16b** (0.40 g, 3.75 mmol) in MeOH (4 mL) werden für zwei Stunden gerührt, um das Imin-Intermediat vorzubilden. In der Zwischenzeit wird das isonitrilmodifizierte Harz **44** (0.63 g) für eine Stunde in CH$_2$Cl$_2$ (5 mL) vorgequollen. Nachfolgend wird Essigsäure **15a** (0.23 g, 3.75 mmol) in CH$_2$Cl$_2$ (8 mL) und die Lösung des Imins zum Harz gegeben. Man lässt für drei Tage bei Raumtemperatur reagieren und filtriert die Reaktionslösung daraufhin ab. Das Harz wird nacheinander zuerst mit CH$_2$Cl$_2$ (3 x 5 mL), nachfolgend mit MeOH (3 x 5 mL) und schließlich mit CH$_2$Cl$_2$ (3 x 5 mL) gewaschen. Nach Trocknung erhält man das an der Oberfläche gebundene α-Aminoacylamid **45** in Form eines hellbraunen Harzes (0.65 g). IR (KBr) ν = 2116.2 cm^{-1} (NC, sehr schwach ausgeprägt).

Konvertierung des festphasengebundenen α-Aminoacylamids (46)

Das harzgebundene α-Aminoacylamid **45** (0.55 g) wird in CH$_2$Cl$_2$ (8 mL) suspendiert und mit TFA (2 mL) versetzt. Man lässt für einen Tag bei Raumtemperatur reagieren und filtriert die Lösung anschließend ab. Das Harz wird daraufhin zuerst mit CH$_2$Cl$_2$ (3 x 5 mL), dann mit MeOH (3 x 5 mL) und schließlich nochmals mit CH$_2$Cl$_2$ (3 x 5 mL) gewaschen. Nach intensiver Trocknung wird das festphasengebundene Indolylamid **36** als rötliches Harz erhalten (0.53 g).

Spaltung des festphasengebundenen Indolylamids als Methylesterderivat (48)

$$\text{MeO}_2\text{C}-\overset{\overset{\text{Bn}}{|}}{\underset{\text{Ac}}{\text{N}}}$$

Festphasengebundenes Indolylamid **46** (0.53 g) wird zuerst für eine Stunde in CH_2Cl_2 (5 mL) vorgequollen. Anschließend versetzt man mit einem Gemisch aus CH_2Cl_2 (6 mL), MeOH (3 mL) und einigen Tropfen Triethylamin und lässt für einen Tag bei Raumtemperatur reagieren. Die Lösung wird daraufhin abfiltriert und das Harz zuerst mit CH_2Cl_2 (3 x 5 mL), dann mit MeOH (3 x 5 mL) und schließlich nochmals mit CH_2Cl_2 (3 x 5 mL) gewaschen. Die vereinten organischen Lösungen werden dann im Vakuum zur Trockene eingedampft. Es kann allerdings nur eine verunreinigte Kleinstmenge (~1 mg) an Methylesterderivat **48** erhalten werden. ESI-MS von $C_{12}H_{15}NO_3$ (M+H$^+$ = 222.2; M+Na$^+$ = 244.4; 2M+Na$^+$ = 465.1); HRMS von $C_{12}H_{15}NO_3$ [M+Na]$^+$ ber. 244.09496 gef. 244.09413; gemäß ^{1}H NMR ist das Produkt verunreinigt.

2.6 Referenzen

[1.] O. Kreye, B. Westermann, L. A. Wessjohann, *Synlett* **2007**, 3188.
[2.] L. Banfi, R. Riva, *The Passerini Reaction*, In *Organic Reactions*, Vol. 65; L. E. Overman, Ed.; Wiley: New York, **2005**.
[3.] A. Dömling, I. Ugi, *Angew. Chem. Int. Ed.* **2000**, *39*, 3169; *Angew. Chem.* **2000**, *112*, 3300.
[4.] A. Dömling, *Chem. Rev.* **2006**, *106*, 17.
[5.] J. Zhu, H. Bienaymé, *Multicomponent Reactions;* Wiley-VCH: Weinheim, **2005**.
[6.] T. A. Keating, R. W. Armstrong, *J. Am. Chem. Soc.* **1996**, *118*, 2574.
[7.] H. P. Isenring, W. Hofheinz, *Synthesis* **1981**, 385.
[8.] H. P. Isenring, W. Hofheinz, *Tetrahedron* **1983**, *39*, 2591.
[9.] R. J. Linderman, S. Binet, S. R. Petrich, *J. Org. Chem.* **1999**, *64*, 8058.
[10.] T. Lindhorst, H. Bock, I. Ugi, *Tetrahedron* **1999**, *55*, 7411.
[11.] M. C. Pirrung, S. Ghorai, *J. Am. Chem. Soc.* **2006**, *128*, 11772.
[12.] A. Dömling, B. Beck, M. Magnin-Lachaux, *Tetrahedron Lett.* **2006**, *47*, 4289.
[13.] H. Gröger, M. Hatam, J. Kintscher, J. Martens, *Synth. Commun.* **1996**, *26*, 3383.
[14.] A. M. M. Mjalli, S. Sarshar, T. J. Baiga, *Tetrahedron Lett.* **1996**, *37*, 2943.
[15.] K. Tsuchida, K. Ikeda, Y. Mizuno, *Chem. Pharm. Bull.* **1980**, *28*, 2748.
[16.] E. Arai, H. Tokuyama, M. S. Linsell, T. Fukuyama, *Tetrahedron Lett.* **1998**, *39*, 71.
[17.] T. W. Greene, P. G. M. Wuts, *Protective Groups in Organic Synthesis, 4th ed.;* Wiley-VCH: Weinheim, **2006**.
[18.] K. Kobayashi, K. Yoneda, T. Mizumoto, H. Umakoshi, O. Morikawa, H. Konishi, *Tetrahedron Lett.* **2003**, *44*, 4733.
[19.] A. D. Batcho, W. Leimgruber, *Org. Synth. Coll. Vol. VII* **1990**, 34.
[20.] D. Prosperi, S. Ronchi, L. Lay, A. Rencurosi, G. Russo, *Eur. J. Org. Chem.* **2004**, 395.
[21.] R. Obrecht, R. Herrmann, I. Ugi, *Synthesis* **1985**, 400.
[22.] I. Ugi, U. Fetzer, U. Eholzer, H. Knupfer, K. Offermann, *Angew. Chem. Int. Ed.* **1965**, *4*, 472; *Angew. Chem.* **1965**, *77*, 492.
[23.] V. V. Tumanov, A. A. Tishkov, H. Mayr, *Angew. Chem. Int. Ed.* **2007**, *46*, 3563; *Angew. Chem.* **2007**, *119*, 3633.
[24.] A. R. Coffin, M. A. Roussell, E. Tserlin, E. T. Pelkey, *J. Org. Chem.* **2006**, *71*, 6678.
[25.] K. Uchiyama, Y. Hayashi, K. Narasaka, *Tetrahedron* **1999**, *55*, 8915.
[26.] D. A. Evans, D. H. B. Ripin, J. S. Johnson, E. A. Shaughnessy, *Angew. Chem. Int. Ed.* **1997**, *36*, 2119; *Angew. Chem.* **1997**, *109*, 2208.
[27.] L. El Kaïm, L. Grimaud, J. Oble, *Angew. Chem. Int. Ed.* **2005**, *44*, 7961; *Angew. Chem.* **2005**, *117*, 8175.
[28.] A. A. Levy, H. C. Rains, S. Smiles, *J. Chem. Soc.* **1931**, 3264.
[29.] H. Kessler, *Angew. Chem. Int. Ed.* **1993**, *32*, 543; *Angew. Chem.* **1993**, *105*, 572.
[30.] D. Seebach, T. Sifferlen, D. J. Bierbaum, M. Rueping, B. Jaun, B. Schweizer, J. Schaefer, A. K. Mehta, R. D. O'Connor, B. H. Meier, M. Ernst, A. Glattli, *Helv. Chim. Acta* **2002**, *85*, 2877.
[31.] D. Seebach, L. Schaeffer, M. Brenner, D. Hoyer, *Angew. Chem. Int. Ed.* **2003**, *42*, 776; *Angew. Chem.* **2003**, *115*, 800.
[32.] R. J. Simon, R. S. Kania, R. N. Zuckermann, V. D. Huebner, D. A. Jewell, S. Banville, S. Ng, L. Wang, S. Rosenberg, C. K. Marlowe, D. C. Spellmeyer, R. Y. Tan, A. D. Frankel, D. V. Santi, F. E. Cohen, P. A. Bartlett, *Proc. Natl. Acad. Sci. U.S.A.* **1992**, *89*, 9367.
[33.] A. Basso, L. Banfi, R. Riva, P. Piaggio, G. Guanti, *Tetrahedron Lett.* **2003**, *44*, 2367.
[34.] J. J. Chen, A. Golebiowski, J. McClenaghan, S. R. Klopfenstein, L. West, *Tetrahedron Lett.* **2001**, *42*, 2269.
[35.] B. Henkel, M. Sax, A. Dömling, *Tetrahedron Lett.* **2003**, *44*, 3679.

[36.] C. Hulme, J. Peng, G. Morton, J. M. Salvino, T. Herpin, R. Labaudiniere, *Tetrahedron Lett.* **1998**, *39*, 7227.
[37.] C. Hulme, L. Ma, M. P. Cherrier, J. J. Romano, G. Morton, C. Duquenne, J. Salvino, R. Labaudiniere, *Tetrahedron Lett.* **2000**, *41*, 1883.
[38.] A. L. Kennedy, A. M. Fryer, J. A. Josey, *Org. Lett.* **2002**, *4*, 1167.
[39.] O. Kreye, *Diplomarbeit*, Fachhochschule für Technik und Gestaltung, Mannheim, **2004**.
[40.] P. S. Manchand, J. M. Townsend, P. S. Belica, H. S. Wong, *Synthesis* **1980**, 409.
[41.] W. S. Hancock, J. E. Battersby, *Anal. Biochem.* **1976**, *71*, 260.
[42.] C. B. Gilley, M. J. Buller, Y. Kobayashi, *Org. Lett.* **2007**, *9*, 3631.
[43.] J. Isaacson, C. B. Gilley, Y. Kobayashi, *J. Org. Chem.* **2007**, *72*, 5024.
[44.] M. Vamos, K. Ozboya, Y. Kobayashi, *Synlett* **2007**, 1595.
[45.] Autorenkollektiv, *Organikum,* 22. Auflage; Wiley-VCH: Weinheim, **2004**.

3. Synthese von farbstoffmodifizierten und photochemisch schaltbaren Makrozyklen mit der MiB-Methode[1]

3.1 Makrozyklen

Hochfunktionalisierte Makrozyklen stellen eine sehr wichtige Klasse von chemischen Verbindungen dar. Viele dieser Verbindungen spielen eine wichtige Rolle in biologischen Prozessen, indem sie Funktionen als Erkennungseinheiten einnehmen. Makrozyklen können dabei als Liganden oder selber als Rezeptoren agieren.[2-5]

Als eine besondere Klasse von biologisch aktiven makrozyklischen Naturstoffen gelten Cycloisodityrosine. Zu den bekannten Vertretern dieser Cyclopeptide und -peptoide zählen die antibiotisch wirksamen Verbindungen Bouvardin, Deoxybouvardin, RA-VII, Piperazinomycin, OF-4949, K-13 und noch eine Vielzahl anderer Derivate (Abbildung 3-1). Charakteristisch für Cycloisodityrosine sind die enthaltenen *meta*- oder *para*-substituierten Biarylether-Einheiten.

Die Entwicklung einfacher Synthesestrategien zur Erzeugung peptidischer und peptid-mimetischer Makrozyklen ist daher von hohem chemischem Interesse. In den letzten Jahren wurden eine Vielzahl unterschiedlicher Methoden zur Synthese von Makrozyklen entwickelt.[5-14] In modernen Verfahren lassen sich durch Anwendung von IMCRs komplexe Makrozyklen und Heterozyklen in Eintopfreaktionen generieren.[15-18]

Im Arbeitskreis WESSJOHANN wurde mit der MiB-Methode (engl. *multiple multicomponent macrocyclization including bifunctional building blocks*) ein einfacher Zugang zu hochdiversen peptoidischen Makrozyklen entwickelt.[19-24]

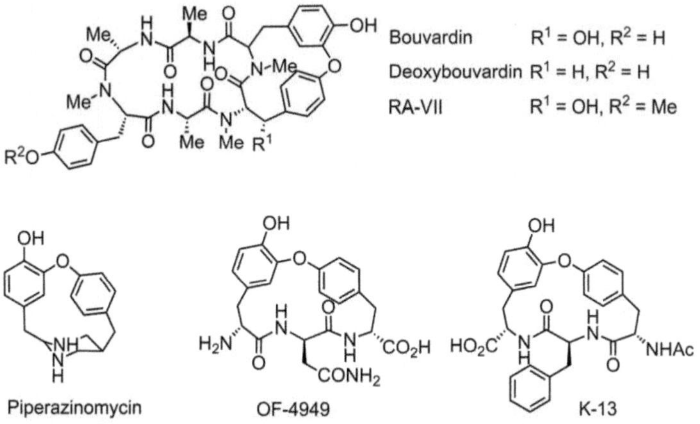

Abbildung 3-1. Einige bekannte Derivate von Cycloisodityrosinen.

3.1.1 Die MiB-Methode zum Aufbau von Makrozyklen

Unter der MiB-Methode versteht man die Synthese von Makrozyklen mittels mehrfacher Multikomponentenreaktionen z. B. durch isonitril-basierte Varianten (IMCRs) wie die UGI-4CR. Durch Verwendung zweier bifunktioneller Bausteine lassen sich unter verdünnten bzw. pseudo-verdünnten Bedingungen in einer zweifachen UGI-4CR Makrozyklen in Ausbeuten von bis zu 80% erzeugen. In dieser einfach durchzuführenden Eintopfreaktion reagieren zwei bifunktionelle UGI-4CR-Komponenten wie z. B. eine Dicarbonsäure und ein Diisonitril mit zwei Äquivalenten einer Carbonylkomponente sowie eines primären Amins zu einem Makrozyklus (Schema 3-1).

Dabei werden die bifunktionellen Komponenten sehr langsam über eine Spritzenpumpe zur Reaktionslösung zudosiert. In besonderen Fällen reicht es, nur eine Komponente zuzudosieren,[19] oder man kann sogar konzentriert unter Templateffekt arbeiten.[25] In den meisten Fällen ist die sogenannte Pseudoverdünnung jedoch notwendig, um Polymerisierungen zu langkettigen Verbindungen zu vermeiden. Die Reaktionszeiten können mehrere Tage betragen.

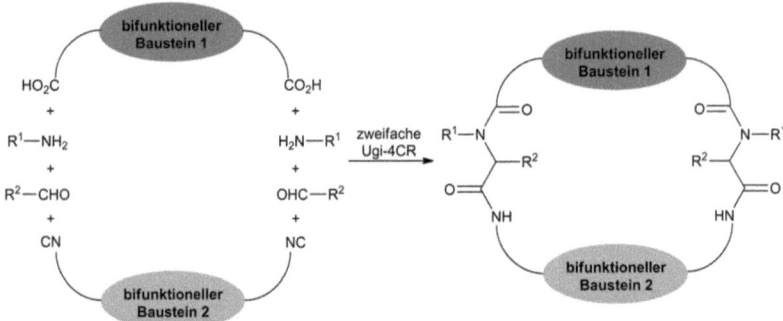

Schema 3-1. Die MiB-Methode (zweifache UGI-4CR) zum Aufbau komplexer Makrozyklen in Eintopfreaktionen.

Bei Verwendung unsymmetrischer Bausteine kommt es zur Bildung isomerer Makrozyklen. Eine weitere Vertiefung der MiB-Methode soll an dieser Stelle nicht erfolgen, da in zahlreichen Publikationen von WESSJOHANN et al. detaillierte Beschreibungen zu dieser effektiven Makrozyklensynthese entnommen werden können.[19-23]

In vorhergehenden Arbeiten konnte sehr erfolgreich die Synthese von hochkomplexen peptoidischen Makrozyklen durch die MiB-Methode gezeigt werden. Als bifunktionelle Carboxylkomponenten ließen sich nicht nur einfache aliphatische Vertreter,[19] sondern auch komplexe

3. Synthese von farbstoffmodifizierten und photochemisch schaltbaren Makrozyklen mit der MiB-Methode

steroidmodifizierte Dicarbonsäuren einsetzen.[21;22] Der Einbau von unterschiedlich substituierten Biarylethern in Makrozyklen erfolgte über die entsprechenden Diisonitril-komponenten.[19;22] Des Weiteren ließen sich auch steroidmodifizierte Diisonitrile erfolgreich in der MiB-Methode umsetzen.[21] Makrozyklisierungen mit aliphatischen und aromatischen Diaminen waren ebenfalls vom Erfolg geprägt.[19;21] Alles in allem kann gesagt werden, dass mit der MiB-Methode, ein hochdiverser Zugang zu komplexen Makrozyklen in leicht durchzuführenden Eintopfreaktionen ermöglicht wird.

3.2 Aufgabenstellung

Um Rezeptor/Ligand-Wechselwirkungen in Makrozyklen zu detektieren, sollten farbstoff-modifizierte und photochemisch schaltbare Dicarbonsäure-derivate synthetisiert werden und in der MiB-Methode eingesetzt werden. Durch Wechselwirkungen der Makrozyklen mit geeigneten Liganden sollte aufgrund einer Strukturveränderung eine Verschiebung der Wellenlänge des Absorptions-maximums λ_{max} bei der UV/Vis-Spektroskopie resultieren (Abbildung 3-2).

Als Farbstoffe sollten ein neuentwickelter Cyanin-typ Nahinfrarot(NIR)-Farbstoff und der kommerziell erhältliche Farbstoff Oxonolblau als Dicarbonsäurekomponenten dienen, sowie ein Dithienylethen-Derivat, dass photochemisch schaltbare Eigenschaften aufweist. Als weitere bifunktionelle Komponenten sollten biarylethermodifizierte Diisonitrile verwendet werden, die sich schon in vorhergehenden Arbeiten erfolgreich in der MiB-Methode einsetzen ließen. Die Biarylether-Einheiten in Makrozyklen dienen somit zur Erkennung von geeigneten Liganden, deren

3. Synthese von farbstoffmodifizierten und photochemisch schaltbaren Makrozyklen mit der MiB-Methode

Wechselwirkungen sich dann über die eingesetzten Farbstoffe visualisieren lassen sollten.

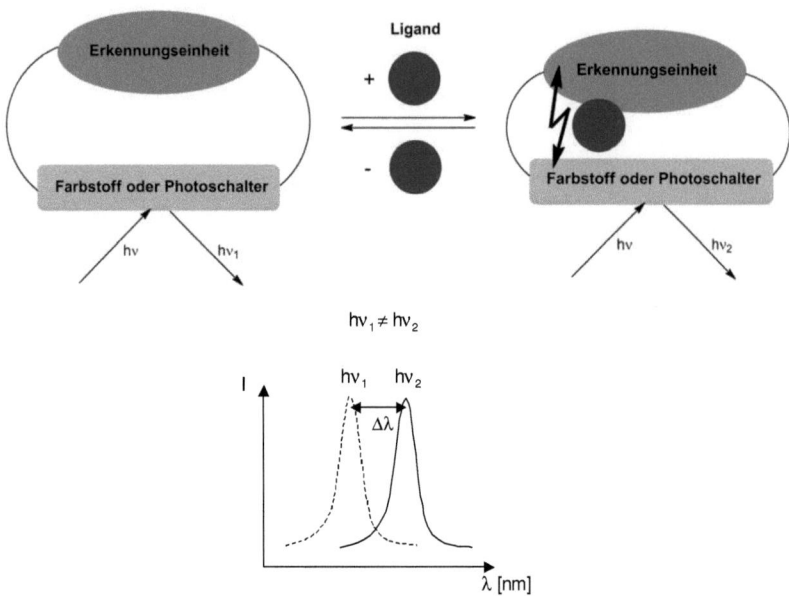

Abbildung 3-2. Das Prinzip, Farbstoffe als Detektoren und Photoschalter in Makrozyklen einzusetzen, um Rezeptor/Ligand-Wechselwirkungen nachzuweisen bzw. zu beeinflussen.

3.3 Durchführung und Diskussion

3.3.1 Synthese von funktionalen bisreaktiven Bausteinen

3.3.1.1 Darstellung von farbstoffmodifizierten und photochemisch schaltbaren bifunktionellen Bausteinen

Ein interessanter bifunktioneller Baustein stellt der von ACHILEFU et al. entwickelte Nahinfrarot(NIR)-Farbstoff **6** dar, der erfolgreich in der Synthese von farbstoffmarkierten Cyclopeptiden und molekularen Erkennungseinheiten eingesetzt wurde.[26;27] Dieser Farbstoff ist in einfachen Reaktionsschritten als Dicarbonsäurekomponente zu erhalten (Schema 3-2). Im ersten Schritt reagiert das kommerziell erhältliche Trimethylbenzindol-Derivat **1** in einer S_N2-Reaktion mit 3-Brompropionsäure **2** in guter Ausbeute zum Benzindolium-Salz **3**. Diese Substanz weist eine hohe CH-Acidität bei der zur Indoliumgruppe β-ständigen Methylgruppe auf. Durch Deprotonierung mit Natriumacetat kann eine zweifache MICHAEL-Addition an das konjugierte System des acetylierten Glutaconaldehyd dianilids **5** unter Eliminierung von zwei Äquivalenten Anilin erfolgen.

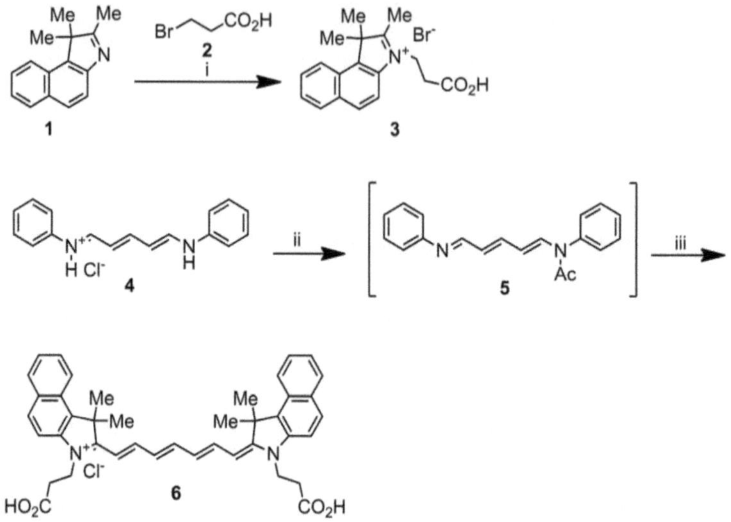

3. Synthese von farbstoffmodifizierten und photochemisch schaltbaren Makrozyklen mit der MiB-Methode

Schema 3-2. Synthese des NIR-Farbstoffes **6** als Dicarbonsäure. *Reagenzien und Bedingungen*: (i) **2**, 1,2-Dichlorbenzol, 110°C, 18 h, 79%; (ii) Ac_2O, DIPEA, CH_2Cl_2, 0°C, 3 h; (iii) 2 Äquiv. **3**, NaOAc, MeOH, Rückfluss, 16 h, 70% (zwei Stufen).

Die Acetylierung von Glutaconaldehyd-dianilid-Hydrochlorid **4** ist ein notwendiger Schritt, der einen nukleophilen Angriff auf das konjugierte System erst möglich macht. Nach intensivem Waschen und Umkristallisieren aus einem Acetonitril/Wasser-Gemisches erhält man den reinen NIR-Farbstoff **7** in Form eines dunkelgrünen Pulvers in einer Ausbeute von 70%. Die Analysendaten stimmten mit denen von ACHILEFU überein.

Weitere interessante Bausteine stellen Dithienylethene dar, die photochemisch schaltbare Eigenschaften aufweisen.[28-33] Durch UV-Bestrahlung findet ein konrotatorisch verlaufender electrocyclischer Ringschluss mit 6 π-Elektronen statt, der aus dem farblosen kreuzkonjugierten Dithienylderivat **7**, ins geschlossene konjugierte System **8** übergeht, dass eine blaue Färbung aufweist (Abbildung 3-3).

3. Synthese von farbstoffmodifizierten und photochemisch schaltbaren Makrozyklen mit der MiB-Methode

Da dieser Prozess bei langwelligerem Licht reversibel ist, wird diese Klasse von Verbindungen als photochemische Schalter (Photoswitcher) bezeichnet. Mit dem Schaltprozess ist auch eine Strukturveränderung verbunden, die diese Verbindungen zum Einbau in Makrozyklen besonders interessant machen, da sich Rezeptor/Ligand-Wechselwirkungen photochemisch steuern lassen.

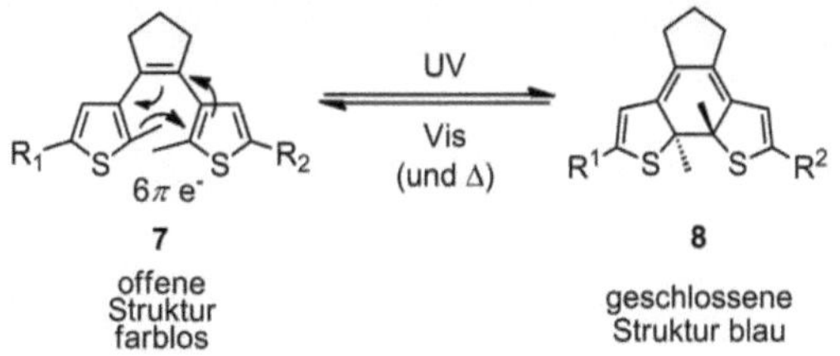

Abbildung 3-3. Der Photoschalter-Effekt von Dithienylethenen.

Die Darstellung eines bifunktionellen Dithienylethens erfolgte nach den Protokollen von FERINGA et al.[31] und REINHOUDT et al..[32] Das photoschaltbare Dicarbonsäurederivat **17** ließ sich in fünf Stufen ausgehend von 2-Methylthiophen **9** in einfachen präparativen Schritten synthetisieren (Schema 3-3).

Im ersten Schritt konnte 2-Methylthiophen **9** in kurzer Reaktionszeit elektrophil chloriert werden. Die Behandlung mit NCS in einem Benzol/Essigsäure-Gemisches unter einstündigem Erhitzen lieferte nach destillativer Aufreinigung 2-Chlor-5-methylthiophen **10** als farblose Flüssigkeit. Die nachfolgende zweifache FRIEDEL-CRAFTS-Acylierung von **10** mit Glutaryldichlorid **11** und AlCl$_3$ als Lewissäure führte nach säulenchromatographischer Aufreinigung zum Dithienyldiketonderivat **12**, das in einer mäßigen Ausbeute von 33% als gelbliches Pulver erhalten werden konnte. Trotzdem stellt diese Methode einen schnellen und effektiven Zugang zu aromatischen Diketonen dar. Im nachfolgenden

3. Synthese von farbstoffmodifizierten und photochemisch schaltbaren Makrozyklen mit der MiB-Methode

Schritt wurde eine intramolekulare reduktive Kupplung der beiden Carbonylgruppen nach der Methode von MCMURRY durchgeführt, um das 1,5-disubstituierte Cyclopentenderivat **13** zu erhalten. Durch Reaktion von **12** mit TiCl$_4$ als THF-Komplex und Zink-Staub als Reduktionsmittel ließ sich nach säulenchromatographischer Aufreinigung das Dithienylethenderivat **13** in einer Ausbeute von 67% als schwach gelbliches Pulver erhalten. Anschließend wurde in einer zweifachen SUZUKI-Reaktion mit Methyl-3-brombenzoat **15**, das photoschaltbare methylestergeschützte Dicarbonsäurederivat **16** erzeugt. Zuvor wurde die notwendige Diboronsäure **14** durch Behandlung von **13** mit *n*-Butyllithium und nachfolgend mit Tri-*n*-butylborat *in situ* generiert. Die Kupplungsreaktion von **14** mit zwei Äquivalenten **15** erfolgte mit Pd(PPh$_3$)$_4$ und 2 M Na$_2$CO$_3$ in THF unter mehrstündigem Erhitzen. Die Reaktion wurde unter Lichtausschluss durchgeführt, um eine vorzeitige Elektrozyklisierung zu vermeiden und ein einheitliches Produkt zu erhalten. Nach säulenchromatographischer Aufreinigung ließ sich das methylestergeschützte Dicarbonsäurederivat **16** als farbloses Öl erhalten. Die anschließende Verseifung von **16** in einem Gemisch von 4 M NaOH und Dioxan durch Erhitzen über Nacht, lieferte die photochemisch schaltbare Dicarbonsäure **17** in guter Ausbeute als bräunliches Pulver.

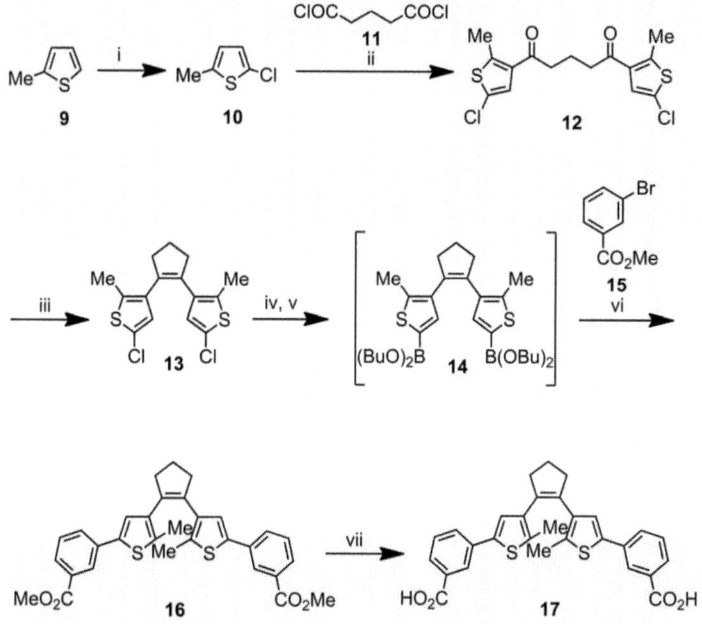

3. Synthese von farbstoffmodifizierten und photochemisch schaltbaren Makrozyklen mit der MiB-Methode

Schema 3-3. Route zur Synthese der photoschaltbaren Dicarbonsäure **17**. *Reagenzien und Bedingungen*: (i) NCS, Benzol, AcOH, Rückfluss, 1 h, 74%; (ii) **11**, AlCl$_3$, CS$_2$, 0°C - RT, 2 h, 33%; (iii) TiCl$_4$(THF)$_2$, Zn, THF, 40°C, 1 h, 67%; (iv) *n*-BuLi, THF, RT, 5 min.; (v) B(O*n*-Bu)$_3$, THF, RT, 10 min.; (vi) 2 Äquiv. **15**, Pd(PPh$_3$)$_4$, 2 M Na$_2$CO$_3$, THF, Rückfluss, 1 d, 78% (drei Stufen); (vii) 4 M NaOH, Dioxan, Rückfluss, 1 d, 83%.

Das ^{1}H NMR-Spektrum identifizierte eindeutig das gewünschte Produkt und zeigte des Weiteren eine hohe Reinheit an. Aufgrund der extremen Schwerlöslichkeit von **17** in den üblichen NMR-Lösungsmitteln wurde auf die Aufnahme eines ^{13}C NMR-Spektrums verzichtet. Durch UV-Belichtung einer DC-Platte, die mit **17** imprägniert war, konnte der photochemische Schaltprozess nachgewiesen werden. Der vorher farblose Spot, nahm nach kurzer Belichtungszeit eine intensiv dunkelviolette Färbung an.

3.3.1.2 Synthese von bifunktionellen Biarylethern als Diisonitrile[19]

Die Darstellung eines bifunktionellen Biarylethers mit zwei Isonitrilfunktionen in *para*-Position erfolgte, ausgehend von dem kommerziell erhältlichen 4,4'-Diaminodiphenylether **18**, in zwei Stufen (Schema 3-4).

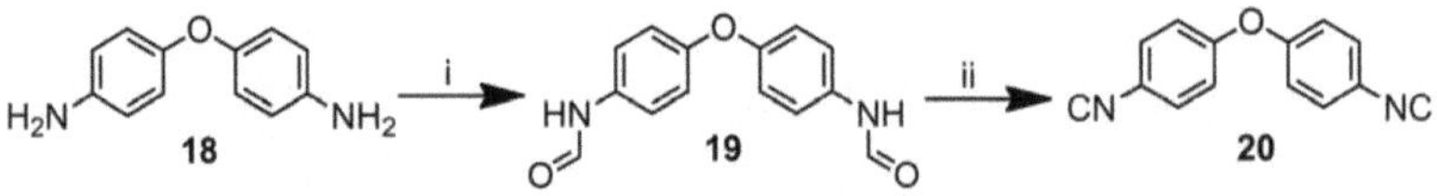

Schema 3-4. Synthese des symmetrischen Biaryletherdiisontrils **20**. *Reagenzien und Bedingungen*: (i) *n*-Butylformiat, Xylol, NEt$_3$, Rückfluss, 1 d, 95%; (ii) POCl$_3$, NEt$_3$, THF, -60°C - RT, 1 d, 83%.

Zuerst wurde **18** in einem Gemisch aus *n*-Butylformiat, Xylol und Triethylamin durch Erhitzen für einen Tag formyliert.[34;35] Das Diformamid **19** konnte in nahezu quantitativer Ausbeute als weißes Pulver erhalten werden. Die Darstellung des Diisonitrils **20** erfolgte nach der Standardmethode mit Phosphorylchlorid und Triethylamin in THF als Lösungsmittel.[36;37] Nach säulenchromatographischer Aufreinigung wurde Diisonitril **20** in sehr guter Ausbeute als hellbrauner Feststoff erhalten. Im Gegensatz zu vielen Isonitrilen handelt es sich bei **20** um eine geruchlose Substanz.

Die Synthese des asymmetrischen bifunktionellen Biarylethers als Diisonitril **28** gestaltete sich aufwendiger (Schema 3-5). Die Darstellung von **28** erfolgte in einer Fünfstufenreaktion ausgehend von Tyramin **21**. Zuerst wurde **21** durch Erhitzen für einen Tag in Ethylformiat formyliert. Das Formamid **22** ließ sich nach Aufarbeitung quantitativ als braunes Pulver erhalten.

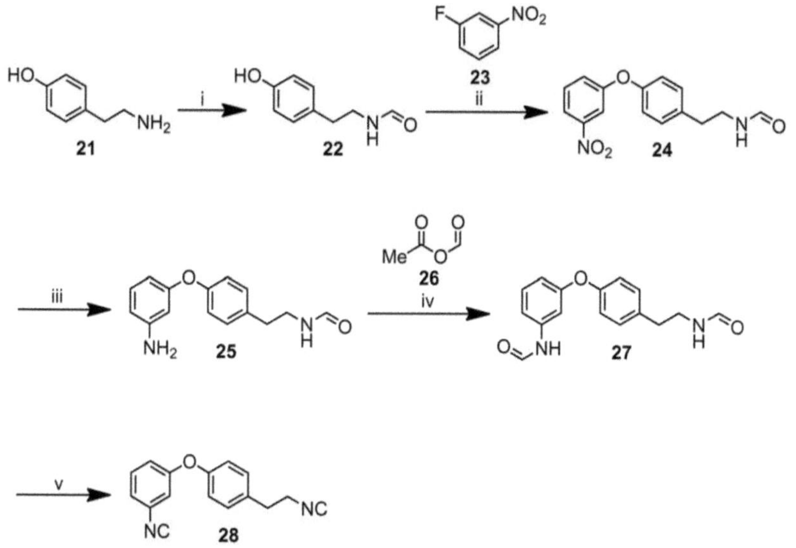

3. Synthese von farbstoffmodifizierten und photochemisch schaltbaren Makrozyklen mit der MiB-Methode

Schema 3-5. Syntheseweg zur Darstellung des asymmetrischen Biaryletherdiisontrils **28**. *Reagenzien und Bedingungen*: (i) Ethylformiat, Rückfluss, 1 d, 98%; (ii) **23**, K$_2$CO$_3$, DMF, 110°C, 7 d, 48%; (iii) H$_2$, Raney-Ni, MeOH, RT, 10 h, 99%; (iv) **26**, NEt$_3$, THF, Rückfluss, 3 h, 97%; (v) POCl$_3$, NEt$_3$, THF, -60°C - RT, 1 d, 94%.

Die nukleophile Substitutionsreaktion von **22** mit *m*-Fluornitrobenzol **23** und K$_2$CO$_3$ in DMF führte nach mehrtägigem Erhitzen zum Diphenyletherderivat **24**. Nach Umkristallisieren in Ethanol wurde **24** in einer Ausbeute von 48% als leichtbräunlicher Feststoff erhalten. Die anschließende Reduktion der Nitrogruppe unter H$_2$-Atmosphäre mit Raney-Nickel als Hydrierkatalysator in Methanol liefert quantitativ das Anilinderivat **25** als rotbraunes Öl. Erste Versuche der Formylierung von Anilin **25** mit Ethylformiat benötigten Reaktionszeiten von mindestens zwei Wochen, um eine vollständige Umsetzung zum Diformamid **27** zu gewährleisten. Die Verwendung eines gemischten Anhydrids **26**, das aus

Ameisensäure und Essigsäureanhydrid durch dreistündiges Erhitzen auf 60°C erhalten werden kann, verkürzte die Reaktionszeit beträchtlich.[38] Durch Zutropfen des Anhydrids **26** zu einer unter Rückfluss erhitzten Lösung des Anilins **25** in THF und Triethylamin als Base, ließ sich eine vollständige Formylierung innerhalb von nur drei Stunden erzielen.[24] Nach Aufarbeitung konnte Diformamid **27** nahezu quantitativ als bräunlicher Feststoff erhalten werden.

Die Synthese des Diisonitrils **28** erfolgte wiederum unter Standardbedingungen mit Phosphorylchlorid und Triethylamin in THF durch Reaktion über Nacht. Die säulenchromatographische Aufreinigung lieferte das asymmetrische Diisonitril eines Biarylethers **28** in sehr hoher Ausbeute in Form eines braunen Öls.

3.3.2 Synthese von Makrozyklen mit der MiB-Methode

Die hergestellten bifunktionellen Bausteine ließen sich in der Makrozyklensynthese mit der MiB-Methode erfolgreich einsetzen. Die zweifache UGI-4CR des NIR-Farbstoffes **6** und Diisonitrils **20**, als bifunktionelle Bausteine mit zwei Äquivalenten an Isopropylamin **30** und Paraformaldehyd **29**, führte unter Bedingungen der eingeschränkten Pseudoverdünnung nach sieben Tagen zum Makrozyklus **32**. Nach säulenchromatographischer Aufreinigung konnte **32** als dunkelgrüner Feststoff in einer Ausbeute von 21% erhalten werden (Schema 3-6).

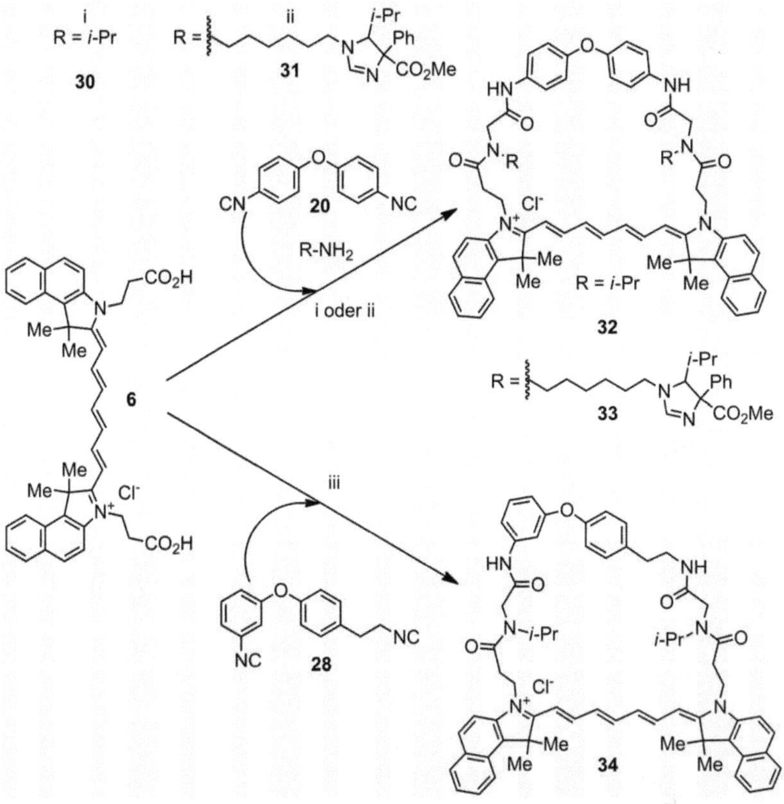

3. Synthese von farbstoffmodifizierten und photochemisch schaltbaren Makrozyklen mit der MiB-Methode

Schema 3-6. Synthesen von Makrozyklen **32-34** mit NIR-Farbstoff- und Biarylethereinheiten. *Reagenzien und Bedingungen*: (i) **20**, 2 Äquiv. *i*-PrNH$_2$ **30** und CH$_2$O **29**, MeOH, RT, 7 d, 21%; (ii) **20**, 2 Äquiv. **31** und CH$_2$O **29**, MeOH, RT, 7 d, 14%; (iii) **28**, 2 Äquiv. *i*-PrNH$_2$ **30** und CH$_2$O **29**, MeOH, RT, 8 d, 10%.

Die identische Reaktion mit der komplexeren Aminokomponente **31** führte zum Makrozyklus **33**, der ebenfalls als dunkelgrünes Pulver in einer Ausbeute von 14% erhalten werden konnte. Die Synthese des 2-Imidazolin-Rings von Aminderivat **31** erfolgte durch Anwendung einer neuartigen IMCR von ORRU *et al.*.[39;40] Die zweifache UGI-4CR des NIR-Farbstoffes **6** mit dem unsymmetrischen Diisonitril **28** als

3. Synthese von farbstoffmodifizierten und photochemisch schaltbaren Makrozyklen mit der MiB-Methode

bifunktionelle Bausteine und mit Isopropylamin **30** und Paraformaldehyd **29**, lieferten nach einer Reaktionszeit von acht Tagen den Makrozyklus **34** in einer Ausbeute von wiederum nur 10% als dunkelgrünes Pulver. Alle drei erhaltenen farbstoffmodifizierten Makrozyklen ließen sich nach gängigen analytischen Methoden eindeutig identifizieren und wiesen eine hohe Reinheit auf.

Bedauerlicherweise waren die erhaltenen Ausbeuten durch die Makrozyklisierung mit der MiB-Methode durch Zudosierung einer Komponente (Diisonitril) ziemlich unbefriedigend.[19] Dies mag an der nicht idealen Zudosierung liegen, oder an ungünstigen Konformationen der Farbstoffe für Zyklisierungen. Bedenkt man aber, dass in Eintopfreaktion aus relativ einfachen Ausgangsstrukturen hochkomplexe Makrozyklen generiert wurden und je acht Bindungen geknüpft wurden, ist das Ergebnis akzeptabel.

In einer weiteren Makrozyklisierung mit dem kommerziell erhältlichen wasserlöslichen Farbstoff Oxonolblau **35** und dem symmetrischen Diisonitril **20**, als bifunktionelle Komponenten sowie Überschüssen an Isopropylamin **30** und Paraformaldehyd **29**, ließ sich der Makrozyklus **36** nach säulenchromatographischer Aufreinigung in einer Ausbeute von 14% in Form dunkelvioletter Kristalle erhalten (Schema 3-7).

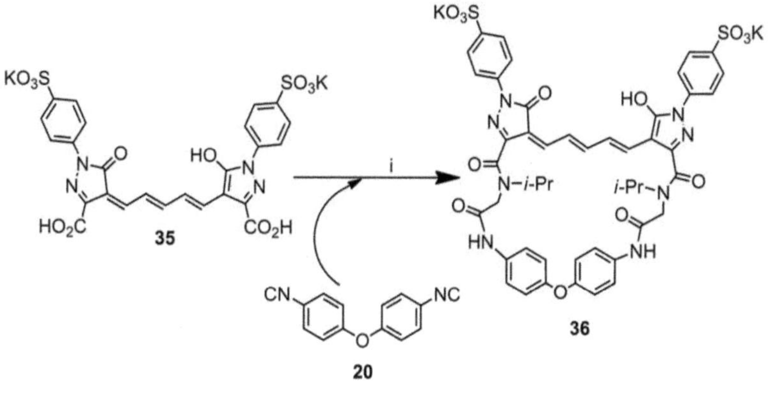

3. Synthese von farbstoffmodifizierten und photochemisch schaltbaren Makrozyklen mit der MiB-Methode

Schema 3-7. Synthese von Makrozyklus **36** mit dem Farbstoff Oxonolblau **35** und Diisonitril **20**. *Reagenzien und Bedingungen*: (i) 2 Äquiv. *i*-PrNH$_2$ **30** und CH$_2$O **29**, MeOH, RT, 9 d, 14%.

Des Weiteren konnte die photoschaltbare Dicarbonsäure **17** sehr erfolgreich in der Synthese von Makrozyklen mit der MiB-Methode eingesetzt werden. Die zweifache UGI-4CR von **17** und dem symmetrischen Diisonitril **20**, als bifunktionelle Bausteine mit zwei Äquivalenten Isopropylamin **30** und Paraformaldehyd **29**, führte zum photochemisch schaltbaren Makrozyklus **37**, der in einer guten Ausbeute von 41% als hellbräunlicher Feststoff erhalten wurde (Schema 3-8), also immerhin mit über 90% pro Bindungsbildung (acht Bindungen).

Alles in allem ließen sich farbstoffmodifizierte und photochemisch schaltbare Dicarbonsäuren erfolgreich mit Diisonitrilen als Biarylethereinheiten in die Makrozyklensynthese mit der MiB-Methode einsetzen.

Bei den erhaltenen NIR-Makrozyklen handelt es sich um dunkelgrüne, kristalline Feststoffe mit hohen Schmelzpunkten (>200°C). Weiterhin sind die Eigenschaften dadurch geprägt, dass sie in unpolaren Lösungsmitteln unlöslich sind. Auch die Löslichkeit in polareren Lösungsmitteln, wie z. B.

Methanol und DMSO, ist nur mäßig. Der wasserlösliche Oxonolblau-Makrozyklus wurde in Form dunkelblauer Kristalle mit sehr hohem Schmelzpunkt (>330°C) erhalten. Der Photoschalter-Makrozyklus ließ sich als bräunliches Pulver isolieren. Kontaminierte Glasapparaturen nahmen nach kurzen Belichtungszeiten eine violette Färbung an. Eine imprägnierte DC-Folie wurde durch Belichtung mit UV-Licht (λ = 256 nm) nach ca. 20 Sekunden ebenfalls intensiv violett gefärbt. Nach einiger Zeit in Dunkelheit nimmt die Färbung deutlich ab, was auf den photochemischen Schalteffekt schließen lässt.

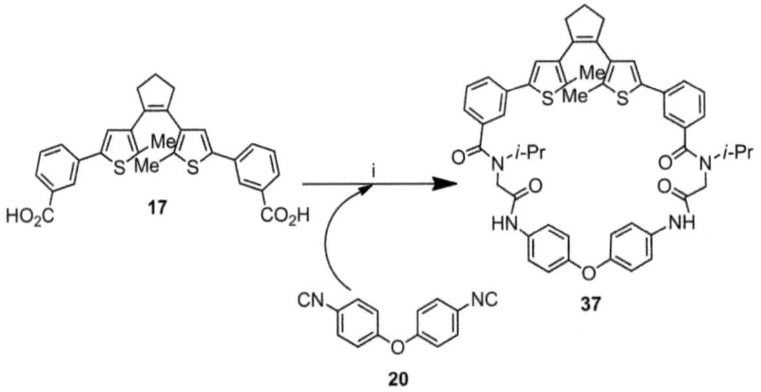

Schema 3-8. Synthese des photoschaltbaren Makrozyklus **37**. *Reagenzien und Bedingungen*: (i) 2 Äquiv. *i*-PrNH$_2$ **30** und CH$_2$O **29**, MeOH, RT, 9 d, 41%.

Basierend auf diesen Ergebnissen sollte versucht werden, mit dem Einsatz von zusätzlichen bifunktionellen Bausteinen Makrozyklen aufzubauen, die als „kryptandartig" bezeichnet werden können. Als geeignete Komponenten sollten hierbei kommerziell erhältliche aliphatische Diamine verwendet werden.

3.3.3 Synthese von kryptandartigen Strukturen mit der MiB-Methode

Die UGI-4CR mit dem NIR-Farbstoff **6**, dem unsymmetrischen Diisonitril **28** und 1,10-Diaminodecan **39** als zusätzlicher bifunktioneller Baustein mit Überschüssen an Paraformaldehyd **29**, lieferte unter den Bedingungen der eingeschränkten Pseudoverdünnung nach einer Reaktionszeit von 14 Tagen den Kryptanden **42**. Nach säulenchromatographischer Aufreinigung konnte **42** in einer Ausbeute von 26% als dunkelgrünes Pulver erhalten werden (Schema 3-9). Das Produkt ließ sich mittels massenspektrometrischer Verfahren eindeutig identifizieren. Ein aufgenommenes ^{1}H NMR-Spektrum signalisierte des Weiteren eine hohe Reinheit. Aufgrund der Schwerlöslichkeit in den üblichen NMR-Lösungsmitteln ließ sich allerdings kein interpretierbares ^{13}C NMR-Spektrum von **42** aufnehmen.

In nachfolgenden Experimenten wurden mit 1,12-Diaminododecan **38**, 1,8-Diaminooctan **40** und 1,8-Diamino-3,6-dioxaoctan **41** weitere bifunktionelle Amine eingesetzt. Durch zweifache UGI-4CR mit dem NIR-Farbstoff **6** sowie den Diisonitrilen **20** und **28** ließen sich die Kryptanden **43** - **46** ebenfalls in Form dunkelgrüner Pulver generieren, die sowohl massenspektrometrisch als auch durch Aufnahme von ^{1}H NMR-Spektren, mit Ausnahme von Produkt **43**, eindeutig identifiziert werden konnten.

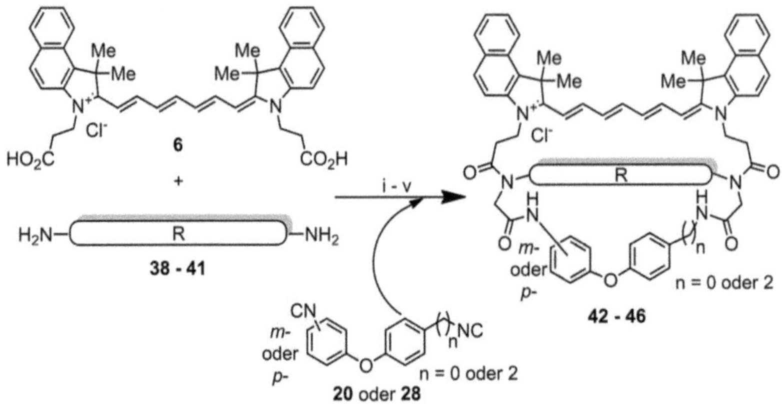

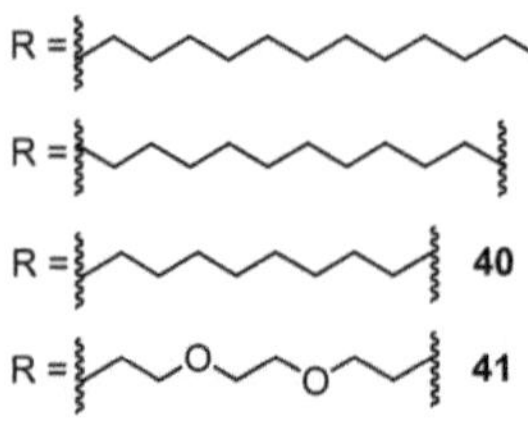

3. Synthese von farbstoffmodifizierten und photochemisch schaltbaren Makrozyklen mit der MiB-Methode

	20 (p-, n = 0)	oder	28 (m-, n = 2)
R = ~~~~~~~~~~~~~~ 38	-		46 (20%)
R = ~~~~~~~~~~~~ 39	45 (16%)		42 (26%)
R = ~~~~~~~~ 40	43 (<2%)		-
R = ~~O~~O~~ 41	-		44 (15%)

Schema 3-9. MiBs aus drei bifunktionellen Bausteinen zur Darstellung der kryptandartigen Strukturen **42 - 46**. *Reagenzien und Bedingungen*: (i) - (v) 2 Äquiv. CH$_2$O **29**, MeOH, RT, 12 - 14 d, von Spuren bis zu 26%.

Je nach verwendeter Kettenlänge des eingesetzten Diamins als auch des verwendeten Diisonitrils erkennt man eindeutige Schwankungen in der Ausbeute der erhaltenen Kryptanden. Im Falle der Reaktion von 1,8-Diaminooctan **40** und des symmetrischen Diisonitrils **20** ließ sich das gewünschte Produkt **43** nur massenspektrometrisch nachweisen. Bei der säulenchromatographischen Aufreinigung konnte **43** nicht isoliert werden, da das Produkt nur in Spuren synthetisiert wurde. Der Grund liegt höchstwahrscheinlich in der zu kurzen aliphatischen Kette des Diamins **40** als auch beim eingesetzten Diisonitril **20**. Die Flexibilitäten der eingesetzten Komponenten scheinen dabei stark eingeschränkt zu sein, um eine doppelte UGI-4CR einzugehen.

Bei Verwendung des flexibleren Diisonitrils **28** mit 1,8-Diamino-3,6-dioxaoctan **41** ließ sich der Kryptand **44** in einer Ausbeute von 15% erhalten. Setzt man wiederum zu flexible bifunktionelle Bausteine in der MiB-Methode ein, resultiert wiederum eine Abnahme der Ausbeute, wie man bei Kryptand **46** im Vergleich zu **42** sehen kann, wo ein um zwei Methyleneinheiten verlängertes Diamin eingesetzt wurde.

Mit diesen Resultaten konnte das erste Mal gezeigt werden, dass sich drei bifunktionelle Bausteine erfolgreich nach der MiB-Methode verknüpfen lassen, um Käfigverbindungen zu synthetisieren. Allerdings sind die Erfolge der Reaktionen stark abhängig von der Strukturbeschaffenheit der eingesetzten Komponenten. Eine zu hohe Starrheit oder falsche Dimensionen der Bausteine führen zu Misserfolgen, während zu flexible Bausteine ebenfalls schlechte Ausbeuten liefern, da wahrscheinlich vermehrt Polymerisierungen in den Vordergrund treten. Zudem kann die Reaktionsführung noch verbessert werden.

3.4 Zusammenfassung

Es konnte erneut das enorme Potenzial der MiB-Methode zum schnellen und effektiven Aufbau von Makrozyklen gezeigt werden. Der Einsatz eines NIR-Farbstoffes, des wasserlöslichen Farbstoffes Oxonolblau sowie ein photo-chemisch schaltbares Dithienylderivat als Dicarbonsäurekomponenten ließen sich allesamt erfolgreich unter eingeschränkter Pseudoverdünnung zu Makrozyklen umsetzen. Mit den in vorherigen Arbeiten schon erfolgreich verwendeten Diisonitrilen mit Biarylether-Kern

3. Synthese von farbstoffmodifizierten und photochemisch schaltbaren Makrozyklen mit der MiB-Methode

und unter Zusatz von Überschüssen an Paraformaldehyd und Isopropylamin ließen sich unter mehrtägiges Rühren die Makrozyklen in niedrigen Ausbeuten erhalten. Trotzdem bietet diese Methode vermutlich den schnellsten Zugang zu hochfunktionalisierten, komplexen Makrozyklen mit dem Potential zu einer hohen Produktdiversität, die mit herkömmlichen Verfahren nicht zu realisieren sind.

Des Weiteren ließen sich durch Einsatz eines dritten bifunktionellen Bausteins Käfigstrukturen mit drei unterschiedlichen Kanten in Eintopfverfahren erhalten. Die Ausbeuten hängen dabei von der Flexibilität und Länge der bifunktionellen Bausteine ab. Wahrscheinlich wurden hiermit zum ersten Mal kryptandartige Strukturen durch Verwendung dreier bifunktioneller Bausteine in einer Reaktion generiert. Zukünftige Arbeiten beschäftigen sich mit Eigenschaften, wie Rezeptor/Ligand-Wechselwirkungen der neuen Polymakrozyklen.

3.5 Experimenteller Teil

Alle verwendeten Chemikalien und Lösungsmittel sind kommerziell erhältlich (Fluka, Buchs, Schweiz) und wurden ohne weitere Aufreinigung zur Synthese eingesetzt. Die für einige Reaktionen notwendige Trocknung der Lösungsmittel THF, Et_2O und CH_2Cl_2 erfolgte nach gängigen Methoden.[41] Beim verwendeten Petrolether (PE) handelt es sich um die niedrig siedende Fraktion (40 – 60°C). Arbeiten unter Luft- und Feuchtigkeitssausschluss wurden unter Stickstoffatmosphäre durchgeführt.

Die Aufreinigung der Rohprodukte durch Säulenchromatographie wurde mit Kieselgel 60 (230 – 400 Maschen, 0.040 – 0.063 mm) der Firma Merck, Darmstadt, Deutschland durchgeführt. Zur Reaktionskontrolle diente die analytische Dünnschichtchromatographie an mit Kieselgel beschichteter Aluminiumfolie (Kieselgel 60 F_{254}) ebenfalls von der Firma Merck, Darmstadt. Die Detektion der Substanzen erfolgte mit UV-Licht (λ = 254 nm), Cer(IV)-Molybdatophosphorsäure, Ninhydrin-Lösung oder rein visuell.

NMR-Spektren wurden mit Varian Mercury 300 und 400 Spektrometer aufgenommen. Alle in ppm angegebenen ^1H NMR-Spektren wurden relativ zum TMS-Signal bestimmt. Die ermittelten Daten der ^{13}C NMR-Spektren beziehen sich auf die Zentrallinie von $CDCl_3$ bei 77.00 ppm oder CD_3OD bei 49.00 ppm.

Infrarotspektren wurden mit einem Infrarot-Spektrometer 5700 der Firma Nicolet aufgenommen. Die Durchführung der Messungen erfolgte mit der ATR- bzw. KBr-Methode.

Elektronenspray-Ionisations Massenspektren (ESI-MS) wurden mit API 150 der Firma Applied Biosystems aufgenommen. Hochauflösende

3. Synthese von farbstoffmodifizierten und photochemisch schaltbaren Makrozyklen mit der MiB-Methode

Massenspektren (HRMS) wurden durch Messungen mit einem Bruker BioApex 70 eV FT-ICR erhalten. Die Bestimmung der Schmelzpunkte erfolgte mit einem DM LS2 Mikroskop der Firma Leica. UV/Vis-Spektren wurden mit einem Jasco V-560 UV/Vis-Spectrophotometer in den dafür angegebenen Lösungsmitteln aufgenommen.

Herstellung von bifunktionellen Bausteinen zum Einsatz in UGI-4CRs (MiB-Methode)

Synthese einer NIR-Farbstoffdicarbonsäure

3-(2-Carboxyethyl)-1,1,2-trimethyl-1H-benzo[e]indolium bromid (3)[26]

2,3,3-Trimethyl-4,5-benzo-3H-indol **1** (5.49 g, 26.2 mmol) und 3-Brompropionsäure **2** (4.01 g, 26.2 mmol) in 1,2-Dichlorbenzol (27.5 mL) werden für 18 Stunden auf 110°C erhitzt. Die anfangs gelbe Lösung verfärbt sich dabei schnell dunkelgrün. Man lässt das Gemisch auf Raumtemperatur kühlen, filtriert das ausgefallene dunkelgraue Produkt ab und wäscht gründlich mit Dichlormethan (250 mL). Nach Vakuumtrocknung erhält man das Benzindolium-Salz **3** als hellgraues Pulver (7.52 g, 79%). ^{1}H NMR (CD$_3$OD, 300 MHz) δ = 1.83 (s, 6 H, 2 CH$_3$), 3.16 (t, J = 6.5 Hz, 2 H, CH$_2$), 7.69 – 7.74 (m, 1 H, CH), 7.78 – 7.83 (m, 1 H, CH), 8.02 (d, J = 9.0 Hz, 1 H, CH), 8.16 ppm (d, J = 8.1 Hz, 1 H, CH), 8.24 ppm (d, J = 9.0 Hz, 1 H, CH), 8.32 ppm (d, J = 8.4 Hz, 1 H, CH) ppm; ^{13}C NMR (CD$_3$OD, 75 MHz) δ = 22.32, 32.15, 45.37, 57.40, 113.74, 124.24, 128.56, 128.95, 129.55, 130.89, 132.23, 135.00, 138.45, 139.24, 172.83 ppm; ESI-MS von C$_{18}$H$_{20}$BrNO$_2$ (M$^+$ = 282.3).

3. Synthese von farbstoffmodifizierten und photochemisch schaltbaren Makrozyklen mit der MiB-Methode

3-(2-Carboxyethyl)-2-{(1E,3E,5E,7E)-7-[3-(2-carboxyethyl)-1,1-dimethyl-1,3-dihydro-2H-benzo[e]indol-2-yliden]hepta-1,3,5-trien-1-yl}-1,1-dimethyl-1H-benzo[e]indolium chlorid (6)[26]

Essigsäureanhydrid (0.90 g, 8.81 mmol) in CH_2Cl_2 (4 mL) wird tropfenweise zu einer mit einem Eisbad gekühlten, rührenden Suspension von Glutaconaldehyd-dianilid Dihydrochlorid **4** (2.13 g, 7.48 mmol) und DIPEA (1.95 g, 15.1 mmol) in CH_2Cl_2 (15 mL) zugegeben. Die anfangs rote Suspension geht dabei in eine klare, orange Lösung über. Man lässt drei Stunden lang bei 0° - 5°C reagieren und kontrolliert den Reaktionsverlauf per DC (Ethylacetat/MeOH/H_2O 10:2:1). Nach drei Stunden wird die Lösung eingedampft, und man erhält ein intensiv dunkelrotes Öl, das zur weiteren Umsetzung in MeOH (20 mL) gelöst wird. Benzindolium-Salz **3** (7.50 g, 20.7 mmol) und wasserfreies Natriumacetat (2.92 g, 35.6 mmol) in MeOH (38 mL) werden und unter Rückfluss zum Sieden gebracht. Anschließend wird die dunkelrote, methanolische Lösung des Acetylglutaconaldehyds-dianilids **5** innerhalb einer Stunde zugetropft. Man erhitzt für 16 Stunden unter Rückfluss und kontrolliert den Reaktionsverlauf per DC (Ethylacetat/MeOH/H_2O 10:2:1). Danach wird die Lösung im Vakuum bis zur Trockene eingeengt. Das stark verunreinigte Rohprodukt wird in Form einer sehr zähen, dunkelgrünen, klebrigen Masse erhalten. Nach Waschen mit Ethylacetat (200 mL) erscheint das aufgereinigte Produkt als schwarzes Pulver. Der erhaltene Farbstoff **6** wird mit 5%-iger Salzsäure (200 mL), anschließend mit Wasser (200 mL) und schließlich nochmals mit Ethylacetat (200 mL) gewaschen. Die weitere Aufreinigung erfolgt durch Umkristallisieren in einem Lösungsmittelgemisch aus Acetonitril/Wasser im Verhältnis 3 : 7. Der reine NIR-Farbstoff **6** wird als dunkelgrünes Pulver erhalten (3.12 g, 70%).

DC (Ethylacetat/MeOH/H_2O 10:2:1) R_f = 0.16; ^{1}H NMR (DMSO-d_6, 300 MHz) δ = 1.85 (s, 12 H, 4 CH_3), 2.58 (t, J = 6,9 Hz, 4 H, 2 CH_2), 6.49 (d, J = 34.0 Hz, 1 H, CH), 7.46 (t, J = 7.6 Hz, 2 H, 2 CH), 7.61 (t, J = 7.6 Hz, 2 H, 2 CH), 7.69 (d, J = 9.0 Hz, 2 H,

3. Synthese von farbstoffmodifizierten und photochemisch schaltbaren Makrozyklen mit der MiB-Methode

2 CH), 7.91 (t, J = 12.8 Hz, 4 H, 4 CH), 8.00 (d, J = 8.1 Hz, 2 H, 2 CH), 8.02 (d, J = 9.0 Hz, 2 H, 2 CH), 8.20 (d, J = 8.6 Hz, 2 H, 2 CH) ppm; ^{13}C NMR (DMSO-d_6, 75 MHz) δ = 26.65, 30.73, 34.13, 41.17, 50.30, 103.39, 111.51, 121.96, 124.41, 125.55, 127.36, 129.63, 129.95, 130.97, 132.76, 139.54, 171.84, 172.05 ppm; ESI-MS von $C_{41}H_{41}ClN_2O_4$ (M$^+$ = 625.4); IR (KBr) ν = 3445.9, 2974.6, 2929.0, 2359.7, 2343.8, 1733.6, 1623.2, 1558.8, 1526.5, 1506.9, 1472.2, 1419.3, 1359.8, 1311.2, 1137.7, 1086.7, 1006.4, 919.8, 829.3, 785.8, 747.3, 721.2, 664.6 cm^{-1}; λ_{max} = 784 nm (MeOH).

Synthese einer photoschaltbaren Dicarbonsäure

2-Chlor-5-methylthiophen (10)[31]

NCS (38.2 g, 286 mmol) und 2-Methylthiophen **9** (25.6 g, 261 mmol) werden in einem Gemisch aus Essigsäure (100 mL) und Benzol (100 mL) suspendiert und zuerst für 30 Minuten bei Raumtemperatur gerührt. Anschließend wird die weiße Suspension für eine Stunde unter Rückfluss erhitzt. Nach Abkühlen der erhaltenen bräunlichen Lösung auf Raumtemperatur wird das Reaktionsgemisch in 3 M NaOH (100 mL) gegossen und 10 Minuten lang kräftig aufgerührt. Die organische Phase wird daraufhin mit 3 M NaOH (3 x 100 mL) gewaschen, über Na_2SO_4 getrocknet, filtriert und dann im Rotationsverdampfer bis zur Trockene eingeengt. Das Rohprodukt wird durch Vakuum-Destillation aufgereinigt (12 mbar, 52°C). Reines 2-Chlor-5-methylthiophen **10** wird als farblose Flüssigkeit erhalten (25.5 g, 74%). ^{1}H NMR (CDCl$_3$, 300 MHz) δ = 2.40 (s, 3 H, 2 CH$_3$), 6.50 – 6.52 (m, 1 H, CH), 6.68 (d, J = 3.7 Hz, 1 H, CH) ppm; ^{13}C NMR (CDCl$_3$, 75 MHz) δ = 15.58, 124.26, 125.66, 126.36, 138.35 ppm.

3. Synthese von farbstoffmodifizierten und photochemisch schaltbaren Makrozyklen mit der MiB-Methode

1,5-*Bis*(5-chlor-2-methyl-3-thienyl)pentan-1,5-dion (12)[31]

Thiophenderivat **10** (18.5 g, 140 mmol) und Glutaryldichlorid **11** (11.8 g, 70.0 mmol) in CS_2 (140 mL) werden mit einem Eisbad auf 0°C gekühlt. Unter kräftigem Rühren wird dann wasserfreies $AlCl_3$ (22.5 g, 169 mmol) in Portionen zugegeben. Nach vollständiger Zugabe des $AlCl_3$ erscheint die Lösung schwarz, und nach einiger Zeit bildet sich ein zäher, schwarzer Teer. Es wird für zwei Stunden weitergerührt, und man lässt dabei das Reaktionsgemisch auf Raumtemperatur erwärmen. Danach wird Eiswasser (50 mL) langsam zugegeben (Vorsicht! Wärmeentwicklung). Die wässrige Phase wird anschließend mit Et_2O (3 x 75 mL) extrahiert. Die vereinten organischen Lösungen werden nochmals mit Wasser (100 mL) gewaschen, über Na_2SO_4 getrocknet, filtriert und die dunkle Lösung im Vakuum bis zur Trockene eingeengt. Man erhält das Rohprodukt in Form eines sehr zähen, schwarzen Öls. Nach säulenchromatographischer Aufreinigung (*n*-Hexan/Ethylacetat 9:1), wird 1,5-*Bis*(5-chlor-2-methyl-3-thienyl)pentan-1,5-dion **12** als gelbliches Pulver erhalten (2.34 g, 33%). DC (*n*-Hexan/Ethylacetat 9:1) R_f = 0.25; Smp. 82 – 83°C (*n*-Hexan); ^1H NMR ($CDCl_3$, 300 MHz) δ = 2.06 (quint., J = 6.9 Hz, 2 H, CH_2), 2.66 (s, 6 H, 2 CH_3), 2.86 (t, J = 6.9 Hz, 4 H, 2 CH_2), 7.18 (s, 2 H, 2 CH) ppm; ^{13}C NMR ($CDCl_3$, 75 MHz) δ = 16.11, 18.19, 40.53, 125.15, 126.66, 134.69, 147.55, 194.60 ppm.

3,3'-Cyclopent-1-en-1,2-diyl-*bis*(5-chlor-2-methylthiophen) (13)[31]

Unter N_2-Atmosphäre werden $TiCl_4(THF)_2$ (3.70 g, 11.1 mmol), Zn-Staub (1.45 g, 22.2 mmol) und Dithienylderivat **12** (2.00 g, 5.54 mmol) in absolutem THF (55 mL) auf 40°C erwärmt und die Reaktion per DC kontrolliert (*n*-Hexan/Ethylacetat 9:1). Nach

3. Synthese von farbstoffmodifizierten und photochemisch schaltbaren Makrozyklen mit der MiB-Methode

einer Stunde erkennt man einen vollständigen Umsatz, und die Reaktion wird beendet. Man filtriert über eine Glasfritte ab, die mit einer 2 cm dicken Kieselgelschicht versehen ist, die mit Petrolether vorbehandelt wurde. Die erhaltene gelbe Lösung wird im Rotationsverdampfer bis zur Trockene eingeengt. Man erhält das Rohprodukt als gelbes Öl. Nach säulenchromatographischer Aufreinigung (PE) wird das Dithienylcyclopentenderivat **13** als gelbliches Pulver erhalten (1.22 g, 67%). DC (PE) R_f = 0.92; Smp. 75 – 76°C (PE); ^{1}H NMR (CDCl$_3$, 300 MHz) δ = 1.88 (s, 6 H, 2 CH$_3$), 2.04 (quint., J = 7.5 Hz, 2 H, CH$_2$), 2.71 (t, J = 7.4 Hz, 4 H, 2 CH$_2$), 6.57 (s, 2 H, 2 CH) ppm; ^{13}C NMR (CDCl$_3$, 75 MHz) δ = 14.27, 22.89, 38.38, 125.06, 126.56, 133.16, 134.28, 134.69 ppm.

Dimethyl 3,3'-[Cyclopent-1-en-1,2-diyl-*bis*(5-methylthien-4,2-diyl)]dibenzoat (16)[32]

Dithienylcyclopentenderivat **13** (0.80 g, 2.43 mmol) in absolutem THF (10 mL) wird bei Raumtemperatur mit 1.6 M *n*-Butyllithium (Lösung in Hexan, 3.22 mL, 5.10 mmol) versetzt. Nach fünf Minuten gibt man Tri-*n*-butylborat (1.68 g, 7.30 mmol) hinzu und lässt weitere 10 Minuten reagieren.

Methyl-3-brombenzoat **15** (1.56 g, 7.25 mmol) in absolutem THF (15 mL) wird und unter N$_2$-Atmosphäre mit einer Spatelspitze Pd[PPh$_3$]$_4$ versetzt. Die Suspension wird für 15 Minuten gerührt, und man gibt dann nacheinander 2 M Na$_2$CO$_3$ (15 mL) und 10 Tropfen Triethylenglykol hinzu. Danach wird die Lösung des Diboronsäureesters **14** langsam hinzugetropft und für 3 Stunden unter Rückfluss erhitzt, bis die DC-Kontrolle (CH$_2$Cl$_2$/PE 9:1) einen vollständigen Umsatz detektiert. Man verdünnt mit Et$_2$O (100 mL) und Wasser (100 mL). Nach Abtrennen der wässrigen Phase wird die organische Lösung über Na$_2$SO$_4$ getrocknet, filtriert und anschließend im Rotationsverdampfer bis zur Trockene eingedampft. Nach säulenchromatographischer Aufreinigung (CH$_2$Cl$_2$/PE 9:1), wird das photoschaltbare Dimethylesterderivat **16** als farbloses Öl erhalten (1.00 g, 78%). DC (CH$_2$Cl$_2$/PE 9:1) R_f = 0.63; ^{1}H NMR (CDCl$_3$, 400 MHz) δ = 1.99 (s, 6 H, 2

3. Synthese von farbstoffmodifizierten und photochemisch schaltbaren Makrozyklen mit der MiB-Methode

CH$_3$), 2.10 (quint., J = 7.5 Hz, 2 H, CH$_2$), 2.86 (t, J = 7.4 Hz, 4 H, 2 CH$_2$), 3.91 (s, 6 H, 2 CH$_3$), 7.12 (s, 2 H, 2 CH), 7.40 (t, J = 7.8 Hz, 2 H, 2 CH), 7.66 (d, J = 7.8 Hz, 2 H, 2 CH), 7.88 (t, J = 7.8 Hz, 2 H, 2 CH), 8.17 (s, 2 H, 2 CH) ppm; ^{13}C NMR (CDCl$_3$, 100 MHz) δ = 14.25, 22.98, 38.48, 52.18, 124.62, 126.18, 127.85, 128.86, 129.52, 130.65, 134.64, 134.75, 135.17, 136.79, 138.49, 166.85 ppm; ESI-MS von C$_{31}$H$_{28}$O$_4$S$_2$ (M+Na$^+$ = 551.7).

3,3'-[Cyclopent-1-en-1,2-diyl-*bis*(5-methylthiene-4,2-diyl)]dibenzoesäure (17)[32]

Dimethylesterderivat **16** (0.74 g, 1.40 mmol) wird in einem Gemisch aus Dioxan (20 mL) und 4 M NaOH (20 mL) für einen Tag unter Rückfluss erhitzt. Nach beendeter Reaktion wird mit 2 M HCl angesäuert und mit CH$_2$Cl$_2$ (150 mL) verdünnt. Nach Abtrennen der wässrigen Phase wird die organische Lösung über Na$_2$SO$_4$ getrocknet, filtriert und anschließend im Vakuum bis zur Trockene eingeengt. Das photoschaltbare Dicarbonsäurederivat **17** wird als bräunliches Pulver erhalten (0.58 g, 83%). ^{1}H NMR (CDCl$_3$, 400 MHz) δ = 2.14 (s, 6 H, 2 CH$_3$), 2.47 (quint., J = 7.5 Hz, 2 H, CH$_2$), 2.87 (t, J = 7.2 Hz, 4 H, 2 CH$_2$), 7.14 (s, 2 H, 2 CH), 7.44 (t, J = 7.8 Hz, 2 H, 2 CH), 7.53 (d, J = 7.6 Hz, 2 H, 2 CH), 7.93 (t, J = 7.8 Hz, 2 H, 2 CH), 8.15 (s, 2 H, 2 CH) ppm; ^{13}C NMR wurde aufgrund der extremen Schwerlöslichkeit in den üblichen NMR-Lösungsmitteln nicht gemessen; ESI-MS von C$_{29}$H$_{24}$O$_4$S$_2$ (M+Na$^+$ = 523.4; M-H$^-$ = 499.6).

3. Synthese von farbstoffmodifizierten und photochemisch schaltbaren Makrozyklen mit der MiB-Methode

Synthese von Diaryletherdiisonitrilen

N,N'-(Oxydi-4,1-phenylen)diformamid (19)[19]

4,4'-Diaminodiphenylether **18** (5.00 g, 25.0 mmol) wird in einem Gemisch von n-Butylformiat (60 mL), Xylol (Isomerengemisch, 50 mL) und Triethylamin (10 mL) für einen Tag unter Rückfluss erhitzt, bis die DC-Kontrolle (Ethylacetat/MeOH 9:1) eine vollständige Umsetzung anzeigt. Die Lösung wird daraufhin im Rotationsverdampfer bis zur Trockene eingeengt. Nach Vakuumtrocknung wird Diformamid **19** als weißes Pulver erhalten (6.08 g, 95%). DC (Ethylacetat/MeOH 9:1) $R_f = 0.65$; ^{1}H NMR (CDCl$_3$, 300 MHz) δ = 6.91 – 6.98 (m, 4 H, 4 CH), 7.52 – 7.57 (m, 4 H, 4 CH), 8.23 (s, 2 H, 2 CHO), 8.61 (br, s, 2 H, 2 NH) ppm; ^{13}C NMR (CDCl$_3$, 75 MHz) δ = 119.90, 120.56, 122.57, 134.24, 154.94, 155.07, 155.85, 161.21, 164.71 ppm; ESI-MS von C$_{14}$H$_{12}$N$_2$O$_3$ (M+H$^+$ = 257.5; M+Na$^+$ = 279.3; M-H$^-$ = 255.5).

1,1'-Oxy-*bis*(4-isocyanobenzol) (20)[19]

Diformamid **19** (3.00 g, 11.7 mmol) und Triethylamin (11.9 g, 117 mmol) in absolutem THF (300 mL) werden mit Hilfe eines Ethanol/Trockeneisbades auf -60°C gekühlt. Anschließend wird POCl$_3$ (4.49 g, 29.3 mmol) in THF (50 mL) langsam zugetropft. Man lässt das Reaktionsgemisch langsam auf Raumtemperatur erwärmen und rührt noch für 12 Stunden weiter. Anschließend gießt man die Lösung in Eiswasser (500 mL) und extrahiert mit Et$_2$O (3 x 300 mL). Die vereinten organischen Lösungen werden mit gesättigter NaCl-Lösung (3 x 150 mL) gewaschen, über Na$_2$SO$_4$ getrocknet, filtriert und im Vakuum bis zur Trockene eingeengt. Nach säulenchromatographischer Aufreinigung (Ethylacetat) wird das Diisonitril **20** als hellbrauner Feststoff erhalten (2.14 g, 83%).

3. Synthese von farbstoffmodifizierten und photochemisch schaltbaren Makrozyklen mit der MiB-Methode

DC (Ethylacetat) R_f = 0.80; ^{1}H NMR (CDCl$_3$, 300 MHz) δ = 6.98 – 7.03 (m, 4 H, 4 CH), 7.36 – 7.41 (m, 4 H, 4 CH) ppm; ^{13}C NMR (CDCl$_3$, 75 MHz) δ = 119.54, 128.10, 156.40, 163.95 ppm.

N-[2-(4-Hydroxyphenyl)ethyl]formamid (22)[19]

Tyramin **21** (25.7 g, 187 mmol) in Ethylformiat (200 mL) wird für einen Tag unter Rückfluss erhitzt, bis die DC-Kontrolle (CHCl$_3$/MeOH 7:3) eine vollständige Umsetzung detektiert. Die Lösung wird daraufhin im Rotationsverdampfer bis zur Trockene eingeengt. Nach Vakuumtrocknung wird N-Formyltyramin **22** als braunes Pulver erhalten (30.3 g, 98%). DC (CHCl$_3$/MeOH 7:3) R_f = 0.86; ^{1}H NMR (DMSO-d_6, 300 MHz) δ = 2.60 (t, J = 7.4 Hz, 2 H, CH$_2$), 3.24 (q, J = 6.8 Hz, 2 H, CH$_2$), 6.67 (d, J = 8.4 Hz, 2 H, 2 CH), 6.99 (d, J = 8.4 Hz 2 H, 2 CH), 7.97 (s, 1 H, CHO), 8.00 (br, s, 1 H, NH), 9.19 (br, s, 1 H, OH) ppm; ^{13}C NMR (DMSO-d_6, 75 MHz) δ = 34.27, 39.10, 115.00, 129.11, 129.34, 155.49, 160.79 ppm; ESI-MS von C$_9$H$_{11}$NO$_2$ (M+H$^+$ = 166.3; M+Na$^+$ = 188.3).

N-{4-[4-(3-Nitrophenoxy)phenyl]ethyl}formamid (24)[24]

Das Gemisch aus N-[2-(4-Hydroxy-phenyl)ethyl]formamid **22** (25.0 g, 151 mmol), m-Fluornitrobenzol **23** (23.3 g, 165 mmol) und K$_2$CO$_3$ (25.0 g, 181 mmol) in DMF (150 mL) wird für 7 Tage unter Rückfluss erhitzt. Danach wird der Ansatz in Eiswasser (600 mL) gegossen und mit CHCl$_3$ (3 x 300 mL) extrahiert. Die vereinten organischen Lösungen werden mit ges. NaCl-Lösung gewaschen (3 x 200 mL), über Na$_2$SO$_4$ getrocknet, filtriert und im Vakuum bis zur Trockene eingedampft. Nach Umkristallisieren in Ethanol erhält man reines N-{4-[4-(3-Nitrophenoxy)-

3. Synthese von farbstoffmodifizierten und photochemisch schaltbaren Makrozyklen mit der MiB-Methode

phenyl]ethyl}formamid **24** als leicht bräunlichen Feststoff (20.8 g, 48%). DC (CH$_2$Cl$_2$/MeOH 9:1) R_f = 0.49; ^{1}H NMR (CDCl$_3$, 300 MHz) δ = 2.88 (t, J = 6.7 Hz, 2 H, CH$_2$), 3.60 (t, J = 8.6 Hz, 2 H, CH$_2$), 5.76 (br, s, 1 H, NH), 6.99 – 7.03 (m, 2 H, 2 CH), 7.21 – 7.34 (m, 3 H, 3 CH), 7.48 (t, J = 8.2 Hz, 1 H, CH), 7.76 (s, 1 H, CH), 7.92 – 7.95 (m, 1 H, CH), 8.17 (s, 1 H, CHO) ppm; ^{13}C NMR (CDCl$_3$, 75 MHz) δ = 34.93, 39.25, 112.45, 117.50, 119.91, 124.02, 130.20, 130.35, 134.95, 149.03, 153.96, 158.34, 160.99 ppm; ESI-MS von C$_{15}$H$_{14}$N$_2$O$_4$ (M+H$^+$ = 287.2; M+Na$^+$ = 309.5; M-H$^-$ = 285.3).

2-[4-(3-Aminophenoxy)phenyl]ethylformamid (25)[24]

Nitroverbindung **24** (5.62 g, 19.6 mmol) in MeOH (350 mL) wird mit wasserfeuchtem Raney-Nickel (~11.7 g) versetzt. Man lässt für längere Zeit unter H$_2$-Atmosphäre bei Raumtemperatur reagieren und kontrolliert den Verlauf der Hydrierung per DC (CHCl$_3$/MeOH 9:1). Nach etwa 10 Stunden detektiert man einen vollständigen Umsatz, und man filtriert die Lösung über Celite® ab. Die erhaltene klare, methanolische Lösung wird im Rotationsverdampfer bis zur Trockene eingeengt. Nach Vakuumtrocknung wird das Anilinderivat **25** als rotbraunes Öl erhalten (5.02 g, 99%). DC (CH$_2$Cl$_2$/MeOH 9:1) R_f = 0.49; ^{1}H NMR (CDCl$_3$, 300 MHz) δ = 2.82 (t, J = 7.0 Hz, 2 H, CH$_2$), 3.56 (t, J = 6.6 Hz, 2 H, CH$_2$), 6.31 (s, 1 H, CH), 6.37 (d, J = 8.1 Hz, 1 H, CH), 6.41 (d, J = 8.1 Hz, 1 H, CH), 6.96 (d, J = 8.4 Hz, 2 H, 2 CH), 7.10 (t, J = 8.1 Hz, 1 H, CH), 7.15 (d, J = 8.6 Hz, 2 H, 2 CH), 8.17 (s, 1 H, CHO) ppm; ^{13}C NMR (CDCl$_3$, 75 MHz) δ = 34.71, 39.26, 105.14, 108.39, 109.89, 119.14, 129.66, 129.82, 130.10, 133.04, 147.85, 155.51, 158.09, 161.03 ppm; ESI-MS von C$_{15}$H$_{16}$N$_2$O$_2$ (M+H$^+$ = 257.1; M+Na$^+$ = 279.4).

N-{4-[3-(4-Formylaminoethyl)phenoxy]phenyl}formamid (27)[24]

3. Synthese von farbstoffmodifizierten und photochemisch schaltbaren Makrozyklen mit der MiB-Methode

---

Anilinderivat **25** (1,28 g, 4.99 mmol) in THF (100 mL) wird mit Triethylamin (1.52 g, 15.0 mmol) versetzt. Man erhitzt unter Rückfluss und tropft langsam das gemischte Anhydrid **26** hinzu, das aus Essigsäureanhydrid (10.2 g, 100 mmol) und Ameisensäure (6.90 g, 150 mmol) durch dreistündiges Erhitzen auf 60°C hergestellt wurde. Nach zwei Stunden wird per DC (CHCl$_3$/MeOH 9:1) eine vollständige Umsetzung detektiert und die Lösung eingedampft. Der Rückstand wird in Ethylacetat (150 mL) gelöst und mit gesättigter NaHCO$_3$-Lösung (6 x 60 mL) gewaschen. Die organische Lösung wird über Na$_2$SO$_4$ getrocknet, filtriert und im Vakuum bis zur Trockene eingeengt. Nach säulenchromatographischer Aufreinigung (CHCl$_3$/MeOH 9:1), wird das Diformamid **27** als bräunlicher Feststoff erhalten (1.38 g, 97%). DC (CHCl$_3$/MeOH 9:1) R_f = 0.25; ^{1}H NMR (CDCl$_3$, 300 MHz) δ = 2.81 – 2.87 (m, 2 H, CH$_2$), 3.48 – 3.59 (m, 2 H, CH$_2$), 5.65 (br, s, 1 H, NH), 6.77 – 6.80 (m, 1 H, CH), 6.96 – 7.00 (m, 2 H, 2 CH), 7.14 – 7.29 (m, 5 H, 5 CH), 8.15 (s, 1 H, CHO), 8.33 (s, 1 H, CHO) ppm; ^{13}C NMR (CDCl$_3$, 75 MHz) δ = 34.77, 39.33, 108.44, 110.11, 112.71, 119.25, 119.55, 129.91, 129.97, 130.71, 133.57, 138.26, 155.24, 159.04, 161.24, 162.13 ppm; ESI-MS von C$_{16}$H$_{16}$N$_2$O$_3$ (M+H$^+$ = 285.1; M+Na$^+$ = 307.0; M-H$^-$ = 283.5).

4-[3-(4-Isocyanoethyl)phenoxy]phenylisonitril (28)[24]

Die Synthese des Diisonitrils **28** aus dem Diformamid **27** (0.74 g, 2.61 mmol) ist identisch mit der Vorschrift von Experiment **20**. Nach säulenchromatographischer Aufreinigung (CHCl$_3$/MeOH 9:1), wird das Diisonitril **28** als braunes Öl erhalten (0.61 g, 94%). DC (CHCl$_3$/MeOH 9:1) R_f = 0.88; ^{1}H NMR (CDCl$_3$, 300 MHz) δ = 2.99 (t, J = 6.9 Hz, 2 H, CH$_2$), 3.63 (t, J = 7.0 Hz, 2 H, CH$_2$), 6.95 – 7.11 (m, 5 H, 5 CH), 7.33 (t, J = 8.1 Hz, 1 H, CH), 7.75 (d, J = 8.6 Hz, 2 H, 2 CH) ppm; ^{13}C NMR (CDCl$_3$, 75 MHz) δ = 34.89, 43.01, 115.82, 119.18, 119.80, 120.70, 130.24, 130.41, 132.70, 154.68, 156.55, 156.55, 156.62, 157.98, 164.24 ppm; ESI-MS von C$_{16}$H$_{12}$N$_2$O (M+H$^+$ = 249.2; M+Na$^+$ = 271.3).

3. Synthese von farbstoffmodifizierten und photochemisch schaltbaren Makrozyklen mit der MiB-Methode

---

Darstellung von Makrozyklen und Käfigen mit der MiB-Methode

Synthese von Makrozyklen mit Farbstoff- und Biaryletherеinheit

Allgemeine Arbeitsvorschrift für die Synthese von Makrozyklen nach der MiB-Methode:
Die Aldehyd- oder Ketokomponente (4.00 mmol) und die primäre Aminokomponente (4.00 mmol) werden in MeOH (40 mL) für zwei Stunden bei Raumtemperatur gerührt, um das Imin-Intermediat zu bilden. Anschließend gibt man die Dicarbonsäurekomponente (1.00 mmol) in MeOH (150 mL) hinzu. Schließlich wird die Diisonitrilkomponente (1.00 mmol) in MeOH (25 mL) über einer Spritzenpumpe (Flussrate: 0.1 mL/h) zudosiert. Die Reaktion verläuft dann bei Raumtemperatur unter mehrtägigem Rühren (7 – 9 d). Der Reaktionsverlauf wird dabei per DC und ESI-MS kontrolliert. Nach beendeter Reaktion wird die methanolische Lösung eingedampft und das erhaltene Rohprodukt säulenchromatographisch aufgereinigt.

NIR-Makrozyklus (32)

Die zweifache UGI-4CR mit dem NIR-Farbstoff **6** (0.66 g, 1.00 mmol), dem Diisonitril **20** (0.22 g, 1.00 mmol), Paraformaldehyd **29** (0.12 g, 4.00 mmol) und Isopropylamin **30** (0.24 g, 4.00 mmol) liefert nach säulenchromatographischer Aufreinigung (Ethylacetat/MeOH/H$_2$O 2:2:1) den Makrozyklus **32** als dunkelgrünes Pulver (0.12 g, 21%). DC (Ethylacetat/MeOH/H$_2$O 5:2:1) R_f = 0.63; Smp. 224 – 225°C (Ethylacetat); ^{1}H NMR (CD$_3$OD, 300 MHz) δ = 1.10 – 1.26 (m, 24 H, 8 CH$_3$), 1.30 – 1.99 (m, 8 H, 4

3. Synthese von farbstoffmodifizierten und photochemisch schaltbaren Makrozyklen mit der MiB-Methode

CH$_2$), 3.44 – 4.43 (m, 6 H, 2 CH$_2$, 2 CH), 6.89 – 8.20 (m, 27 H, 27 CH), ppm; ^{13}C NMR (CD$_3$OD, 75 MHz) δ = 17.23, 17.33, 18.16, 19.45, 21.01, 22.13, 23.73, 27.68, 28.38, 29.24, 30.78, 50.55, 52.87, 64.90, 69.21, 69.54, 71.22, 71.51, 74.93, 76.85, 79.41, 111.64, 120.10, 123.17, 123.57, 125.81, 128.55, 129.34, 130.97, 133.19, 134.72, 140.70, 151.79, 155.91, 169.41, 169.95, 171.64, 172.54 ppm; ESI-MS von C$_{63}$H$_{67}$N$_6$O$_5$ (M$^+$ = 987.5); IR (ATR) ν = 2919.3, 2853.4, 1675.8, 1637.7, 1623.4, 1601.1, 1526.4, 1504.2, 1469.2, 1412.0, 1359.6, 1311.9, 1216.6, 1135.5, 1081.5, 1003.6, 917.8, 873.3, 828.8, 808.2, 785.9, 746.2, 709.6, 665.2 cm^{-1}; λ_{max} = 785 nm (MeOH); HRMS von C$_{63}$H$_{67}$N$_6$O$_5$ [M]$^+$ ber. 987.51675 gef. 987.51619.

NIR-Makrozyklus (33)

Die zweifache UGI-4CR mit dem NIR-Farbstoff **6** (0.03 g, 0.05 mmol), dem Diisonitril **20** (0.01 g, 0.05 mmol), Paraformaldehyd **29** (0.01 g, 0.20 mmol) und dem Aminderivat **31** (0.07 g, 0.20 mmol) liefert nach säulenchromatographischer Aufreinigung (Ethylacetat/MeOH/H$_2$O 2:2:1) den Makrozyklus **33** als dunkelgrünes Pulver (0.01 g, 14%). DC (Ethylacetat/MeOH/H$_2$O 5:2:1) R_f = 0.66; Smp. 211 – 212°C (Ethylacetat); ^{1}H NMR (CD$_3$OD, 300 MHz) δ = 0.91 – 1.00 (m, 24 H, 8 CH$_3$), 1.28 – 1.59 (m, 24 H, 12 CH$_2$), 1.28 – 1.59 (m, 24 H, 12 CH$_2$), 1.91 – 2.35 (m, 6 H, 2 CH$_2$, 2 CH), 2.84 – 3.71 (m, 12 H, 2 CH$_3$, 2 CH$_2$, 2 CH), 6.23 – 8.25 (m, 39 H, 39 CH) ppm; ^{13}C NMR (CD$_3$OD, 75 MHz) δ = 17.23, 17.47, 18.19, 19.42, 21.01, 22.98, 23.73, 27.73, 28.38, 29.24, 30.17, 38.97, 40.21, 42.74, 46.40, 46.70, 50.55, 52.87, 63.11, 64.90, 68.52, 69.32,

3. Synthese von farbstoffmodifizierten und photochemisch schaltbaren Makrozyklen mit der MiB-Methode

71.16, 73.14, 74.93, 76.54, 79.46, 107.99, 111.64, 120.99, 123.47, 123.49, 125.61, 128.23, 129.13, 130.97, 132.84, 133.22, 156.54, 158.78, 163.21, 169.41, 169.95, 170.97, 171.34, 172.34, 174.83 ppm; ESI-MS von $C_{97}H_{111}N_{10}O_9$ (M-H$^-$ = 1560.4); IR (ATR) ν = 2930.6, 2853.4, 2817.1, 2363.2, 1723.5, 1683.8, 1634.5, 1623.4, 1593.2, 1575.7, 1526.4, 1497.8, 1469.2, 1412.0, 1358.0, 1308.7, 1216.6, 1135.5, 1076.7, 1005.2, 917.8, 901.9, 878.1, 830.4, 809.8, 784.3, 744.6, 701.7, 684.2, 665.2 cm^{-1}; λ_{max} = 784 nm (MeOH); HRMS von $C_{97}H_{111}N_{10}O_9$ [M]$^+$ ber. 520.62288 gef. 520.62230.

NIR-Makrozyklus (34)

Die zweifache UGI-4CR mit dem NIR-Farbstoff **6** (0.66 g, 1.00 mmol), dem Diisonitril **28** (0.25 g, 1.00 mmol), Paraformaldehyd **29** (0.12 g, 4.00 mmol) und Isopropylamin **30** (0.24 g, 4.00 mmol) liefert nach säulenchromatographischer Aufreinigung (Ethylacetat/MeOH/H$_2$O 2:2:1) den Makrozyklus **34** als dunkelgrünes Pulver (0.08 g, 10%). DC (Ethylacetat/MeOH/H$_2$O 5:2:1) R_f = 0.64; Smp. 216 – 217°C (Ethylacetat); ^{1}H NMR (CD$_3$OD, 300 MHz) δ = 1.10 – 1.26 (m, 24 H, 8 CH$_3$), 1.30 – 1.99 (m, 8 H, 4 CH$_2$), 3.44 – 4.43 (m, 6 H, 2 CH$_2$, 2 CH), 6.89 – 8.20 (m, 27 H, 27 CH), ppm; ^{13}C NMR (CD$_3$OD, 75 MHz) δ = 17.26, 17.34, 18.20, 19.44, 21.02, 22.13, 23.76, 27.66, 28.39, 29.27, 30.78, 38.59, 45.17, 50.56, 52.88, 64.92, 69.21, 69.51, 71.25, 71.53, 74.91, 76.86, 79.41, 111.62, 120.11, 123.16, 123.55, 125.81, 128.53, 129.32, 130.99, 133.19, 134.70, 140.73, 151.82, 155.90, 169.43, 169.95, 171.63, 172.52 ppm; ESI-MS von $C_{65}H_{71}N_6O_5$ (M$^+$ = 1015.5); IR (ATR) ν = 2923.8, 2851.2, 1672.6, 1632.9, 1601.1, 1548.7, 1526.4, 1505.8, 1470.8, 1416.8, 1361.2, 1311.9, 1283.3, 1219.8, 1138.7,

3. Synthese von farbstoffmodifizierten und photochemisch schaltbaren Makrozyklen mit der MiB-Methode

1083.1, 1005.2, 919.4, 876.5, 832.0, 787.5, 747.8, 719.2, 665.2 cm^{-1}; λ_{max} = 786 nm (MeOH); HRMS von $C_{65}H_{71}N_6O_5$ [M]$^+$ ber. 1015.54805 gef. 1015.54616.

Oxonolblau-Makrozyklus (36)

Die zweifache UGI-4CR mit dem Farbstoff Oxonolblau **35** (1.00 g, 1.42 mmol), dem Diisonitril **20** (0.31 g, 1.42 mmol), Paraformaldehyd **29** (0.17 g, 5.66 mmol) und Isopropylamin **30** (0.34 g, 5.66 mmol) liefert nach säulenchromatographischer Aufreinigung (Ethylacetat/MeOH/H$_2$O 5:2:1) den Makrozyklus **36** als intensiv dunkelblaues Pulver (0.19 g, 14%). DC (Ethylacetat/MeOH/H$_2$O 5:2:1) R_f = 0.71; Smp. ~333°C (Ethylacetat); ^{1}H NMR (CD$_3$OD, 400 MHz) δ = 1.11 – 1.32 (m, 12 H, 4 CH$_3$), 4.16 (s, 4 H, 2 CH$_2$), 4.66 (t, J = 6.6 Hz, 2 H, 2 CH), 6.95 (d, J = 9.0 Hz, 4 H, 2 CH$_2$), 7.00 (d, J = 8.6 Hz, 1 H, CH), 7.45 – 7.50 (m, 6 H, 6 CH), 7.74 (t, J = 13.3 Hz, 2 H, 2 CH), 7.87 (d, J = 9.0 Hz, 4 H, 4 CH), 8.07 (d, J = 9.0 Hz, 4 H, 4 CH) ppm; ^{13}C NMR (CD$_3$OD, 75 MHz) δ = 21.43, 31.66, 36.99, 119.73, 121.53, 124.44, 127.62, 132.57, 139.18, 142.07, 142.15, 164.86, 166.80 ppm; ESI-MS von $C_{47}H_{41}N_8O_{13}S_2$ (M-H^{3-} = 329.7); IR (ATR) ν = 3439.4, 2980.6, 1661.5, 1596.5, 1496.8, 1434.8, 1407.3, 1358.2, 1319.7, 1163.9, 1125.1, 1076.7, 1036.0, 1007.7, 957.2, 927.4, 839.2, 780.3, 733.9 cm^{-1}; HRMS von $C_{47}H_{41}N_8O_{13}S_2$ [M-H]$^{3-}$ ber. 329.74115 gef. 329.74254.

3. Synthese von farbstoffmodifizierten und photochemisch schaltbaren Makrozyklen mit der MiB-Methode

Photoschalter-Makrozyklus (37)

Die zweifache UGI-4CR mit dem Photoswitcher **17** (0.07 g, 0.14 mmol), dem Diisonitril **20** (0.03 g, 0.14 mmol), Paraformaldehyd **29** (0.03 g, 1.12 mmol) und Isopropylamin **30** (0.07 g, 1.12 mmol) liefert nach säulenchromatographischer Aufreinigung (CH_2Cl_2/MeOH 9:1) den Makrozyklus **37** als braunes Pulver (0.05 g, 41%). DC (CH_2Cl_2/MeOH 9:1) R_f = 0.89; ^{1}H NMR ($CDCl_3$, 300 MHz) δ = 1.06 – 1.39 (m, 12 H, 4 CH_3), 1.98 – 2.17 (m, 6 H, 3 CH_2), 2.82 – 2.95 (m, 6 H, 2 CH_3), 3.90 – 4.38 (m, 6 H, 2 CH_2, 2 CH), 4.59 – 4.68 (m, 2 H, 2 CH), 6.90 – 7.09 (m, 6 H, 6 CH), 7.27 – 7.73 (m, 12 H, 12 CH), 9.46 (br, s, 2 H, 2 NH) ppm; ^{13}C NMR ($CDCl_3$, 75 MHz) δ = 14.36, 18.38, 20.80, 22.73, 38.36, 38.54, 52.06, 53.40, 58.37, 64.35, 107.58, 119.51, 121.34, 123.97, 126.90, 128.88 136.70, 138.77, 154.02, 168.53, 172.37 ppm; ESI – MS von $C_{51}H_{50}N_4O_5S_2$ (M+Na$^+$ = 885.6; M-H$^-$ = 861.8); IR (ATR) ν = 3271.3, 3128.3, 3060.2, 2933.0, 2842.2, 1698.1, 1607.5, 1548.7, 1496.3, 1464.5, 1440.6, 1407.3, 1364.4, 1351.6, 1302.4, 1218.2, 1175.3, 1129.2, 1105.3, 1076.7, 1024.3, 960.7, 916.2, 876.5, 830.4, 803.4, 754.1, 696.9 cm^{-1}; HRMS von $C_{51}H_{50}N_4O_5S_2$ [M+Na]$^+$ ber. 885.31203 gef. 885.31308.

3. Synthese von farbstoffmodifizierten und photochemisch schaltbaren Makrozyklen mit der MiB-Methode

Synthese von Käfig-Molekülen mit NIR-Farbstoff- und Biarylethereinheiten

Allgemeine Arbeitsvorschrift für die Synthese von Käfig-Molekülen nach der MiB-Methode:

Die Aldehyd- oder Ketokomponente (4.00 mmol) und die primäre Diaminokomponente (1.50 mmol) in MeOH (40 mL) werden für zwei Stunden bei Raumtemperatur gerührt, um das Imin-Intermediat zu bilden. Anschließend gibt man die Dicarbonsäurekomponente (1.00 mmol) in MeOH (150 mL) hinzu. Schließlich wird die Diisonitrilkomponente (1.00 mmol) in MeOH (25 mL) über einer Spritzenpumpe (Flussrate: 0.1 mL/h) zudosiert. Die Reaktion verläuft dann bei Raumtemperatur unter mehrtägigem Rühren (12 – 14 d). Der Reaktionsverlauf wird dabei per DC und ESI-MS kontrolliert. Nach beendeter Reaktion wird die methanolische Lösung eingedampft und das erhaltene Rohprodukt säulenchromatographisch aufgereinigt.

Käfig-Molekül (42)

Die zweifache UGI-4CR mit dem NIR-Farbstoff **6** (0.66 g, 1.00 mmol), dem Diisonitril **28** (0.25 g, 1.00 mmol), 1,10-Diaminodecan **39** (0.26 g, 1.50 mmol) und Paraformaldehyd **29** (0.12 g, 4.00 mmol) liefert nach säulenchromatographischer Aufreinigung (CH$_2$Cl$_2$/MeOH 9:1) das Produkt **42** als dunkelgrünes Pulver (0.29 g, 26%). DC (CH$_2$Cl$_2$/MeOH 9:1) R_f = 0.16; Smp. 217 – 218°C (CH$_2$Cl$_2$); ^{1}H NMR (CD$_3$OD, 400 MHz) δ = 0.88 – 1.59 (m, 16 H, 8 CH$_2$), 1.92 – 2.03 (m, 12 H, 4 CH$_3$),

3. Synthese von farbstoffmodifizierten und photochemisch schaltbaren Makrozyklen mit der MiB-Methode

2.82 – 2.93 (m, 6 H, 3 CH$_2$), 3.20 – 4.52 (m, 14 H, 7 CH$_2$), 6.23 – 8.26 (m, 27 H, 27 CH) ppm; ESI-MS von C$_{69}$H$_{77}$N$_6$O$_5$ (M$^+$ = 1069.8); IR (KBr) ν = 2924.4, 2851.8, 2361.1, 1635.3, 1506.3, 1471.9, 1418.1, 1361.1, 1312.1, 1219.0, 1088.4, 1006.6, 921.8, 665.8 cm^{-1}; λ_{max} = 781.5 nm (MeOH); HRMS von C$_{69}$H$_{77}$N$_6$O$_5$ ber. [M]$^+$ 1069.59500 gef. 1069.59655.

Käfig-Molekül (43)

Die zweifache UGI-4CR mit dem NIR-Farbstoff **6** (0.17 g, 0.25 mmol), dem Diisonitril **20** (0.06 g, 0.25 mmol), 1,8-Diaminooctan **40** (0.06 g, 0.38 mmol) und Paraformaldehyd **29** (0.03 g, 1.00 mmol) lieferte das Rohprodukt **43**, das nur massenspektrometrisch nachgewiesen werden konnte. Eine Isolierung scheiterte, da es nur in Spuren gebildet wurde. ESI-MS von C$_{65}$H$_{69}$N$_6$O$_5$ (M$^+$ = 1013.7).

3. Synthese von farbstoffmodifizierten und photochemisch schaltbaren Makrozyklen mit der MiB-Methode

Käfig-Molekül (44)

Die zweifache UGI-4CR mit dem NIR-Farbstoff **6** (0.17 g, 0.25 mmol), dem Diisonitril **28** (0.06 g, 0.25 mmol), 1,8-Diamino-3,6-dioxaoctan **41** (0.06 g, 0.38 mmol) und Paraformaldehyd **29** (0.03 g, 1.00 mmol) liefert nach säulenchromatographischer Aufreinigung (CH$_2$Cl$_2$/MeOH 9:1) das Produkt **44** als dunkelgrünes Pulver (0.04 g, 15%). DC (CH$_2$Cl$_2$/MeOH 9:1) R_f = 0.15; Smp. 214 – 215°C (CH$_2$Cl$_2$); ^{1}H NMR (CD$_3$OD, 400 MHz) δ = 1.93 – 2.04 (m, 12 H, 4 CH$_3$), 2.66 – 2.97 (m, 6 H, 3 CH$_2$), 3.20 – 4.62 (m, 22 H, 11 CH$_2$), 6.19 – 8.27 (m, 27 H, 27 CH) ppm; ESI-MS von C$_{65}$H$_{69}$N$_6$O$_7$ (M$^+$ = 1045.5); IR (KBr) ν = 2923.3, 2364.7, 1635.7, 1506.7, 1472.5, 1418.9, 1354.7, 1313.5, 1218.4, 1089.7, 1006.7, 921.0, 665.2 cm^{-1}; λ_{max} = 790.0 nm (MeOH); HRMS von C$_{65}$H$_{69}$N$_6$O$_7$ [M]$^+$ ber. 1045.52223 gef. 1045.52223.

3. Synthese von farbstoffmodifizierten und photochemisch schaltbaren Makrozyklen mit der MiB-Methode

Käfig-Molekül (45)

Die zweifache UGI-4CR mit dem NIR-Farbstoff **6** (0.17 g, 0.25 mmol), dem Diisonitril **20** (0.06 g, 0.25 mmol), 1,10-Diaminodecan **39** (0.07 g, 0.38 mmol) und Paraformaldehyd **29** (0.03 g, 1.00 mmol) liefert nach säulenchromatographischer Aufreinigung (CH$_2$Cl$_2$/MeOH 9:1) das Produkt **45** als dunkelgrünes Pulver (0.05 g, 16%). DC (CH$_2$Cl$_2$/MeOH 9:1) R_f = 0.14; Smp. 230 – 231°C (CH$_2$Cl$_2$); ^{1}H NMR (CD$_3$OD, 400 MHz) δ = 0.99 – 1.55 (m, 16 H, 8 CH$_2$), 1.93 – 2.01 (m, 12 H, 4 CH$_3$), 2.86 – 2.97 (m, 4 H, 2 CH$_2$), 3.31 – 4.63 (m, 12 H, 6 CH$_2$), 6.22 – 8.22 (m, 27 H, 27 CH) ppm; ESI-MS von C$_{67}$H$_{73}$N$_6$O$_5$ (M$^+$ = 1041.5); IR (KBr) ν = 2925.0, 2364.6, 1635.5, 1527.1, 1471.9, 1418.8, 1360.9, 1310.8, 1214.3, 1088.7, 1007.5, 923.3, 665.5 cm^{-1}; λ_{max} = 782.5 nm (MeOH); HRMS von C$_{67}$H$_{73}$N$_6$O$_5$ ber. [M]$^+$ 1041.56370 gef. 1041.56515.

3. Synthese von farbstoffmodifizierten und photochemisch schaltbaren Makrozyklen mit der MiB-Methode

Käfig-Molekül (46)

Die zweifache UGI-4CR mit dem NIR-Farbstoff **6** (0.17 g, 0.25 mmol), dem Diisonitril **28** (0.06 g, 0.25 mmol), 1,12-Diaminododecan **38** (0.08 g, 0.38 mmol) und Paraformaldehyd **29** (0.03 g, 1.00 mmol) liefert nach säulenchromatographischer Aufreinigung (CH$_2$Cl$_2$/MeOH 9:1) das Produkt **46** als dunkelgrünes Pulver (0.06 g, 20%). DC (CH$_2$Cl$_2$/MeOH 9:1) R_f = 0.18; Smp. 218 – 219°C (CH$_2$Cl$_2$); ^{1}H NMR (CD$_3$OD, 400 MHz) δ = 0.73 – 1.57 (m, 20 H, 10 CH$_2$), 1.90 – 2.03 (m, 12 H, 4 CH$_3$), 2.64 – 2.95 (m, 6 H, 3 CH$_2$), 3.17 – 4.63 (m, 14 H, 7 CH$_2$), 6.16 – 8.26 (m, 27 H, 27 CH) ppm; ESI-MS von C$_{71}$H$_{81}$N$_6$O$_5$ (M$^+$ = 1097.7); IR (KBr) ν = 2924.1, 2361.6, 1635.8, 1526.7, 1471.9, 1418.0, 1360.4, 1311.4, 1218.6, 1088.3, 1006.8, 921.2, 665.5 cm^{-1}; λ_{max} = 784.5 nm (MeOH); HRMS von C$_{71}$H$_{81}$N$_6$O$_5$ ber. [M]$^+$ 1097.62630 gef. 1097.62734.

3.6 Referenzen

[1.] O. Kreye, B. Westermann, D. G. Rivera, D. V. Johnson, R. V. A. Orru, L. A. Wessjohann, *QSAR Comb. Sci.* **2006**, *25*, 461.
[2.] D. J. Newman, G. M. Cragg, K. M. Snader, *Nat. Prod. Rep.* **2000**, *17*, 215.
[3.] Y. Z. Shu, *J. Nat. Prod.* **1998**, *61*, 1053.
[4.] L. A. Wessjohann, E. Ruijter, D. G. Rivera, W. Brandt, *Mol. Divers.* **2005**, *9*, 171.
[5.] P. Wipf, *Chem. Rev.* **1995**, *95*, 2115.
[6.] J. Blankenstein, J. P. Zhu, *Eur. J. Org. Chem.* **2005**, 1949.
[7.] O. David, W. J. N. Meester, H. Bieraugel, H. E. Schoemaker, H. Hiemstra, J. H. van Maarseveen, *Angew. Chem. Int. Ed.* **2003**, *42*, 4373; *Angew. Chem.* **2003**, *115*, 4509.
[8.] S. Dörner, B. Westermann, *Chem. Commun.* **2005**, 2852.
[9.] A. Ehrlich, H. U. Heyne, R. Winter, M. Beyermann, H. Haber, L. A. Carpino, M. Bienert, *J. Org. Chem.* **1996**, *61*, 8831.
[10.] Z. J. Gartner, B. N. Tse, R. Grubina, J. B. Doyon, T. M. Snyder, D. R. Liu, *Science* **2004**, *305*, 1601.
[11.] M. S. Leonard, P. J. Carroll, M. M. Joullie, *J. Org. Chem.* **2004**, *69*, 2526.
[12.] J. Nielsen, *Curr. Opin. Chem. Biol.* **2002**, *6*, 297.
[13.] L. A. Wessjohann, *Curr. Opin. Chem. Biol.* **2000**, *4*, 303.
[14.] L. A. Wessjohann, E. Ruijter, *Topics Curr. Chem.* **2005**, *243*, 137.
[15.] B. Beck, G. Larbig, B. Mejat, M. Magnin-Lachaux, A. Picard, E. Herdtweck, A. Dömling, *Org. Lett.* **2003**, *5*, 1047.
[16.] P. Cristau, J. P. Vors, J. P. Zhu, *Org. Lett.* **2001**, *3*, 4079.
[17.] P. Janvier, M. Bois-Choussy, H. Bienaymé, J. P. Zhu, *Angew. Chem. Int. Ed.* **2003**, *42*, 811; *Angew. Chem.* **2003**, *115*, 835.
[18.] R. V. A. Orru, M. de Greef, *Synthesis* **2003**, 1471.
[19.] D. Michalik, A. Schaks, L. A. Wessjohann, *Eur. J. Org. Chem.* **2007**, 149.
[20.] L. A. Wessjohann, E. Ruijter, *Mol. Divers.* **2005**, *9*, 159.
[21.] L. A. Wessjohann, B. Voigt, D. G. Rivera, *Angew. Chem. Int Ed.* **2005**, *44*, 4785; *Angew. Chem.* **2005**, *117*, 4863.
[22.] L. A. Wessjohann, D. G. Rivera, F. Coll, *J. Org. Chem.* **2006**, *71*, 7521.
[23.] L. A. Wessjohann, D. G. Rivera, O. E. Vercillo, *Chem Rev.* **2009**, in Druck.
[24.] B. Westermann, D. Michalik, A. Schaks, O. Kreye, Ch. Wagner, K. Merzweiler, L. A. Wessjohann, *Heterocycles* **2007**, *73*, 863.
[25.] L. A. Wessjohann, D. G. Rivera, F. León, *Org. Lett.* **2004**, *9*, 4733.
[26.] Y. Ye, W. P. Li, C. J. Anderson, J. Kao, G. V. Nikiforovich, S. Achilefu, *J. Am. Chem. Soc.* **2003**, *125*, 7766.
[27.] Y. P. Ye, S. Bloch, S. Achilefu, *J. Am. Chem. Soc.* **2004**, *126*, 7740.
[28.] J. Auernheimer, C. Dahmen, U. Hersel, A. Bausch, H. Kessler, *J. Am. Chem. Soc.* **2005**, *127*, 16107.
[29.] W. R. Browne, J. J. D. de Jong, T. Kudernac, M. Walko, L. N. Lucas, K. Uchida, J. H. van Esch, B. L. Feringa, *Chem. Eur. J.* **2005**, *11*, 6414.
[30.] W. R. Browne, J. J. D. de Jong, T. Kudernac, M. Walko, L. N. Lucas, K. Uchida, J. H. van Esch, B. L. Feringa, *Chem. Eur. J.* **2005**, *11*, 6430.
[31.] L. N. Lucas, J. J. D. de Jong, J. H. van Esch, R. M. Kellogg, B. L. Feringa, *Eur. J. Org. Chem.* **2003**, 155.
[32.] A. Mulder, A. Jukovic, J. Huskens, D. N. Reinhoudt, *Org. Biomol. Chem.* **2004**, *2*, 1748.
[33.] H. Tian, S. Yang, *Chem. Soc. Rev.* **2004**, *33*, 85.
[34.] K. Kobayashi, K. Yoneda, T. Mizumoto, H. Umakoshi, O. Morikawa, H. Konishi, *Tetrahedron Lett.* **2003**, *44*, 4733.

3. Synthese von farbstoffmodifizierten und photochemisch schaltbaren Makrozyklen mit der MiB-Methode

[35.] O. Kreye, B. Westermann, L. A. Wessjohann, *Synlett* **2007**, 3188.
[36.] R. Obrecht, R. Herrmann, I. Ugi, *Synthesis* **1985**, 400.
[37.] I. Ugi, U. Fetzer, U. Eholzer, H. Knupfer, K. Offermann, *Angew. Chem. Int. Ed.* **1965**, *4*, 472; *Angew. Chem.* **1965**, *77*, 492.
[38.] D. Prosperi, S. Ronchi, L. Lay, A. Rencurosi, G. Russo, *Eur. J. Org. Chem.* **2004**, 395.
[39.] R. S. Bon, C. Hong, M. J. Bouma, R. F. Schmitz, F. J. de Kanter, M. Lutz, A. L. Spek, R. V. Orru, *Org. Lett.* **2003**, *5*, 3759.
[40.] R. S. Bon, B. van Vliet, N. E. Sprenkels, R. F. Schmitz, F. J. de Kanter, C. V. Stevens, M. Swart, F. M. Bickelhaupt, M. B. Groen, R. V. Orru, *J. Org. Chem.* **2005**, *70*, 3542.
[41.] Autorenkollektiv, *Organikum*, 22. Auflage; Wiley-VCH: Weinheim, **2004**.

4. Divergenter Aufbau von Dendrimeren durch UGI-4CRs

4.1 Dendrimere

4.1.1 Dendritische Architekturen

Unter Dendrimeren (Wortschöpfung aus griech. *dendron* = Baum und Polymer, eine ältere Bezeichnung sind Kaskadenmoleküle) versteht man supramolekulare, verzweigte Architekturen mit wohl definiertem Molekulargewicht.[1-5] Ausgehend von multifunktionellen Kerneinheiten verzweigen sich diese Moleküle von innen nach außen zu mehr oder weniger regelmäßigen dreidimensionalen Schalen, deren periphere Endgruppen die Oberfläche bilden (Abbildung 4-1).

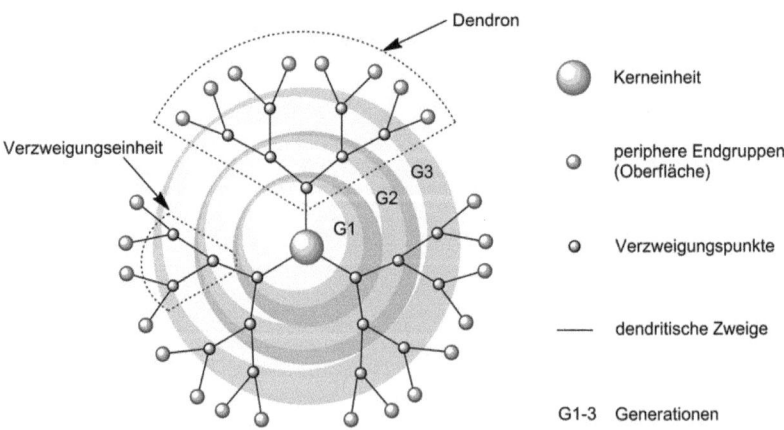

Abbildung 4-1. Schematischer Aufbau eines Dendrimers.

Die Anzahl der aufeinander folgenden Verzweigungseinheiten, die sich wiederum aus den sogenannten dendritischen Zweigen zusammensetzen, werden als Generationen definiert. Dendritische Segmente, die an Kerneinheiten gebunden sind, werden als Dendrons bezeichnet.

Die Eigenschaften der Dendrimere werden durch die Beschaffenheit der einzelnen Bauteile geprägt, maßgeblich oft durch die letzte Generation. Physikalische Größen wie Form, Flexibilität, Dichte, Löslichkeit, Viskosität und andere Parameter lassen sich durch molekulare Strukturen beeinflussen (Tabelle 4-1).

Tabelle 4-1. Einflüsse der verschiedenen Bauteile von Dendrimeren nach VÖGTLE.[5]

Kern	Verzweigungseinheit	Oberfläche	Endgruppe
beeinflusst			
Form	Form	Form	Form
Größe	Größe	Größe	Stabilität
Multiplizität	Dichte/Nischen	Flexibilität	Löslichkeit
Funktionen	Gastaufnahme	Eigenschaften	Viskosität

Die Form und Größe eines Dendrimers resultiert aus der Beschaffenheit nahezu aller Einheiten, während der strukturelle Aufbau der Verzweigungseinheiten ein wichtiger Faktor für die Bildung von Nischen (Kavitäten) darstellt und somit Möglichkeiten zur Aufnahme von Gastmolekülen bietet.[1] Je nach Anzahl der Generationen eines Dendrimers kann die Oberfläche sterisch stark beansprucht sein (Gruppenhäufung), was dann die Flexibilität einschränkt. Die Endgruppen beeinflussen in erster Linie die chemischen und physikalischen Eigenschaften des Dendrimers, wie z. B. die Stabilität, Löslichkeit und Viskosität.

Die Einteilung dendritischer Strukturen erfolgt je nach Perfektheit in Cascadane, Dendrimere und hyperverzweigte Polymere (Abbildung 4-2). Die Strukturperfektheit kann über den Polydispersitäts-Index (PDI) ermittelt werden, der eine Messgröße für die Molekulargewichtsverteilung darstellt. Der PDI kann z. B. über chromatographische Methoden bestimmt werden.

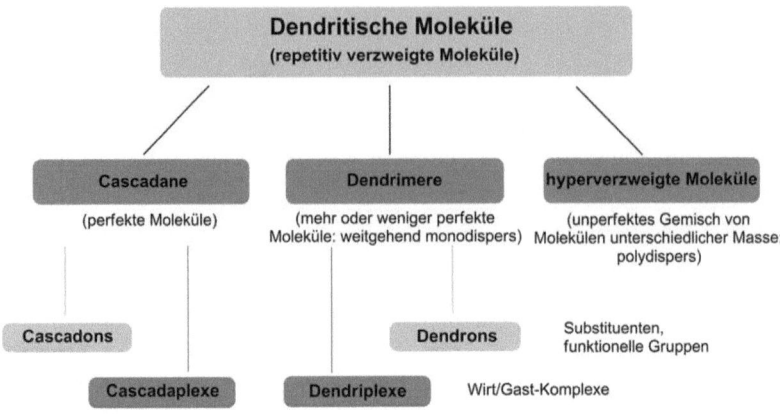

Abbildung 4-2. Klassifizierung dendritischer Moleküle nach VÖGTLE.[5]

Bei einem PDI, der den Wert 1 annimmt, handelt es sich um strukturperfekte (monodisperse) Moleküle, die als Cascadane bezeichnet werden können. Weniger strukturperfekte verzweigte Supramoleküle werden als Dendrimere bezeichnet. Die Abweichung von der Monodispersität resultiert durch das Entstehen von Verzweigungsdefekten oder durch Nebenreaktionen während der Synthese. Bei stärkeren Abweichungen zur Strukturperfektheit spricht man von polydispersen hyperverzweigten Molekülen.

Die Charakterisierung und Analytik von Dendrimeren, die im Grenzbereich der supramolekularen Organischen Chemie und der Polymerchemie einzuordnen sind, unterscheiden sich von den klassischen Methoden der Organischen Chemie. Stellt die NMR-Spektroskopie für organische Moleküle die wichtigste Methode zur Charakterisierung dar, stehen massenspektrometrische Methoden, wie ESI-MS und MALDITOF-MS, bei Dendrimeren im Vordergrund. Trotzdem ist auch die NMR-Spektroskopie eine unverzichtbare analytische Methode zur Charakterisierung von Dendrimeren. Eine wichtige Rolle spielt des Weiteren die Größenausschluss-Chromatographie (SEC, engl. *size exclusion chromatography*), die häufig auch als Gelpermeations-Chromatographie (GPC) bezeichnet wird. Bei dieser Methode lässt sich die Strukturperfektheit eines Dendrimers über den PDI bestimmen. Weitere wichtige Verfahren in der Analytik von Dendrimeren stellen die Röntgen-Kristallstrukturanalyse, die Kleinwinkelstreuung, die Rastersonden-Mikroskopie sowie die Transmissions-Elektronenmikroskopie dar.

4.1.2 Anwendungen von Dendrimeren

Obwohl Dendrimere bereits seit 1978 bekannt sind, steigt das Interesse an ihnen bis zur heutigen Zeit immens.[6]
Wichtige Anwendungen haben Dendrimere als Trägermaterialien für Katalysatoren gefunden.[7-13] Da diese Katalysatorsysteme nicht mehr eindeutig als homogen bzw. heterogen angesehen werden können, sind die Katalyseeigenschaften häufig erheblich unterschiedlich zu deren homologen und heterogenen Vertretern. Außerdem lassen sich die Katalysatoren durch Ultrafiltration regenerieren. Speziell „designte" Dendrimere mit polaren und unpolaren Regionen aggregieren zu Micellen, die als Phasentransferkatalysatoren Anwendung gefunden haben.[14-16] Ein weiteres wichtiges Anwendungsgebiet der Dendrimere liegt im Bereich der flüssigkristallinen Materialien.[3;17-19] Durch Oberflächenderivatisierung mit Mesogenen lassen sich Supramoleküle mit hervorragenden flüssigkristallinen Eigenschaften generieren. Weitere technische Anwendungen haben Dendrimere als Pigmente, Klebstoffe und Additive in Chemiewerkstoffen gefunden.

Auch im Bereich der Biomimetik, Sensorik und medizinischer Diagnostik spielen Dendrimere vermehrt eine wichtige Rolle, z. B. als Trägermaterialien für MRI-Kontrastmittel[20-22] sowie als Transportsysteme für eingekapselte Cytostatika oder Gene.[22-26] Neuere Arbeiten von REYMOND et al. beschäftigen sich mit der Anwendung von peptidischen Dendrimeren, die intrinsische katalytische Aktivitäten aufweisen und damit potenzielle Kandidaten für die Entwicklung künstlicher Enzyme darstellen.[27-30]

4.1.3 Synthese von Dendrimeren

4.1.3.1 Divergente Synthesen

Die gebräuchlichste und einfachste Methode zum Aufbau von Dendrimeren erfolgt über sogenannte divergente Synthesemethoden. Man bezeichnet damit die Aufbaustrategie, die bei der Kerneinheit beginnt und das Dendrimer in einer „von innen nach außen" durchgeführten Synthese erzeugt (Schema 4-1).

Eine multifunktionelle Kerneinheit wird dabei zuerst mit den Verzweigungseinheiten gekuppelt. Die Verzweigungseinheiten müssen so beschaffen sein, dass jeweils nur eine reaktive Gruppe vorhanden ist und terminale Funktionalitäten der dendritischen Zweige geschützt vorliegen. Nach erfolgter Reaktion lässt sich die erhaltene, geschützte erste Generation durch unterschiedlichste Reaktionsmöglichkeiten aktivieren. Die reaktive erste Generation kann dann erneut mit Verzweigungseinheiten umgesetzt werden, und man erhält die geschützte zweite Generation eines Dendrimers. Durch iterative Schritte ist es somit möglich, höhere Generationen zu erzeugen.

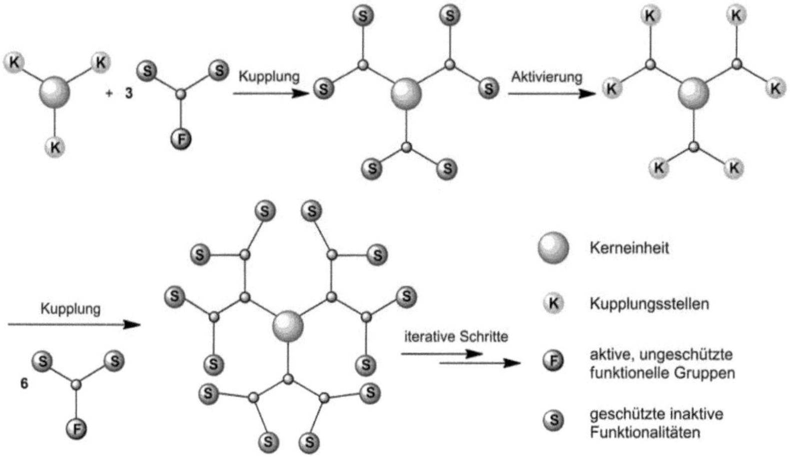

Schema 4-1. Prinzip der divergenten Synthesemethode zum Aufbau von Dendrimeren.[5]

Basierend auf der divergenten Methode, beschrieben VÖGTLE et al. 1978 die erste Synthese eines Kaskadenpolymers.[6;31-33] Durch Reaktion von Ammoniak oder primären Diaminen mit Acrylnitril lassen sich durch mehrfache 1,4-Additionen der Aminogruppen an das vinyloge System des Acrylnitrils Verzweigungen erzeugen. Anschließende Reduktionen der Cyanogruppen mit $NaBH_4$ liefern dementsprechend die doppelte Anzahl an Aminogruppen (Schema 4-2).

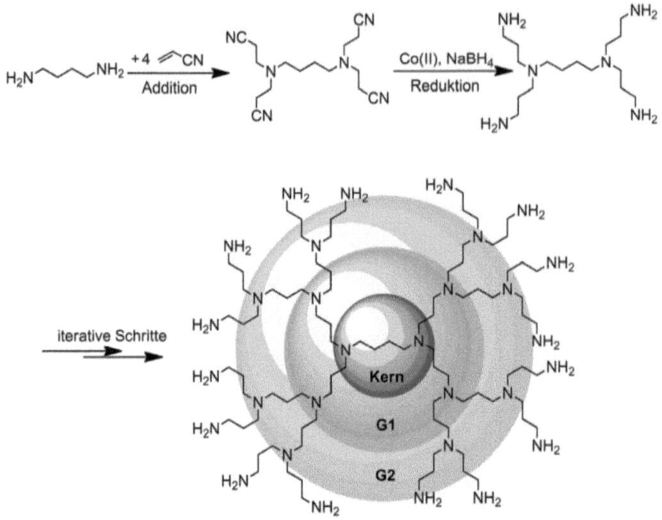

4. Divergenter Aufbau von Dendrimeren durch Ugi-4CRs

Schema 4-2. Divergente Synthese eines POPAM-Dendrimers der zweiten Generation nach VÖGTLE.

In iterativen Schritten der Addition an Acrylnitril und Reduktion der Nitrilgruppen lassen sich somit höhere Generationen eines verzweigten Supramoleküls erzeugen. Diese Klassen von Dendrimeren werden als Polypropylenamine (POPAMs) bezeichnet, und gelten aufgrund der einfachen Synthetisierbarkeit auch in der heutigen Zeit noch als wichtige Vertreter dieser Substanzklasse.

Als bekannteste Klasse von Dendrimeren gelten die 1985 von TOMALIA *et al.* entwickelten Polyamidoamine (PAMAMs).[34-36] Ähnlich wie bei den POPAMs reagieren Ammoniak oder primäre Diamine in michaelartigen Additionen mit Acrylsäuremethyl oder -ethylester, um Verzweigungen zu erzeugen. Die anschließende Aktivierung erfolgt durch Behandlung mit Überschüssen an Diaminen, die wiederum die doppelte Anzahl freier Aminogruppen sowie stabile Amidbindungen erzeugen (Schema 4-3).

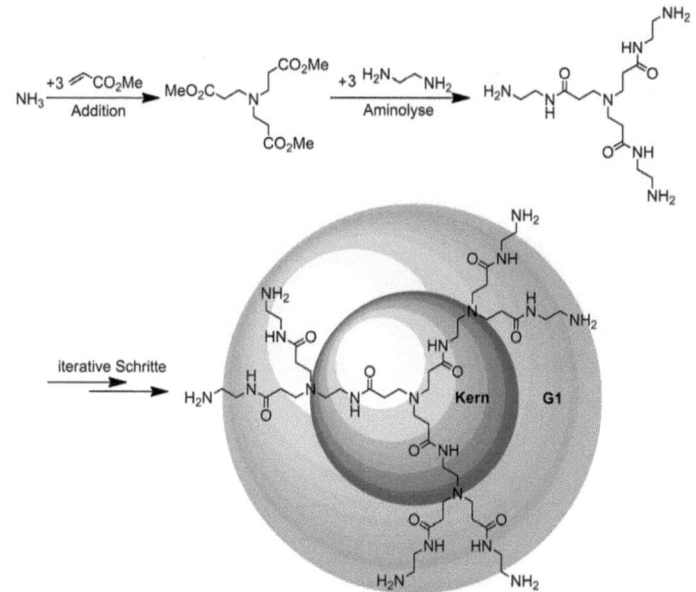

Schema 4-3. Divergente Synthese eines PAMAM-Dendrimers der ersten Generation nach TOMALIA.

Die wiederholenden Schritte aus Addition und Aminolyse liefern peptidische Dendrimere höherer Generationen. PAMAMs sind heute bis zur zehnten Generation kommerziell erhältlich und stellen die am weitesten verbreitete Klasse von Dendrimeren dar.

Ein weiteres Beispiel zur Erzeugung verzweigter Moleküle nach divergenter Methode beschrieben NEWKOME *et al.* 1985 in der Erzeugung wasserlöslicher „Arborol-Systeme" (latein. *arbor* = Baum), die als unimolekulare Micellen betrachtet werden können (Abbildung 4-3).[14-16] Durch nukleophile Substitutionsreaktionen von $NaC(CO_2Et)_3$ mit multihalogenierten Kerneinheiten und anschließender Aminolyse mit TRIS lassen sich hochverzweigte Dendrimere mit endständigen Hydroxylgruppen erhalten.

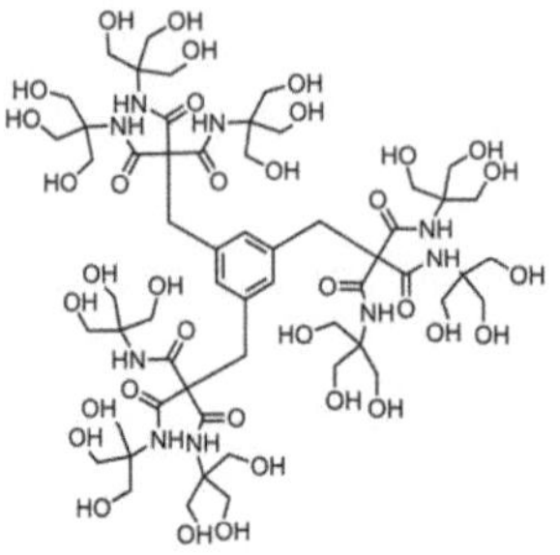

Abbildung 4-3. Ein hochverzweigtes „Arborol-System" der ersten Generation nach NEWKOME und ein Polybenzen(Polyphenylen)-Dendrimer der ersten Generation nach MÜLLEN.

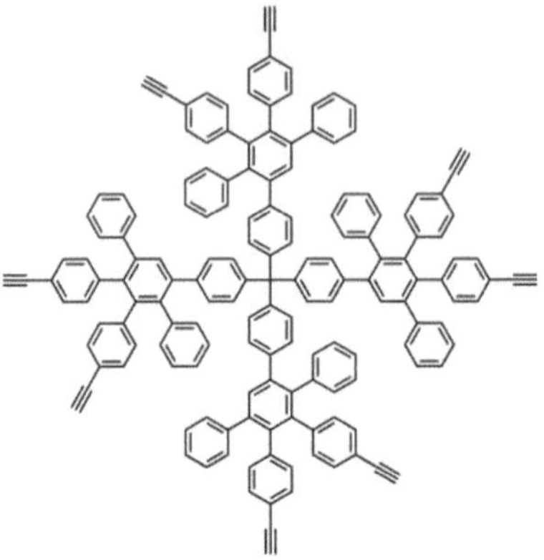

Die divergente Synthese starrer Dendrimere mit reinen aromatischen Kohlenwasserstoffeinheiten (Polybenzene oder Polyphenylene) erfolgte in den 90er Jahren durch MÜLLEN et al. über DIELS-ALDER-Reaktionen als Schlüsselschritte (Abbildung 4-3).[37-43] Neben diesen bekanntesten Vertretern divergent erzeugter Dendrimere existieren bis zur heutigen Zeit noch eine Reihe weitere interessante Beispiele. Hierzu zählen die Polylysin-Dendrimere nach DENKEWALTER et al.,[44-46] die extrem stabilen Iptycene (kondensierte Aren-Bauteile) nach HART et al.[47-49] sowie divergent erzeugte polyanionische[16;50] und polykationische Dendrimere.[51-53] Zu den divergenten siliziumbasierten Dendrimeren (Silico-Dendrimeren) gehören die Polysilan-Dendrimere nach LAMBERT et al. und SEKIGUCHI et al.,[54-57] die Darstellung von Carbosilan-Dendrimere durch unterschiedliche Arbeitsgruppen,[58-63] die Carbosiloxan-Dendrimere nach LANG et al.[64;65] und KIM et al.[66] sowie die Erzeugung von Polysiloxan-Dendrimere nach KAKIMOTO et al. und anderen Forschungsgruppen.[67;68] Neben den siliziumbasierten Dendrimeren sollen an dieser Stelle auch die Phospho-Dendrimere erwähnt werden, die in zahlreichen Arbeiten von MAJORAL und CAMINADE nach divergenten Methoden dargestellt wurden.[53;69-75] Divergente Synthesen sind in der Regel einfach durchzuführen und werden deshalb bevorzugt angewendet. Allerdings ist ein großer Nachteil, dass in höheren Generationen aufgrund sterischer Hinderungen oft keine vollständigen Reaktionen mehr möglich sind und es zur Bildung sogenannter „Fehlstellen" kommt. Die erhaltenen Produktgemische lassen sich dann chromatographisch schwer aufreinigen.

4.1.3.2 Konvergente Synthesen

Im Gegensatz zur divergenten Methode werden bei konvergenten Synthesen die Dendrimere „von außen nach innen" aufgebaut. Zuerst werden Fragmente von Dendrimeren, die sogenannten Dendrons, synthetisiert, die sich in abschließenden Reaktionen an Kerneinheiten anbinden lassen, um dadurch vollständige Dendrimere zu erzeugen (Schema 4-4). Die Dendrons lassen sich durch Kupplung zweier reaktiver Verzweigungseinheiten an eine doppelt funktionialisierte Einheit erhalten. Nach anschließender Aktivierung der geschützten, verzweigten Einheiten sind diese wiederum in der Lage, mit funktionalisierten Verzweigungseinheiten zu reagieren, um Dendrons höherer Generationen zu erzeugen.

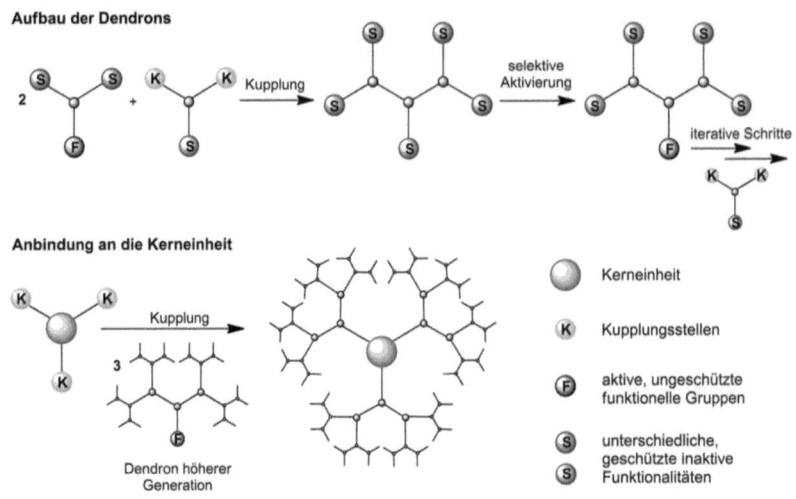

Schema 4-4. Prinzip der konvergenten Synthesemethode zum Aufbau von Dendrimeren.[5]

Das bekannteste konvergente Verfahren wurde von FRÉCHET et al. 1990 in der Erzeugung von Polyether-Dendrimeren beschrieben.[76-79] Die konvergente Synthese der Dendrons verläuft über die Methode der Veretherung nach WILLIAMSON, wobei 3,5-Dihydroxybenzylalkohol mit zwei Äquivalenten Benzylbromid unter basischen Bedingungen zu den korrespondierenden Phenylethern umgesetzt wird. Die unter diesen Bedingungen nicht reaktiven benzylischen Hydroxygruppen werden in nachfolgenden APPEL-Reaktionen in die korrespondierenden Benzylbromide überführt, die sich dann erneut mit 3,5-Dihydroxybenzylalkohol zu den nächsthöheren Generationen der Polyether-Dendrons umsetzen lassen. Im letzten Schritt werden dann die Dendrons an multifunktionalisierte Kerneinheiten, z. B. 1,3,5-Trihydroxybenzol, angebunden und liefern damit die FRÉCHET-Dendrimere (Schema 4-5).

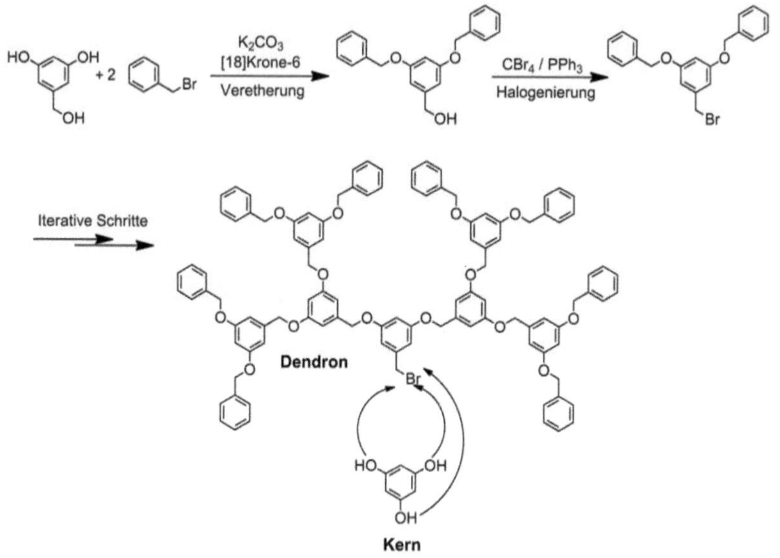

Schema 4-5. Konvergente Synthese eines Polyether-Dendrons der dritten Generation nach FRÉCHET zur Anbindung an eine trifunktionelle Kerneinheit.

Des Weiteren konnten MILLER und NEENAN 1990 das erste Polybenzen-Dendrimer nach einem konvergenten Verfahren aufbauen.[80;81] Auch MÜLLEN et al. beschrieben neben den erwähnten divergenten Methoden, eine konvergente Route um Polybenzen-Dendrimere zu erhalten.[82] Phenylacetylen-Dendrimere, als weitere Klasse starrer Kohlenwasserstoff-Dendrimere, wurden zu Beginn der 90er Jahre von MOORE et al. ebenfalls konvergent dargestellt.[83-87] MEIER und LEHMANN zeigten in einem konvergenten Verfahren den Aufbau von stilbenoiden Dendrimeren, die zu Aggregationen neigen und dadurch flüssigkristalline Eigenschaften aufweisen.[88-91] Die Darstellung von Polyester-Dendrimeren nach FRÉCHET et al. erfolgte durch Kombination konvergenter und divergenter Reaktionsschritte.[92]

Obwohl konvergente Synthesen weniger verbreitet sind als divergente, hat diese Strategie gewisse Vorteile. Das Entstehen von „Fehlstellen" wird minimiert und die erzeugten Dendrons lassen sich leichter aufreinigen. Ein Nachteil besteht allerdings in der Anbindung der Dendrons an Kerneinheiten, die in vielen Fällen aufgrund sterischer Hinderung erfolglos ist. Starre, planare Dendrons, wie z. B. Polyether-, Polybenzen- oder Polyacetylendendrons, sind in ihrer Flexibilität stark eingeschränkt und können somit problemlos an Kerneinheiten angebunden werden.

Neben divergenten und konvergenten Synthesen existieren auch neuere Methoden. Hier sollen die orthogonale Synthese, die konvergente Zweistufen-methode, die doppelt-exponentielle Methode, die Festphasensynthese sowie die Koordinationschemische-Synthese genannt werden.[5]

Einen Nachteil aller genannter Synthesen sind die geringen Variationsmöglichkeiten im Aufbau der Dendrimere, da die verwendeten Reagenzien, wie z. B. Acrylnitril, Acrylsäureester und Dihydroxybenzylalkohole, aufgrund ihres chemischen Reaktionsverhaltens nicht in der Grundstruktur verändert werden können. Im Falle der POPAMs z. B. ist die entstehende C_3-Kette vorprogrammiert und lässt sich nicht durch homologe aliphatische Ketten ergänzen. Basierend auf diese monotonen Aufbaustrategien wurde in Erwägung gezogen, hochvariable und flexible PAMAM-ähnliche Dendrimere durch UGI-4CRs zu synthetisieren, die durch Erzeugung hoher Diversität erhebliche Vorteile gegenüber erwähnten Standardmethoden aufweisen sollten.[93;94]

4.1.4 Prinzip der Synthese von Dendrimeren über UGI-4CRs

Durch IMCRs mit bifunktionellen Komponenten und polyfunktionalisierten Kerneinheiten sollte es möglich sein, peptoidische Dendrimere in einer divergenten Synthesestrategie aufzubauen. Die bifunktionellen Bausteine müssen so beschaffen sein, dass eine

Funktionalität aus reaktiven Gruppierungen wie Isonitrilen, Carboxylgruppen, primären Aminen oder Carbonylkomponenten besteht (URG, engl. *UGI reactive group*). Die andere terminale Funktionalität muss, wenn sie UGI-reaktiv ist, in geschützter Form vorliegen (PURG, engl. *protected UGI reactive group*), die sich allerdings nach erfolgter IMCR mit einer Kerneinheit in einfachen Reaktionen erneut zu UGI-reaktiven Gruppe aktivieren lässt.

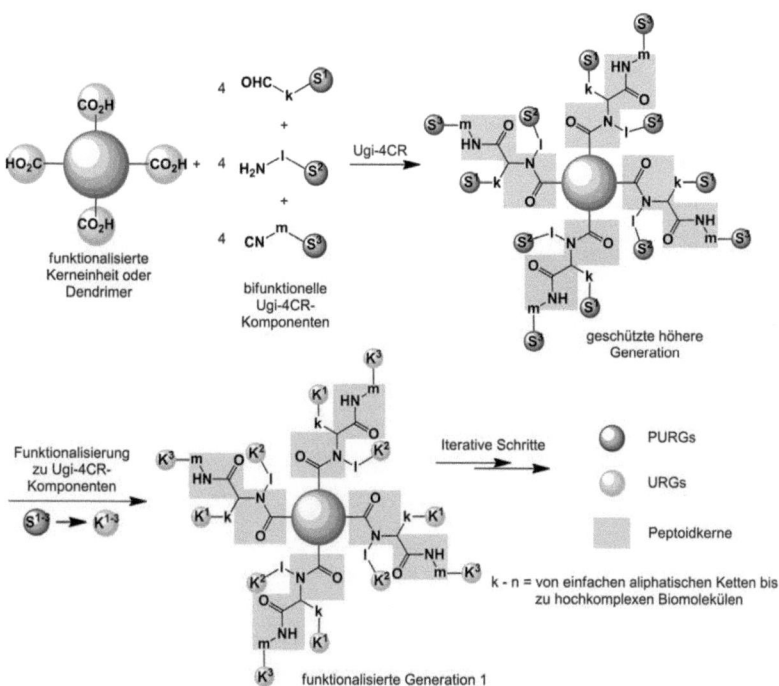

Schema 4-6. Prinzip des Aufbaus von Dendrimeren durch UGI-4CRs.

In einem Beispiel kann eine Tetracarbonsäure als Kerneinheit eine vierfache UGI-4CR mit bifunktionellen Isonitrilen, primären Aminen und Aldehyden eingehen, um die Verzweigungen zu generieren. Durch anschließende Aktivierungen der geschützten Funktionalitäten erhält man schließlich die bis zu dreifache Anzahl an funktionellen Gruppen der ersten Generation, die wiederum in UGI-4CRs eine hochverzweigte zweite Generation bilden können (Schema 4-6).

Als einfachstes Beispiel zur Überführung der geschützten Funktionalitäten (S) in reaktive Kupplungsstellen (K) können Ester fungieren, die nach erfolgter Darstellung der ersten Generation durch Hydrolyse in aktive Carboxylgruppen umgewandelt werden, die dann erneut in UGI-4CRs eingesetzt werden können. Bedenkt man weiterhin, dass die monogeschützten bifunktionellen Bausteine aus unterschiedlichen organischen Resten (k, l, m und n) aufgebaut sein können, lässt sich eine unendliche Produktdiversität erzeugen (Abbildung 4-4).

Bei den organischen Resten kann es sich sowohl um einfache aliphatische Ketten als auch um hochkomplexe Biomoleküle handeln. Entscheidend ist, dass keine weiteren reaktiven Gruppierungen vorhanden sind, die ebenfalls in UGI-4CRs reagieren können.

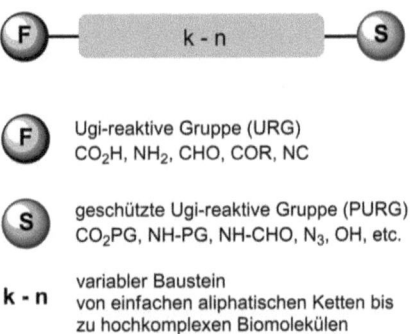

Abbildung 4-4. Aufbau eines bifunktionellen Bausteins zur Darstellung von Dendrimeren über UGI-4CRs.

Bei der geschützten Funktion (S) können sämtliche Gruppierungen eingesetzt werden, die sich in einfachen Reaktionen zu UGI-4CR-aktiven Komponenten umsetzen lassen (Tabelle 4-2).

Tabelle 4-2. Methoden der Funktionalisierung (S→F).

S	F	Möglichkeiten und Bedingungen
$-CO_2PG$	$-CO_2H$	Spaltung von Esterfunktionen (CO_2Me, CO_2Et, CO_2t-Bu, CO_2Bn, CO_2All, etc.) nach unterschiedlichen Bedingungen (sauer, basisch, reduktiv, katalytisch, enzymatisch, etc.).[95]
$-CO-NH-PG$	$-CO_2H$	Hydrolyse von Indolylamiden (siehe Kapitel 1) unter schwach basischen Bedingungen.[96-99]
$-CH_2OH$ oder $-CH_2O-PG$	$-CO_2H$ oder $-CHO$	Oxidation von primären Alkoholen zu Aldehyden oder Carbonsäuren nach unterschiedlichen Varianten.
$-CH(OR)_2$	$-CHO$	Spaltung von Acetalen zu Aldehyden unter sauren Bedingungen.[95]
$-NH-CHO$	$-NC$	Umsetzung von Formamiden zu Isonitrilen mit wasserentziehenden Reagenzien unter Baseneinfluss.[100;101]
$-NH-PG$	$-NH_2$	Abspaltung von Aminoschutzgruppen (Boc, Cbz, Fmoc, Alloc, etc.) nach unterschiedlichen Bedingungen (sauer, basisch, reduktiv, katalytisch, etc.).[95]
$-N_3$ oder $-NO_2$	$-NH_2$	Reduktion von Aziden oder Nitroverbindungen zu primären Aminen nach unterschiedlichen Ver-fahren.
$-CN$	$-CH_2NH_2$	Reduktion von Nitrilen zu primären Aminen.

Hier sollen, wie schon erwähnt, Ester genannt werden, die durch unterschiedliche Methoden zu Carboxylaten gespalten werden können. Aber auch geschützte primäre Amine, Azide, Nitrile oder Nitroverbindungen lassen sich durch unterschiedliche Verfahren in aktive Amine umwandeln. Periphere Formamide lassen sich weiterhin zu Isonitrilen dehydratisieren. Primäre oder sekundäre Alkohole können zu Aldehyden oder Ketonen oxidiert werden, die dann als Oxokomponenten in Ugi-4CRs reagieren. Die Hydrolyse von Acetalen und Ketalen liefern ebenfalls reaktive Carbonylkomponenten. Auch die Hydrolyse von Indolylamiden zu Carbonsäuren, die unter sehr milden Bedingungen abläuft (siehe Kapitel 2), soll als Aktivierungsmöglichkeit genannt werden. Man könnte noch eine Vielzahl weiterer Verfahren zur Aktivierung erwähnen. Allerdings würde es den Rahmen dieser Arbeit sprengen. Entscheidend ist, dass die Aktivierung unter Bedingungen ablaufen muss, die nicht zu Neben-reaktionen oder sogar Fragmentierungen im aufgebauten Dendrimer führen. Somit werden sich je nach Zusammensetzung eines Ugi-Dendrimers, nicht alle Aktivierungsmöglichkeiten chemisch realisieren lassen, können aber in theoretischen Überlegungen in Betracht gezogen werden.

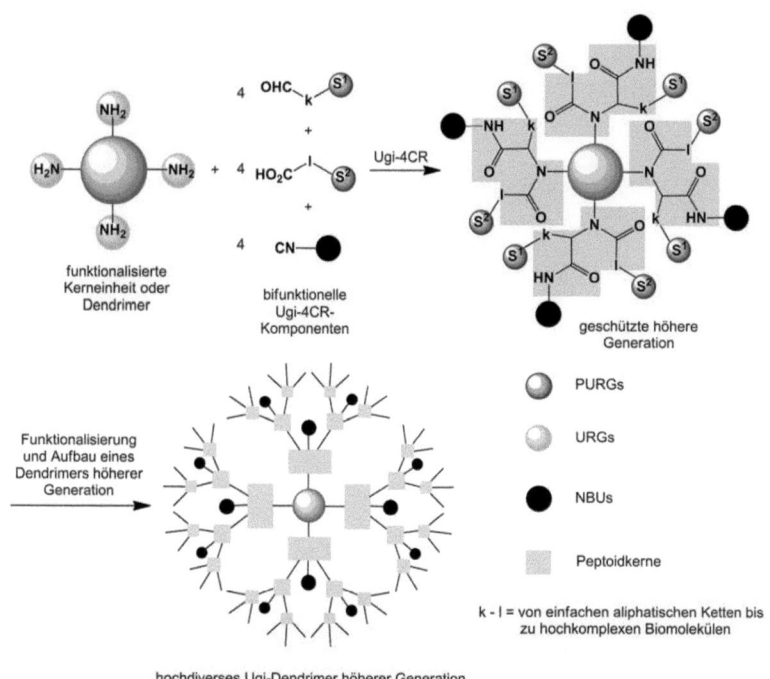

Schema 4-7. Möglichkeiten zum Aufbau hochdiverser Dendrimere durch UGI-4CRs.

Der gezeigte divergente Aufbau eines Dendrimers mit UGI-4CRs durch 1→3-Verzweigungen (Schema 4-6) ist möglich, aber nicht notwendig. Durch Verwendung monofunktionalisierter, nicht verzweigender Einheiten (NBUs, engl. *nonbranching units*) lassen sich auch 1→2-Verzweigungen oder lineare Verlängerungen in jeder Generation beliebig generieren (Schema 4-7). Da es sich bei den gebildeten Verzweigungspunkten um asymmetrische α-Amino-acylamide handelt, kann durch Verwendung unterschiedlichster NBUs als UGI-4CR-Komponenten die peptoidische Struktur des aufgebauten Dendrimers beeinflusst werden. Diese Erkenntnis erhöht die Diversität in der Synthese der UGI-Dendrimere weiterhin beträchtlich.

4.1.5 Prinzip der Synthese von Kerneinheiten über UGI-4CRs

Weiterhin kann in Erwägung gezogen werden, die notwendigen multifunktionellen Kerneinheiten ebenfalls über UGI-4CRs zu erzeugen. Die einfache Reaktion mit vier bifunktionellen Komponenten liefert nach Aktivierung eine tetrafunktionelle Kerneinheit mit einer α-Aminoacylamid-Einheit (Schema 4-8). Da die Komponenten sich ebenfalls beliebig variieren lassen, kann eine hohe Diversität schon in der Kerneinheit generiert werden.

Natürlich gilt auch hier die Regel, dass nicht alle vier Komponenten bifunktionell aufgebaut sein müssen, sondern der Einsatz von NBUs di- oder trifunktionalisierte Kerneinheiten liefern kann. UGI-monofunktionalisierte Peptoide lassen sich als Ankereinheit von Dendrons in konvergenten Synthesen nutzen. Durch die vorgegebene Asymmetrie der α-Aminoacylamide lassen sich, je nach eingesetzter nichtverzweigender Komponente, grundlegend unterschiedliche peptoidische Strukturen im Kern erzeugen.

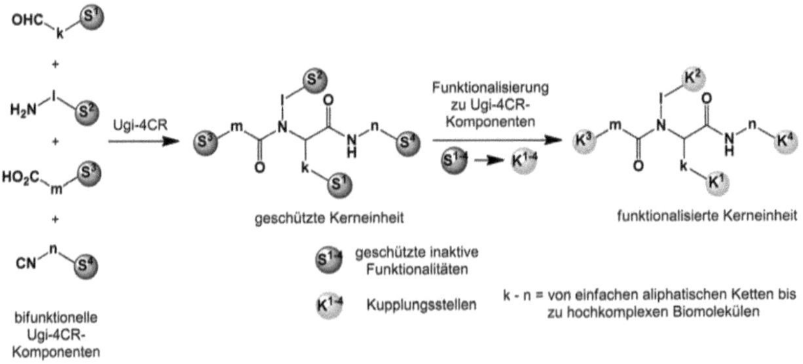

Schema 4-8. Prinzip des Aufbaus von Kerneinheiten durch UGI-4CRs.

Allein in der Kern- oder Ankereinheit lassen sich 15 strukturell verschiedene funtionalisierte α-Aminoacylamide formulieren (Abbildung 4-5). Tetra- und trifunktionelle Kerneinheiten eignen sich hervorragend für den divergenten Aufbau der Dendrimere. Bifunktionelle α-Aminoacylamide können ebenfalls in der divergenten Methode eingesetzt werden, stellen aber auch interessante Bausteine für die Makrozyklisierung mit der MiB-Methode und für Polymerisierungen dar (siehe Kapitel 3).

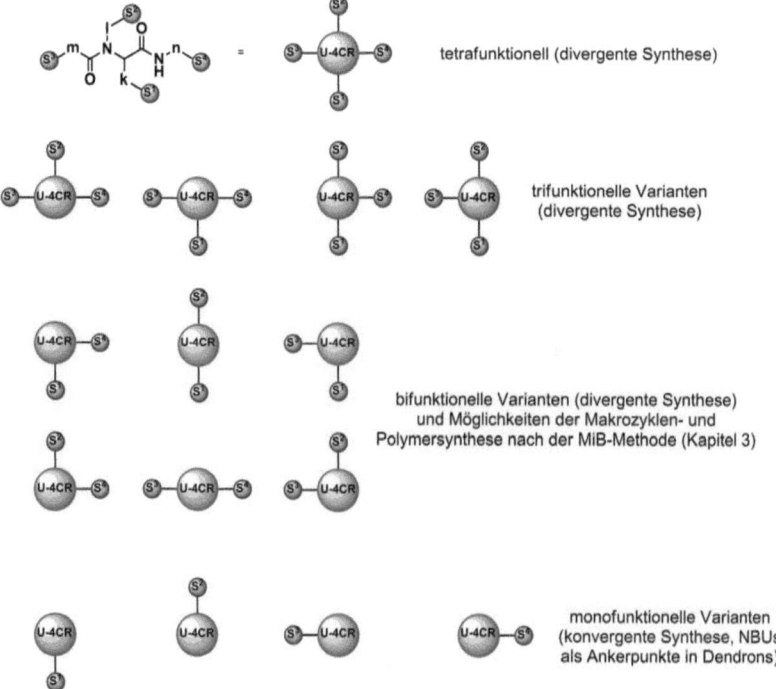

Abbildung 4-5. Prinzip der Erzeugung hochvariabler tri- und tetrafunktioneller Kerneinheiten sowie mono- und bifunktioneller Bausteine für konvergente Dendrimersynthesen und Makrozyklisierungen mit der MiB-Methode.

Des Weiteren besteht die Möglichkeit, durch geeignete Schutzgruppentaktiken gezielt bestimmte geschützte Funktionen selektiv in der Kerneinheit zu aktivieren und zur Dendrimersynthese heranzuziehen (Schema 4-9).

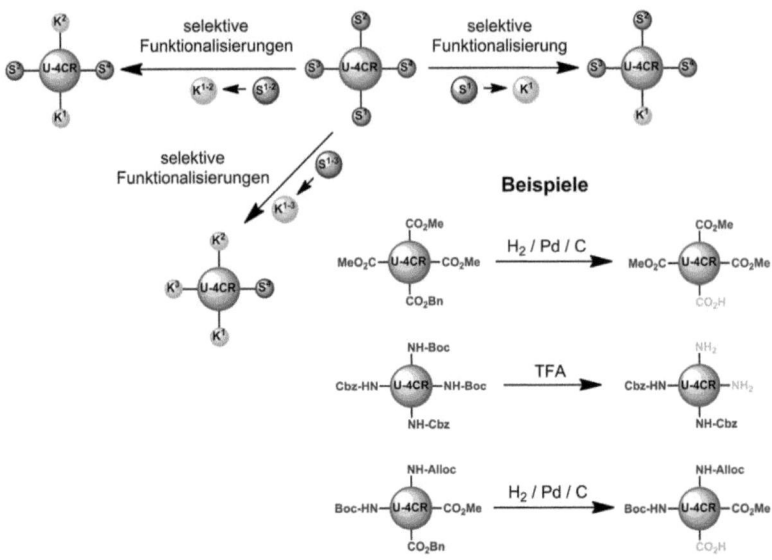

Schema 4-9. Möglichkeiten selektiver Funktionalisierungen von Kerneinheiten.

Als Beispiel kann eine tetrafunktionelle Kerneinheit genannt werden, deren Peripherie aus drei Methylester- und einer Benzylestergruppierung besteht. Durch Hydrogenolyse ist es möglich, nur den Benzylester zur aktiven Carboxyl-gruppe zu spalten und zum sektionellen Aufbau des Dendrimers über UGI-4CRs einzusetzen. Unter diesen Bedingungen sind die Methylester stabil und können in einer späteren Reaktionssequenz durch alkalische Hydrolyse aktiviert werden.

Weiterhin besteht die Möglichkeit, gemischte Funktionalitäten in der Kerneinheit zu generieren, wie z. B. Carboxylgruppen und primäre Aminofunktionen, die dann ebenfalls sektionell zum Aufbau der Dendrons herangezogen werden. Diese Regel gilt nicht nur für Kerneinheiten, sondern auch in jeder Generation des divergent aufgebauten Dendrimers. Entscheidend ist, dass Schutzgruppen und Reaktionsbedingungen so gewählt werden müssen, dass andere geschützte Funktionen unverändert bleiben und keine Nebenreaktionen eingehen (orthogonaler Schutz). Dies erfordert je nach gewünschter Komplexität ausgefeilte Schutzgruppentaktiken, erlaubt dann aber die Synthese von hochkomplexen, „designten" Dendrimeren nach divergenter Methode.

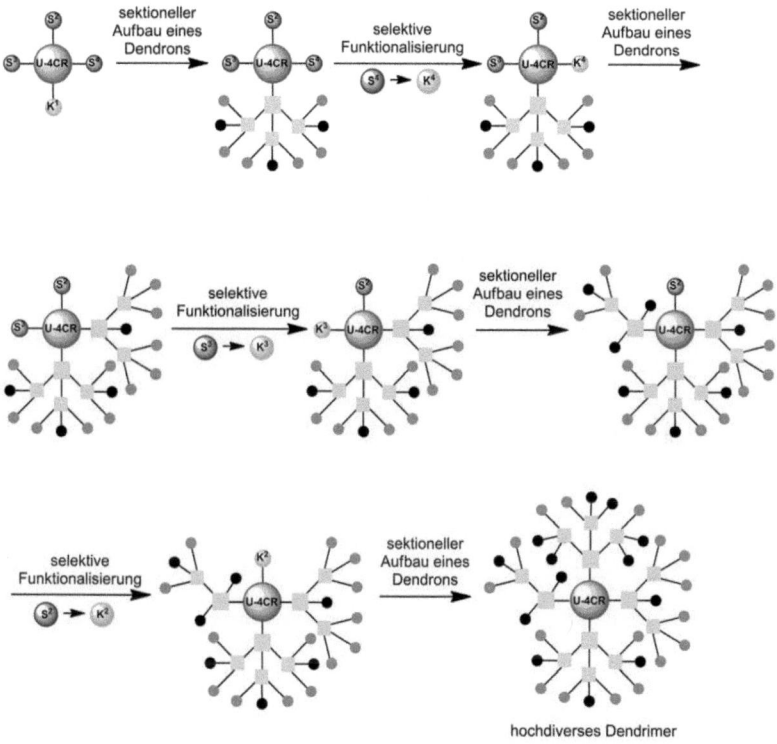

Schema 4-10. Prinzip des sektionellen, divergenten Aufbaus von Dendrons durch UGI-4CRs, zur Erzeugung hochdiverser Dendrimere.

Dementsprechend lassen sich, ausgehend von multifunktionalen Kerneinheiten, sektionell peptoidische Dendrons mit unerschiedlichsten Verzweigungsgraden und Verzweigungspunkten erzeugen (Schema 4-10). Die daraus resultierende Produktdiversität scheint unendlich zu sein. Ein Punkt, der die Diversität weiter erhöht, ist die Bildung stereogener Zentren in jeder α-Aminoacylamid-Einheit. So lassen sich schon in der ersten Generation mit fünf stereogenen Zentren 32 verschiedene Stereoisomere formulieren. Sollte es in Zukunft möglich sein, hochenantioselektive UGI-4CRs durchzuführen, stellt diese Methode der Dendrimererzeugung einen ultimativen Zugang zu künstlichen Enzymen dar, um gezielt aktive Zentren mit nötiger Flexibilität und Zugänglichkeit für Substrate zu generieren.

Fasst man alle theoretischen Überlegungen zusammen, Kerneinheiten und divergente peptoidische Dendrimere über UGI-4CRs zu erzeugen, hat man enorme Vorteile gegenüber herkömmlichen Verfahren:

- Die Reste der eingesetzten bifunktionellen Bausteine können jede beliebige Struktur beinhalten (von einfachen aliphatischen Ketten bis zu hochkomplexen Biomolekülen). Die Bedingung ist allerdings, dass keine weiteren UGI-reaktiven Gruppen im Rest vorhanden sind.

- Der maximale Verzweigungsgrad beträgt drei, ausgehend von jeder funktionellen Gruppe der Kerneinheit. Diese 1→3-Verzweigungen sind möglich, aber nicht notwendig. Durch Verwendung von NBUs lassen sich 1→2-Verzweigungen, lineare Verlängerungen oder nicht funktionalisierte Segmente generieren.

- Die Asymmetrie der erhaltenen α-Aminoacylamid-Verzweigungspunkte erlaubt es, durch Verwendung unterschiedlicher nicht verzweigender Komponenten, nahezu beliebig unterschiedliche Strukturen in der Verzweigungseinheit zu erzeugen (z. B. verschiedene Längen).

- Homogene Funktionalitäten in der Peripherie können unterschiedlich geschützt vorliegen (z. B. verschiedene Estergruppierungen), die selektiv aktiviert werden können und den sektionellen Aufbau des Dendrimers gestatten.

- Heterogene, geschützte Funktionalitäten in der Peripherie sind ebenfalls möglich (z. B. Esterfunktionen in Gegenwart geschützter primärer Amine), die selektiv aktiviert werden können und den sektionellen Aufbau des Dendrimers mit strukturell unterschiedlichen Verzweigungspunkten erlauben.

Ein Nachteil besteht aber im Aufbau von Dendrimeren mit exakter räumlicher Struktur, da die UGI-4CR nicht stereoselektiv verläuft und die α-Aminoacylamide in der Regel als Racemate erhalten werden. Setzt man allerdings Paraformaldehyd oder symmetrische Ketone, wie z. B. Aceton, als nicht verzweigende Oxokomponenten ein, kann die Bildung stereogener Zentren vermieden werden.

4.2 Aufgabenstellung

Aufgrund der enormen Komplexität, in der sich Dendrimere theoretisch über UGI-4CRs generieren lassen sollten, wurde in Erwägung gezogen, einfachste bifunktionelle aliphatische Bausteine einzusetzen. Die Kerneinheiten sollen selber über UGI-4CRs aufgebaut werden und das divergente Wachstum der Dendrimere über periphere Carboxylgruppen erfolgen. Als einfache Komponenten sollen methylestergeschützte bifunktionelle Bausteine dienen, die nach erfolgreichen UGI-4CRs einfach zu verseifen sind und als Carboxylkomponenten erneut in IMCRs eingesetzt werden können. Generell soll gezeigt werden, dass es überhaupt möglich ist, homogene und diverse Dendrimere höherer Generationen nach divergenten Methoden zu erzeugen. Des Weiteren sollen variable Verzweigungsstrategien, durch Verwendung unterschiedlicher NBUs und aliphatischer Bausteine, getestet werden, um damit große Vorteile gegenüber herkömmlichen Verfahren zum Aufbau diverser Dendrimere zu zeigen.

Zur Charakterisierung und Analytik sollten Standardmethoden der Dendrimerchemie wie die NMR-Spektroskopie, ESI-MS, MALDITOF-MS sowie die ultrahochauflösende Massenspektrometrie herangezogen werden.

4.3 Durchführung und Diskussion

4.3.1 Synthese monogeschützter bifunktioneller Bausteine

Die zum Aufbau der Dendrimere benötigten methylestergeschützten bifunktionellen Bausteine können auf einfachen Synthesewegen, ausgehend von preisgünstigen Verbindungen, hergestellt werden. Einige monogeschützte Dicarbonsäuren sowie methylestergeschützte Aminosäuren sind kommerziell erhältlich.

Aldehydkomponenten mit terminalen Methylesterfunktionen können aus Lactonen durch säurekatalysierte Ringöffnung mit anschließender Oxidation in einem Zweischrittverfahren erfahren erzeugt werden.[102] Die Ringöffnung von δ-Valerolacton in Methanol mit einer katalytischen Menge H_2SO_4 lieferte quantitativ Methyl 5-Hydroxypentanoat **2** (Schema 4-11). Eine destillative Aufreinigung dieses Zwischenprodukts ist nicht durchführbar, da es zur Polymerisierung und Relactonisierung neigt. Das ^{1}H NMR-Spektrum zeigte nur geringfügige Verunreinigungen an und **2** wurde unmittelbar zum Aldehyd oxidiert. Bei der Oxidation mussten zu saure oder basische Bedingungen vermieden werden, da die Relactonisierung schneller als die Oxidation abläuft. Dementsprechend konnten gängige Verfahren wie die SWERN-Oxidation oder verwandte Reaktionen nicht angewendet werden. Die Oxidation mit PCC in CH_2Cl_2 verlief zwar nur in einer Ausbeute von 45%, erfolgte aber aus preiswerten Edukten unter einfachen Reaktionsbedingungen. Da PCC umweltschädlich ist und ein potenzielles Kanzerogen darstellt, wurde eine alternative Methode mit **TEMPO** und Natriumhypochlorit-Lösung als Oxidationsmittel angewendet,[103] die ebenfalls den Alkohol **2** zu Methyl 5-Oxopentanoat **3** zu oxidieren vermag. Die Ausbeute war allerdings ähnlich unbefriedigend, stellt aber eine umweltfreundlichere Alternative zu den herkömmlichen Chromreagenzien dar. Bei γ-Butyrolacton konnte die beschriebene Oxidation zur Erzeugung der Aldehydkomponente mit einer C_2-Kette nicht reproduziert werden, da die Neigung zur Relactonisierung erheblich höher ist.

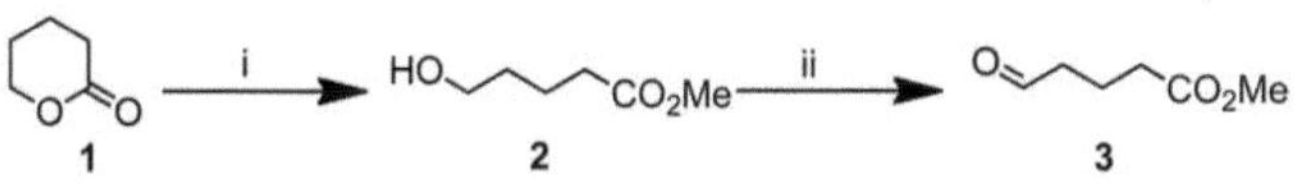

Schema 4-11. Darstellung von Methyl 5-Oxopentanoat **3**. *Reagenzien und Bedingungen*: (i) H_2SO_4 (kat.), MeOH, Rückfluss, 1 d; (ii) PCC, CH_2Cl_2, RT, 2 h, 45% (2 Stufen) oder TEMPO (kat.), NaOCl, NaBr, Ethylacetat, Toluol, Wasser, 0°C, 1 h, 43% (2 Stufen).

Die Darstellung von Methylestern mit terminalen primären Aminogruppen ist von geringem präparativen Aufwand im Gegensatz zu der beschriebenen Synthese der Aldehydkomponente. Die Reaktion von 4-Aminobuttersäure

(GABA) **4** mit Thionylchlorid in Methanol lieferte Methyl 4-Aminobutyrat-Hydrochlorid **5** als farbloses Kristallisat in quantitativer Ausbeute (Schema 4-12).[104]

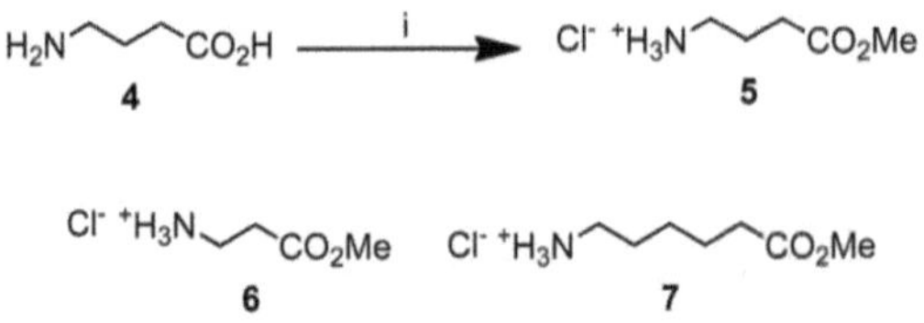

$$H_2N\diagup\diagup CO_2H \xrightarrow{i} Cl^-\ {}^+H_3N\diagup\diagup CO_2Me$$
$$\mathbf{4} \qquad\qquad\qquad \mathbf{5}$$

$$Cl^-\ {}^+H_3N\diagup\diagup CO_2Me \qquad Cl^-\ {}^+H_3N\diagup\diagup\diagup CO_2Me$$
$$\mathbf{6} \qquad\qquad\qquad \mathbf{7}$$

Schema 4-12. Darstellung von Methyl 4-Aminobutyrat-Hydrochlorid **5** und der homologen Derivate **6** und **7**. *Reagenzien und Bedingungen*: (i) $SOCl_2$, MeOH, 0°C - RT, 1 d, quantitativ.

Nach identischer Vorschrift konnten aus β-Alanin und 6-Aminohexansäure die entsprechenden methylestergeschützten Ammoniumchloride **6** und **7** ebenfalls quantitativ erzeugt werden. Primäre Ammoniumchloride können ebenfalls erfolgreich in UGI-4CRs eingesetzt werden, allerdings muss dann eine äquimolare Menge Triethylamin hinzugegeben werden, wobei im Gleichgewicht deprotoniertes primäres Amin für die Reaktion zur Verfügung steht.

Die Darstellung von methylestergeschützten terminalen Isonitrilen erfolgte aus den entsprechenden Ammoniumchloriden **5**, **6** und **7** in Zweistufensynthesen über Bildung der Formamide und nachfolgender Dehydratisierungen (Schema 4-13). Die Formylierung von Methyl 4-Aminobutyrat-Hydrochlorid **5** erfolgte durch mehrstündiges Erhitzen in Trimethylorthoformiat.[105] Das nach dieser Methode quantitativ erhaltene Formamid wurde durch das gängige Verfahren mit Phosphorylchlorid als Dehydratisierungsreagenz und Diisopropylamin als Base in hoher Ausbeute und Reinheit zum korrespondierenden Isonitril **9** überführt.[100] Die Herstellung der homologen Isonitrilderivate **10** und **11** erfolgte unter identischen Bedingungen aus den Ammoniumchloriden **6** und **7** in ähnlich hohen Ausbeuten. Bei den Isonitrilen **9**, **10** und **11** handelt es sich um gelbliche Flüssigkeiten mit ziemlich charakteristischen Gerüchen, die im Gefrierschrank (-25°C) über mehrere Monate eine hohe Stabilität aufweisen.

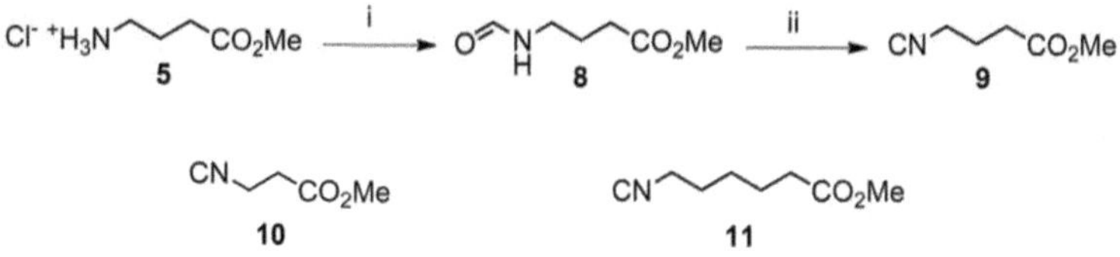

Schema 4-13. Synthese von Methyl 4-Isocyanobutyrat **9** und der homologen Derivate **10** und **11**. *Reagenzien und Bedingungen*: (i) $CH(OMe)_3$, Rückfluss, 6 h; (ii) $POCl_3$, i-Pr_2NH, CH_2Cl_2, 0°C - RT, 2 h, 90% (2 Stufen).

Einige Monomethylester von Dicarbonsäuren sind kommerziell erhältlich, wie z. B. Monomethylsuccinat, -glutarat oder -adipat. Bei den erwähnten nachfolgenden UGI-4CRs zum Aufbau von Kerneinheiten wurde ausschließlich Monomethylglutarat verwendet. Andere Ester wie beispielsweise t-Butylester können auf einfachen Wege durch die Umsetzung von Bernsteinsäureanhydrid oder homologer Anhydride mit t-Butanol erhalten werden.[106]

Im Allgemeinen lässt sich sagen, dass der Zugang zu methylestergeschützten bifunktionellen Bausteinen, mit Ausnahme der Aldehydderivate, in einfachen präparativen Schritten und hohen Ausbeuten aus preiswerten Startmaterialien möglich ist.

4.3.2 Synthese von Kerneinheiten und deren Funktionalisierungen

4.3.2.1 Homogen längen- und endfunktionalisierte Kerneinheit

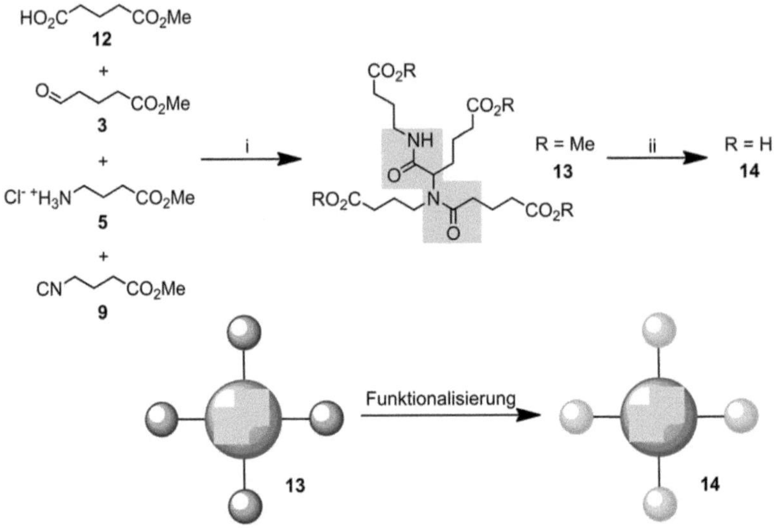

Schema 4-14. Synthese des Tetracarbonsäurederivats **14** über UGI-4CR mit anschließender Verseifung. *Reagenzien und Bedingungen*: (i) NEt$_3$, MeOH, RT, 1 d, 25%; (ii) LiOH, THF, H$_2$O, 0°C - RT, 1 d, 90%.

In einem ersten Versuch wurde eine Kerneinheit mit einheitlichen aliphatischen Kettenlängen synthetisiert. Die UGI-4CR von Monomethylglutarat **12** mit dem Aldehydderivat **3**, dem primären Ammoniumchlorid **5** und Isonitril **9** lieferte unter Zusatz von Triethylamin den Tetracarbonsäureester **13** mit einheitlichen C$_3$-Ketten (Schema 4-14).

Nach säulenchromatographischer Aufreinigung konnte die geschützte Kern-einheit **13** nur in einer schlechten Ausbeute von 25% in Form eines leicht gelblichen Öls erhalten werden. Die Verseifung der

Methylestergruppen mit Lithiumhydroxid Monohydrat in einem Gemisch aus THF und Wasser lieferte die korrespondierende Tetracarbonsäure **14** ebenfalls als gelbliches Öl in erwartungsgemäß hoher Ausbeute.

4.3.2.2 Divers längenfunktionalisierte Kerneinheiten

Um prinzipiell die mögliche Produktdiversität aufzuzeigen, in der sich Kerneinheiten durch UGI-4CRs generieren lassen, konnte durch Verwendung von Phenylacetaldehyd **15** als NBU in einer UGI-4CR mit Monomethylglutarat **12**, dem primären Ammoniumchlorid **7** und Isonitril **10** nach anschließender Verseifung das Tricarbonsäurederivat **17** erhalten werden (Schema 4-15).

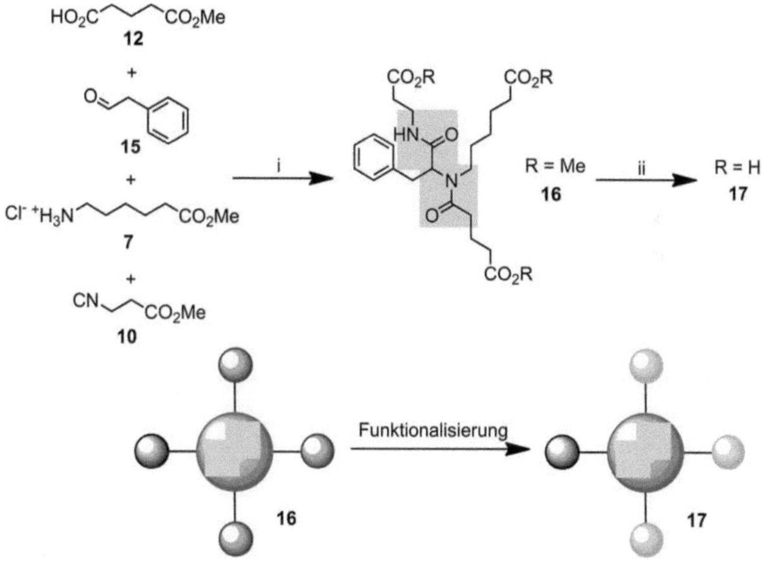

Schema 4-15. Synthese des Tricarbonsäurederivats **17** über UGI-4CR mit anschließender Verseifung. *Reagenzien und Bedingungen*: (i) NEt$_3$, MeOH, RT, 1 d, 27%; (ii) LiOH, THF, H$_2$O, 0°C - RT, 1 d, 96%.

Das methylestergeschützte Derivat **16** ließ sich in einer ähnlich unbefriedigenden Ausbeute wie Tetracarbonsäureester **13** darstellen.
Nichtsdestoweniger konnte gezeigt werden, dass durch Einsatz von NBUs nicht zwingendermaßen Tetracarbonsäuren die Produkte sind. Des Weiteren lässt sich, wie man bei α-Aminoacylamid **16** erkennt, durch Verwendung von Komponenten mit unterschiedlichen Kohlenstoffketten, die Produktdiversität weiter drastisch steigern.

In dem letzten hier gezeigten Beispiel (Schema 4-16) ließ sich durch eine UGI-4CR mit Monomethylglutarat **12**, dem Aldehydderivat **3**, dem primären Ammoniumchlorid **7** und Isonitril **10** nach anschließender Verseifung die Tetracarbonsäurekerneinheit **19** mit unterschiedlichen aliphatischen Kettenlängen erzeugen.

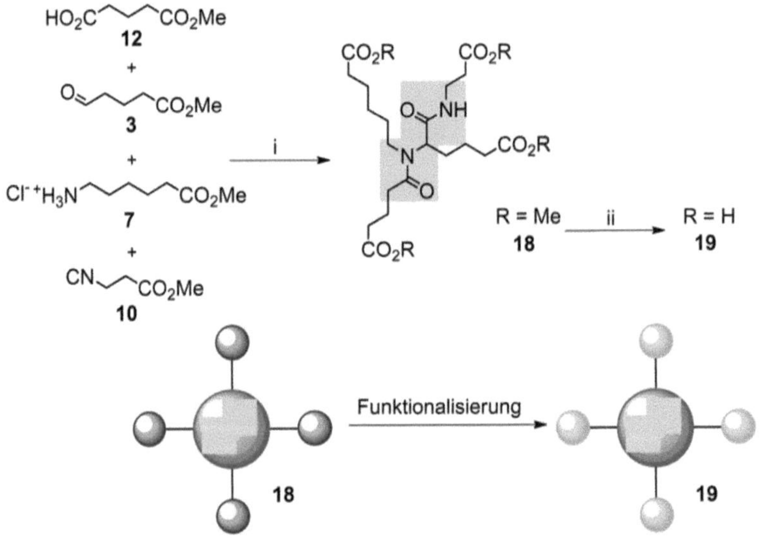

Schema 4-16. Synthese des Tetracarbonsäurederivats **19** über UGI-4CR mit anschließender Verseifung. *Reagenzien und Bedingungen*: (i) NEt$_3$, MeOH, RT, 1 d, 28%; (ii) LiOH, THF, H$_2$O, 0°C - RT, 1 d, 93%.

4.3.3 Divergenter Aufbau von Dendrimeren durch UGI-4CRs

4.3.3.1 Darstellung eines homogen längen- und endfunktionalisierten Dendrimers erster Generation

Die erhaltenen multifunktionalisierten Kerneinheiten sollten als Nächstes zur Synthese eines Dendrimers erster Generation eingesetzt werden. Zunächst wurde eine vierfache UGI-4CR der Tetracarbonsäurekerneinheit **14** mit der bifunktionellen Aldehydkomponente **3** und dem primären Ammoniumchlorid **5** sowie *t*-Butylisonitril **20** als NBU durchgeführt, um in einer 1→2-Verzweigung die methylestergeschützte erste Generation **21** zu erhalten (Schema 4-17).

Die homogene erste Generation **21** ließ sich nach säulenchromatographischer Aufreinigung in einer guten Ausbeute von 66% als schwach gelbliches Öl erhalten. Die nachfolgende Verseifung zum Octacarbonsäurederivat **22** verlief erwartungsgemäß in einer sehr hohen Ausbeute. Die funktionalisierte erste Generation **22** wurde in hoher Reinheit als farblose amorphe Festsubstanz erhalten.

Die Durchführung einer 1→3-Verzweigung mit dem bifunktionalisierten Isonitril **5** anstatt *t*-Butylisonitril **20** zur Darstellung der ersten Generation scheiterte bei der Aufreinigung. Per ESI-MS konnte zwar eindeutig das gewünschte Produkt detektiert werden, allerdings ließ sich nur ein dunkelbraunes verunreinigtes Öl isolieren.

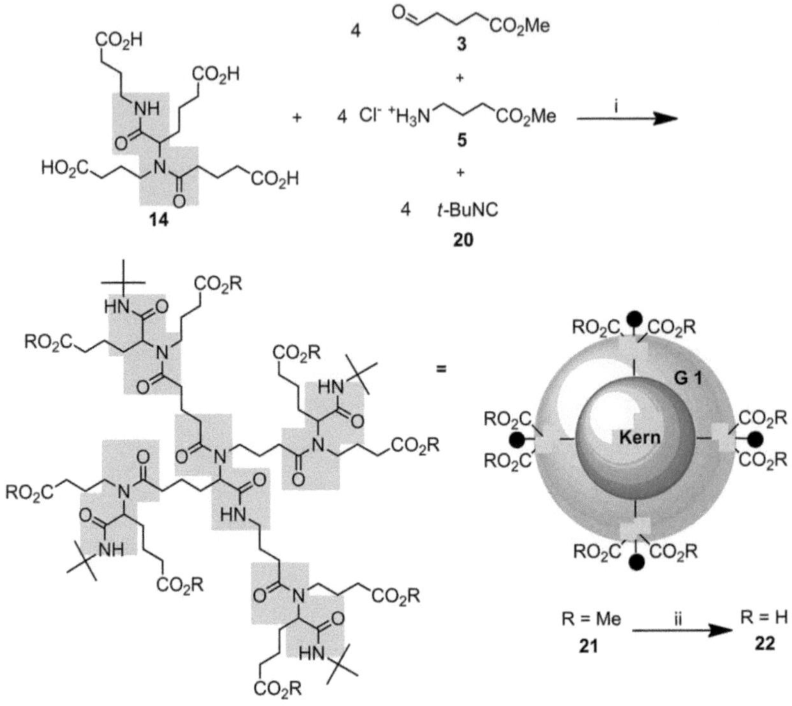

Schema 4-17. Synthese der methylestergeschützten Dendrimers **22** der ersten Generation über vierfache UGI-4CRs mit anschließender Verseifung. *Reagenzien und Bedingungen*: (i) NEt₃, MeOH, RT, 1 d, 66%; (ii) LiOH, THF, H₂O, 0°C - RT, 1 d, 93%.

4.3.3.2 Darstellung hochdiverser Dendrimere erster Generation

Um Beispiele für einen flexiblen Aufbau von ersten Generationen zu zeigen, wurden 1→2-Verzweigungen mit unterschiedlichen NBUs durchgeführt. Die UGI-4CR der trifunktionellen Kerneinheit **17** mit den bifunktionellen Bausteinen **3** und **7** sowie *t*-Butylisonitril **20** lieferte erwartungsgemäß das Hexacarbonsäurederivat **23** ebenfalls in einer guten Ausbeute von 64% (Schema 4-18).

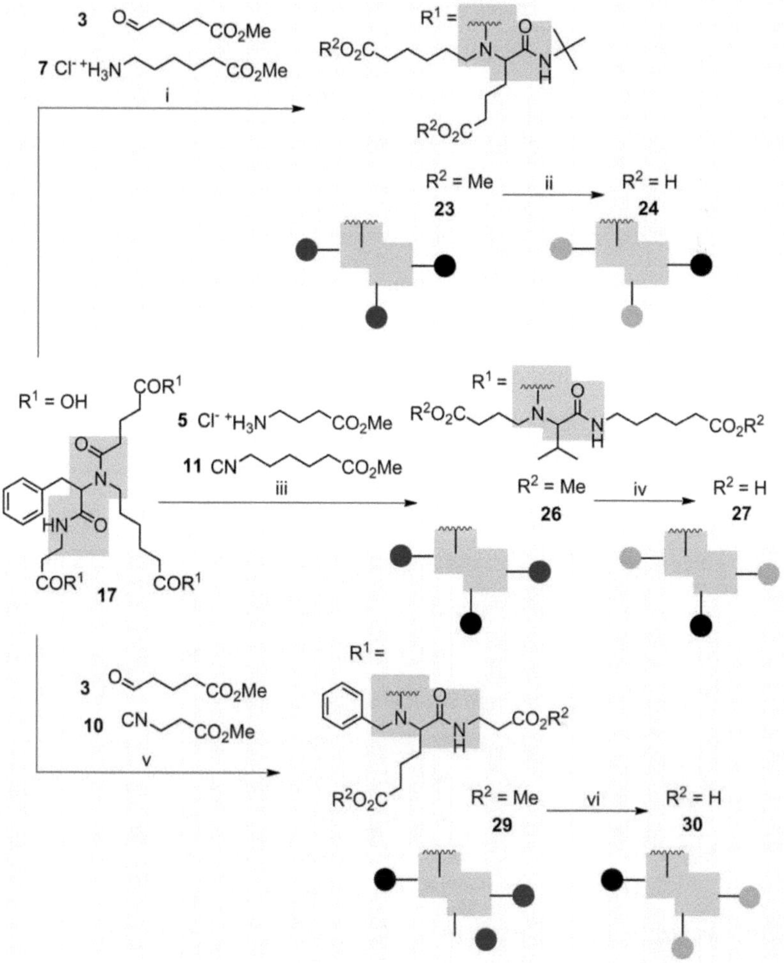

Schema 4-18. Synthese der funktionalisierten ersten Generationen **24**, **27** und **30** durch UGI-4CRs mit unterschiedlichen 1→2-Verzweigungsstrategien und nachfolgenden Verseifungen. *Reagenzien und Bedingungen*: (i) 3 Äquiv. **3**, **7** und *t*-BuNC **20**, NEt$_3$, MeOH, RT, 1 d, 64%; (ii) LiOH, THF, H$_2$O, 0°C - RT, 1 d, 93%; (iii) 3 Äquiv. **5**, **11** und *i*-PrCHO **25**, NEt$_3$, MeOH, RT, 1 d, 63%; (iv) LiOH, THF, H$_2$O, 0°C - RT, 1 d, 91%; (v) 3 Äquiv. **3**, **10** und BnNH$_2$ **28**, MeOH, RT, 1 d, 68%; (vi) LiOH, THF, H$_2$O, 0°C - RT, 1 d, 92%.

Durch nachfolgende Verseifung der Esterfunktionen erhielt man die funktionalisierte erste Generation **24** als farbloses Öl. Setzt man Isobutyraldehyd **25** als NBU ein, wurde durch die Ugi-4CR von Tricarbonsäure **17** mit den bifunktionellen Bausteinen **5** und **11** die erste Generation **26** in nahezu identischer Ausbeute erhalten. Nachfolgende Funktionalisierung lieferte die Hexacarbonsäure **27** als farbloses Öl. Als weiteres Beispiel wurde Benzylamin **28** als NBU eingesetzt, und auch hierbei konnte durch Ugi-4CR mit der Kerneinheit **17** und den bifunktionellen Bausteinen **3** und **10** die erste Generation **29** in guter Ausbeute erhalten werden. Durch Hydrolyse der Esterfunktionen ließ sich Hexacarbonsäurederivat **30** als farbloses Pulver isolieren. Es konnte somit gezeigt werden, dass sich Dendrimere durch Ugi-4CRs nicht nur nach unterschiedlichen 1→2-Verzweigungsstrategien aufbauen lassen, sondern weiterhin auch die Kettenlängen der bifunktionellen Bausteine beliebig variiert werden können. Dieses stellt einen großen Vorteil gegenüber den üblichen Aufbaumöglichkeiten von Dendrimeren dar.

Des Weiteren sollte ermittelt werden, ob sich durch Variation der Kettenlänge eines bifunktionellen Bausteins ein Einfluss auf die Ausbeute bemerkbar macht. Die Ugi-4CR der Tetracarbonsäurekerneinheit **19** mit den bifunktionellen Bausteinen **6** und **11** sowie Isobutyraldehyd **25** als NBU lieferte die methylestergeschützte erste Generation **31** in einer Ausbeute von 57% (Schema 4-19).

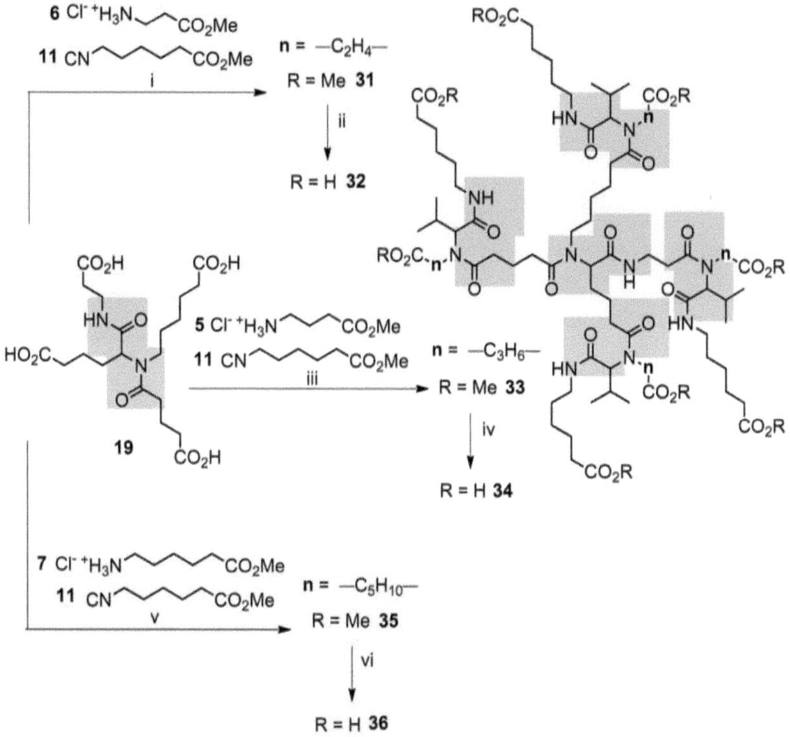

Schema 4-19. Synthese der funktionalisierten ersten Generationen **32**, **34** und **36** durch UGI-4CRs mit einheitlichen 1→2-Verzweigungsstrategien, aber unterschiedlichen Kettenlängen der bifunktionalisierten Aminkomponenten. *Reagenzien und Bedingungen*: (i) 4 Äquiv. **6**, **11** und *i*-PrCHO **25**, NEt₃, MeOH, RT, 1 d, 57%; (ii) LiOH, THF, H₂O, 0°C - RT, 1 d, 96%; (iii) 4 Äquiv. **5**, **11** und *i*-PrCHO **25**, NEt₃, MeOH, RT, 1 d, 68%; (iv) LiOH, THF, H₂O, 0°C - RT, 1 d, 94%; (v) 4 Äquiv. **7**, **11** und *i*-PrCHO **25**, NEt₃, MeOH, RT, 1 d, 67%; (vi) LiOH, THF, H₂O, 0°C - RT, 1 d, 94%.

In zwei weiteren Experimenten wurden bifunktionelle primäre Ammoniumchloride mit längeren Kohlenstoffketten eingesetzt. Die identischen UGI-4CRs mit den Aminokomponenten **5** und **7** lieferte dementsprechend die ersten Generationen **33** und **35** in leicht verbesserten Ausbeuten. Die anschließenden Funktionalisierungen zu den Octacarbonsäuren **32**, **34** und **36** ließen sich wiederum nahezu quantitativ durchführen. So konnten **32** und **34** als farblose Feststoffe erhalten werden und **36** als farbloses Öl. Die NMR-Spektren deuteten bei allen Derivaten auf eine hohe Reinheit hin. Mittels Messungen von ESI-MS und hochauflösenden Massenspektren konnten die Produkte eindeutig identifiziert werden. Es konnte somit bestätigt werden, dass sich über UGI-4CRs hochvariable und flexible Verzweigungen generieren lassen. Die erhaltenen Ausbeuten waren in allen Fällen zufriedenstellend. In zukünftigen Experimenten sollen anstatt Carbonsäurefunktionen die Reaktionsverhältnisse anderer terminaler UGI-Funktionalitäten wie Amine, Isonitrile und Aldehyde zum Aufbau von Dendrimeren getestet werden.

Basierend auf diesen Ergebnissen sollte es auch weiterhin möglich sein, höhere Generationen über UGI-4CRs zu erzeugen.

4.3.3.3 Darstellung eines homogen längen- und endfunktionalisierten Dendrimers zweiter Generation

Der Aufbau einer zweiten Generation nach der 1→2-Verzweigungsstrategie aus der funktionalisierten ersten Generation **22** mit einheitlichen C_3-Ketten erfolgte durch eine achtfache UGI-4CR mit den bifunktionellen Bausteinen **3** und **5** sowie *t*-Butylisonitril **20** als NBU. Die geschützte zweite Generation **37** ließ sich dabei nahezu in quantitativer Ausbeute als zähes, braunes Öl erhalten (Schema 4-20). Vermutungen, dass die hohe Ausbeute aus eingelagerten Lösungsmittel-resten resultieren könnte, ließen sich aus den NMR-Spektren nicht nachweisen. Präzise Aussagen über die Reinheit der Dendrimere zweiter Generation können mittels NMR-Spektroskopie nicht getroffen werden. Anhand der Integrale beim

¹H NMR-Spektrum ließen sich aber trotzdem alle Signale eindeutig zuordnen, und auch das ¹³C NMR-Spektrum deutete auf eine hohe Reinheit hin.

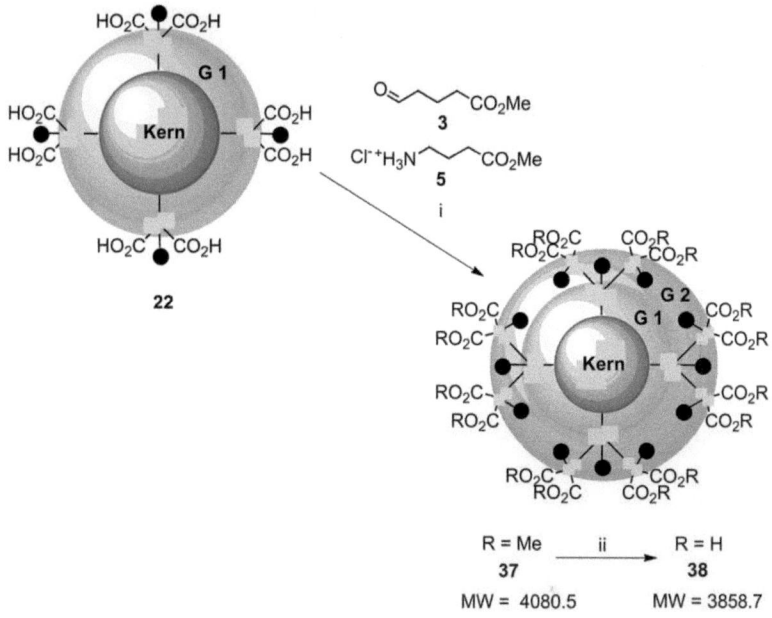

Schema 4-20. Synthese der funktionalisierten zweiten Generation **38**. *Reagenzien und Bedingungen*: (i) 8 Äquiv. **3**, **5** und *t*-BuNC **20**, NEt₃, MeOH, RT, 2 d, 97%; (ii) LiOH, THF, H₂O, 0°C - RT, 1 d, 92%.

Wichtigere Aussagen ließen sich wiederum durch massenspektrometrische Untersuchungen erhalten. Sowohl ESI-MS als auch die hochauflösende Massenspektrometrie lieferten mehrfachgeladene Peaks, die das gewünschte Dendrimer der zweiten Generation eindeutig detektierten. Einen weiteren wichtigen Nachweis lieferte die Aufnahme eines MALDITOF-MS-Spektrums von der zweiten Generation **37**. Der [M+Na]⁺-Peak war dabei sehr stark ausgeprägt, wie der gesamte

Messbereich zu erkennen gibt (Abbildung 4-6a). Zwar zeigt das Spektrum auch einige andere nicht zuzuordnende Peaks, ggf. Fragmente, die über die Reinheit des Dendrimers allerdings wenig aussagen. Schaut man sich den Ausschnitt des Produkt-Peaks an, erkennt man die Aufspaltung der Signale, die sowohl das Isotopenmuster des $[M+Na]^+$-Peaks als auch die des $[M+K]^+$-Peaks eindeutig wiedergeben (Abbildung 4-6b).

Die nachfolgende Verseifung der Methylestergruppen der zweiten Generation **37** lieferte erwartungsgemäß das Polycarbonsäurederivat **38** in sehr hoher Ausbeute als farblosen, amorphen Feststoff. Auch hierbei deuten die genannten Analysenmethoden auf eine hohe Reinheit hin. Mittels der Aufnahme eines ^{1}H NMR-Spektrums ließ sich eindeutig die Verseifung detektieren, da die Methylester-Signale auch bei höheren Generationen im Bereich von $\delta = 3.65 - 3.70$ ppm stark ausgeprägt sind. Nach erfolgter Hydrolyse konnten in diesem Bereich keine Signale detektiert werden.

a)

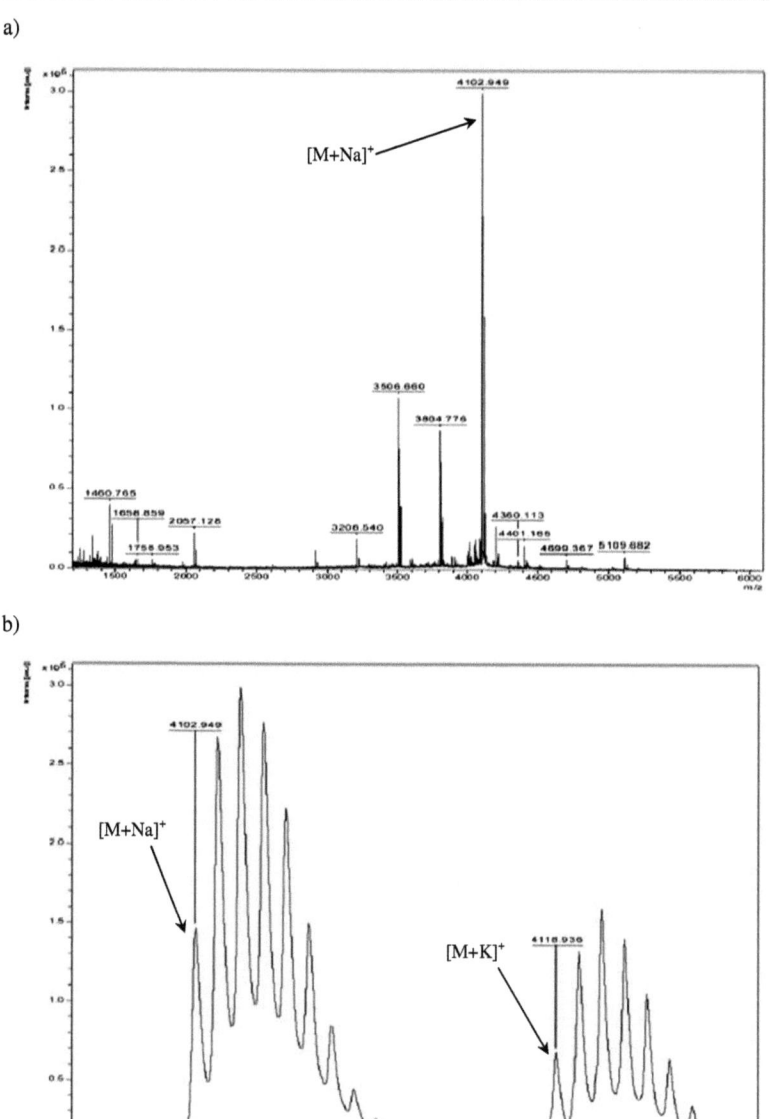

b)

Abbildung 4-6. MALDITOF-MS Spektrum von der methylestergeschützten zweiten Generation **37**; a) gesamtes Spektrum; b) Ausschnitt der Produktpeaks.

4.3.3.4 Darstellung hochdiverser Dendrimere zweiter Generation

In weiteren Versuchen sollten zweite Generationen mit unterschiedlichen Verzweigungen erzeugt werden. Statt der üblichen 1→2-Verzweigungen sollte weiterhin gezeigt werden, dass auch 1→3-Verzweigungen sowie lineare peptoidische Verlängerungen durch Verwendung zweier NBUs möglich sein sollte, um hochdiverse Dendrimere über UGI-4CRs aufzubauen.

Die UGI-4CR mit der funktionalisierten ersten Generation **36** und dem bifunktionellen Isonitril **11** sowie Benzylamin **28** und Isobutyraldehyd **25** als NBUs lieferte das durch Erzeugung von Peptoidbindungen verlängerte methylestergeschützte Produkt **39** in einer guten Ausbeute von 86% als leicht gelbliches Öl (Schema 4-21). In diesem Fall konnte man allerdings nicht von der Darstellung einer zweiten Generation sprechen, da keine neuen Verzweigungen erhalten wurden. Vielmehr lässt sich zeigen, dass es auf einfacher Weise möglich ist, durch UGI-4CRs peptoidische Fragmente und Linker innerhalb eines Dendrimers einzubauen.

Eine 1→2-Verzweigung wurde durch eine UGI-4CR mit der Octacarbonsäure **36**, den bifunktionellen Bausteinen **5** und **11** sowie Isobutyraldehyd **25** als NBU durchgeführt und lieferte erwartungsgemäß die zweite Generation **40** als farbloses Öl ebenfalls in hoher Ausbeute.

In der Erzeugung einer zweiten Generation ließ sich eine 1→3-Verzweigung zum Aufbau der zweiten Generation sehr erfolgreich umsetzen. Durch die UGI-4CR der funktionalisierten Kerneinheit **36** und den bifunktionellen Bausteinen **6**, **11** und **3** konnte in einer sehr guten Ausbeute von 89% die zweite Generation **41** als bräunliches Öl erhalten werden. Auf nachfolgende Funktionalisierungen der zweiten Generation wurde bei den erwähnten Produkten verzichtet.

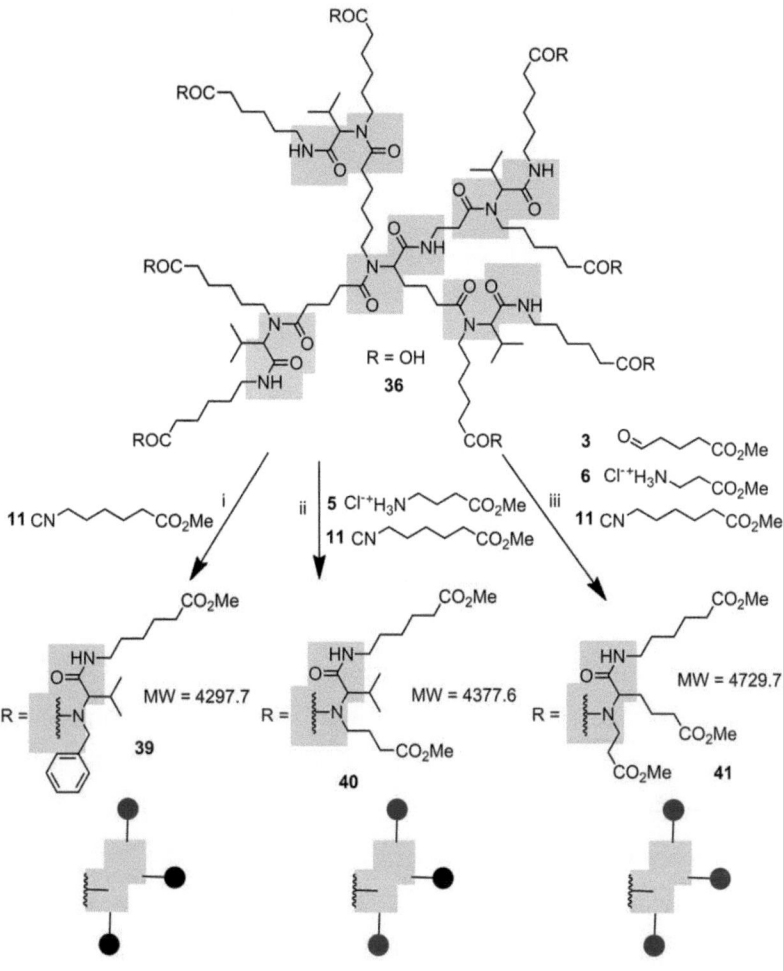

Schema 4-21. Lineare Verlängerung, 1→2-Verzweigung und 1→3-Verzweigung zur Synthese der geschützten zweiten Generationen **39**, **40** und **41**. *Reagenzien und Bedingungen*: (i) 8 Äquiv. **11**, BnNH₂ **28** und *i*-PrCHO **25**, MeOH, RT, 2 d, 86%; (ii) 8 Äquiv. **5**, **11** und *i*-PrCHO **25**, NEt₃, MeOH, RT, 2 d, 81%; (iii) 8 Äquiv. **6**, **11** und **3**, NEt₃, MeOH, RT, 2 d, 89%.

Alle drei Dendrimere ließen sich eindeutig per ESI-MS, hochauflösende Massenspektrometrie und NMR nachweisen und deuteten auf eine hohe Reinheit hin. Alles in allem konnte gezeigt werden, dass zur Erzeugung von Dendrimeren der zweiten Generation mit Carboxyloberfläche die UGI-4CR hervorragend geeignet ist, da die Durchführungen sich einfach gestalten und die erzielten Ausbeuten sehr gut sind. Es konnte weiterhin gezeigt werden, dass sich durch unterschiedliche Verzweigungstaktiken hohe Produktdiversitäten generieren lassen und gezielt Dendrimere mit klar definierter Struktur und Größe synthetisiert werden können.

In zwei weiteren Beispielen sollte nochmals die hohe Diversität gezeigt werden, in denen sich Dendrimere der zweiten Generation aufbauen lassen. Die sechsfache UGI-4CR der funktionalisierten ersten Generation **27** mit den bifunktionellen Bausteinen **3**, **7** und **9**, lieferte in einer 1→3-Verzweigung das Dendrimer **42** in einer guten Ausbeute von 84% als bräunliches Öl (Schema 4-22).

Durch eine 1→2-Verzweigung der Hexacarbonsäure **30** mit den bifunktionellen Bausteinen **6** und **11** sowie Isobutyraldehyd **25** als NBU ließ sich die zweite Generation **43** ebenfalls in guter Ausbeute als gelbliches Öl erhalten (Schema 4-23). Die üblichen Analysemethoden identifizierten eindeutig beide Dendrimere und deuten des Weiteren auf eine hohe Reinheit hin.

Ausgehend von diesen Ergebnissen wurde in Betracht gezogen, eine dritte Generation über UGI-4CRs darzustellen.

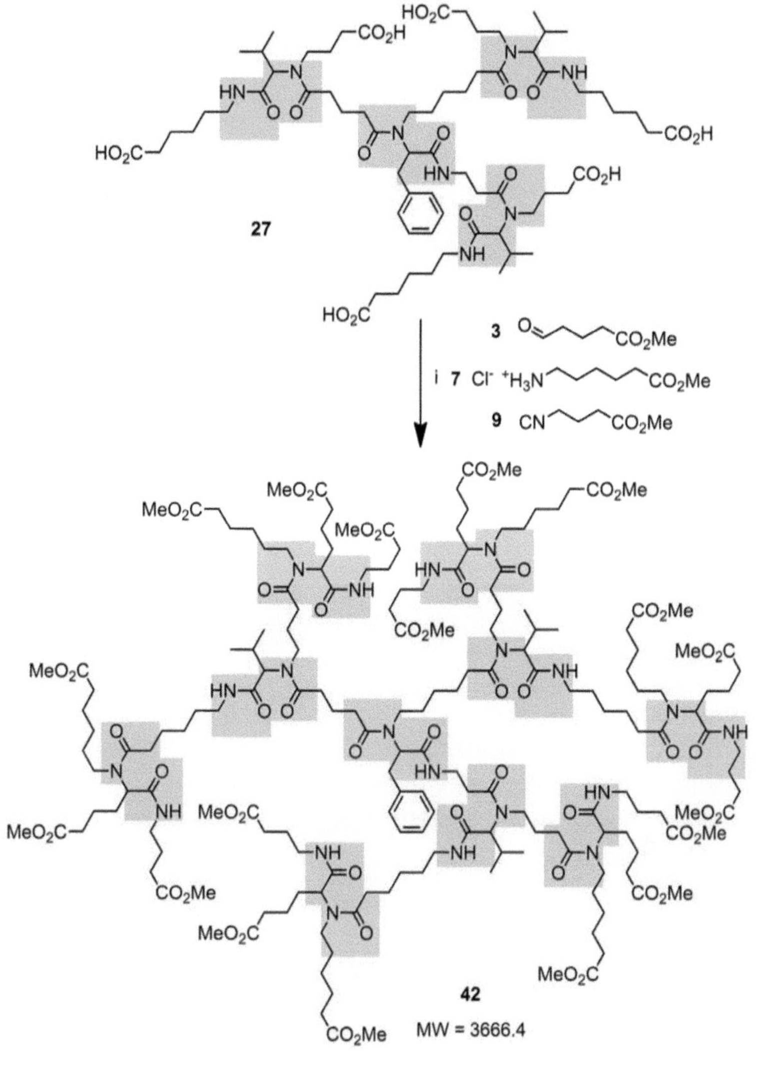

Schema 4-22. 1→3-Verzweigung zur Synthese der geschützten zweiten Generation **42** aus der funktionalisierten ersten Generation **27**. *Reagenzien und Bedingungen*: (i) 6 Äquiv. **3**, **7** und **9**, NEt$_3$, MeOH, RT, 2 d, 84%.

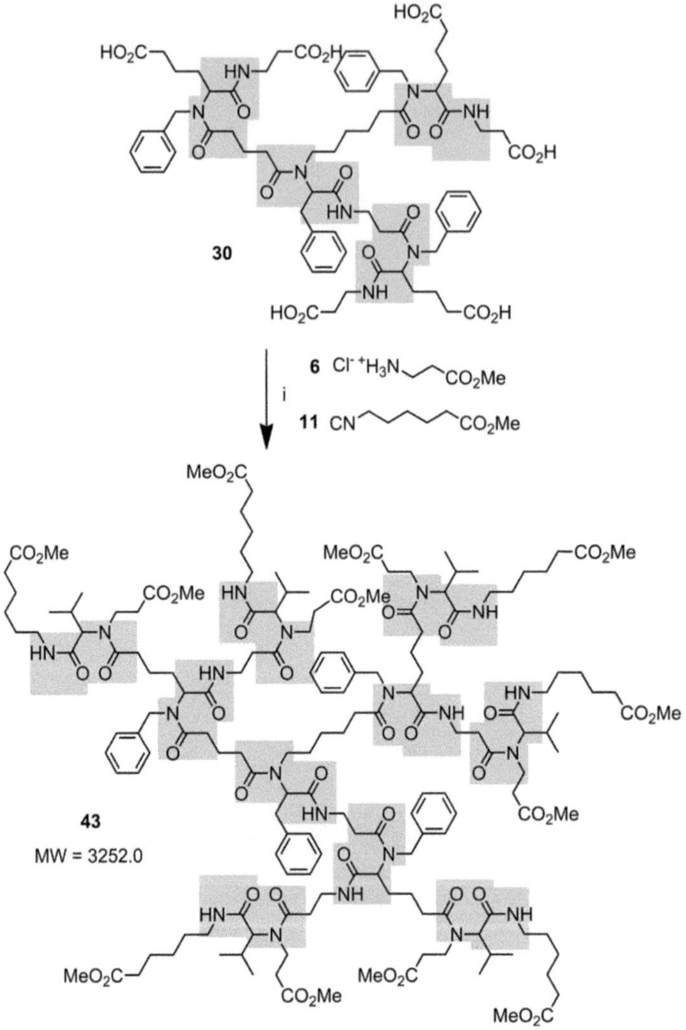

Schema 4-23. 1→2-Verzweigung zur Synthese der geschützten zweiten Generation **43** aus der funktionalisierten ersten Generation **30**. *Reagenzien und Bedingungen*: (i) 6 Äquiv. **6**, **11** und *i*-PrCHO **25**, NEt$_3$, MeOH, RT, 1 d, 74%.

4.3.3.5 Darstellung eines homogenen längen- und endfunktionalisierten Dendrimers dritter Generation

Zum Aufbau einer dritten Generation über UGI-4CRs wurde die funktionalisierte zweite Generation als Polycarbonsäure **38** mit gleichmäßigen C_3-Ketten eingesetzt. Durch identische Reaktionen mit hohen Überschüssen an der bifunktionellen Aldehydkomponente **3** und des Ammoniumchlorids **5** sowie *t*-Butylisonitril **20** als NBU ließ sich ebenfalls in einer hohen Ausbeute von 88% das Polymethylesterderivat **44** als dritte Generation in Form eines zähen braunen Öls erzeugen (Schema 4-24). Die anschließende Verseifung führte erfolgreich zum Polycarbonsäurederivat **45**, das als farblose, amorphe Festsubstanz erhalten werden konnte.

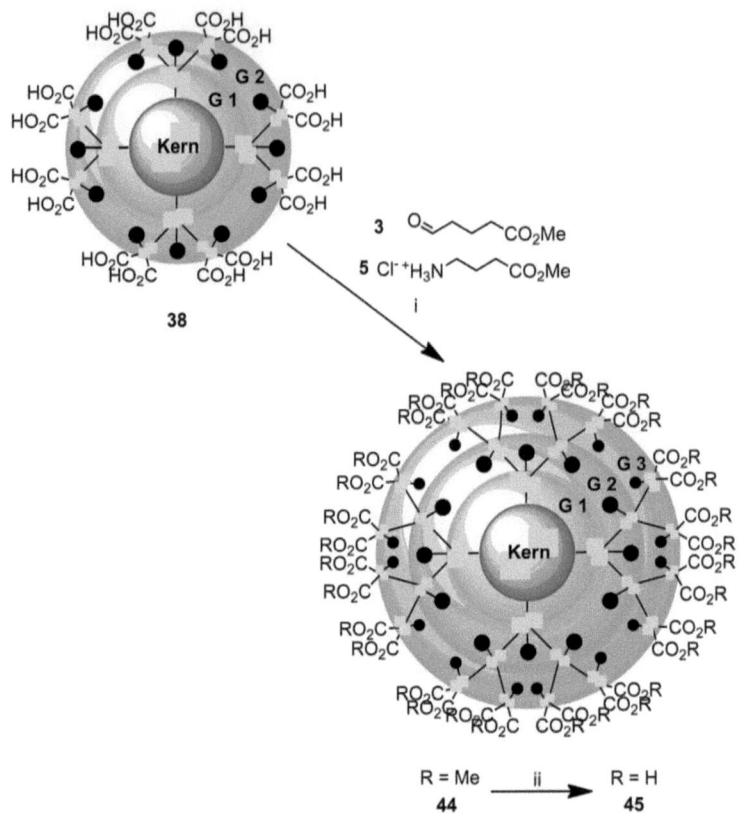

Schema 4-24. Synthese der funktionalisierten dritten Generation **45**. *Reagenzien und Bedingungen*: (i) 16 Äquiv. **3**, **5** und *t*-BuNC **20**, NEt$_3$, MeOH, RT, 3 d, 88%; (ii) LiOH, THF, H$_2$O, 0°C - RT, 1 d, 80%.

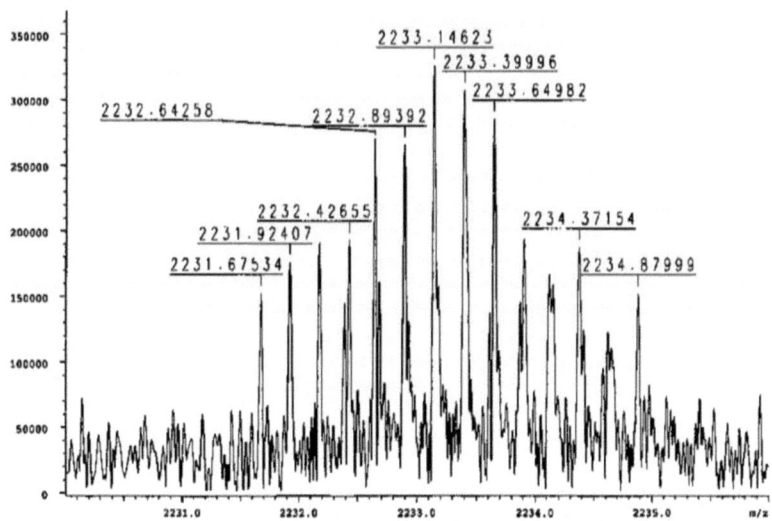

Abbildung 4-7. Hochauflösendes ESI-MS der methylestergeschützten dritten Generation **44** (Isotopenmuster des [M+4Na]$^{4+}$-Peaks).

Der Nachweis der Polycarbonsäure **45** konnte erneut durch Aufnahme eines MALDITOF-MS eindeutig bestimmt werden. Sowohl der [M+Na]$^+$-Peak als auch der [M+K]$^+$-Peak ließen sich eindeutig identifizieren, wobei die geringfügigen Abweichungen um einige Masseeinheiten in diesem hohen Massenbereich normal sind (Abbildung 4-8). Leider konnten keine Aufspaltungen der Peaks erreicht werden. Aufgrund der Intensitäten der erhaltenen Produkt-Peaks gegenüber ein paar anderen schwach ausgeprägten Signalen könnte man auf eine hohe Reinheit schließen.

4. Divergenter Aufbau von Dendrimeren durch Ugi-4CRs

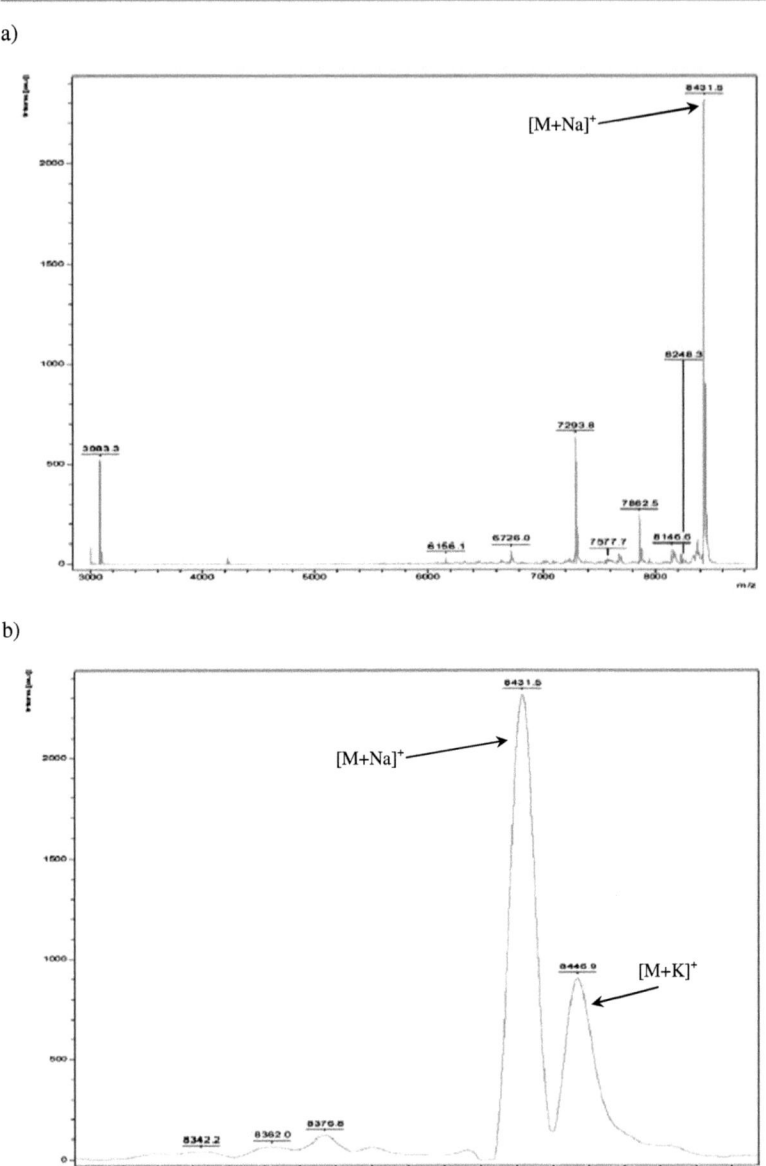

Abbildung 4-8. MALDITOF-MS Spektrum von der funktionalisierten dritten Generation **45**; a) gesamtes Spektrum; b) Ausschnitt der Produktpeaks.

Eine Reinheitsbestimmung wurde mit Hilfe der Gelpermeations-chromatographie (GPC) ermittelt. Da sich nur ein Signal bei der geschützten dritten Generation **44** mit THF als Lösungsmittel detektieren ließ, wurde damit dessen Monodispersität nachgewiesen (Abbildung 4-9).

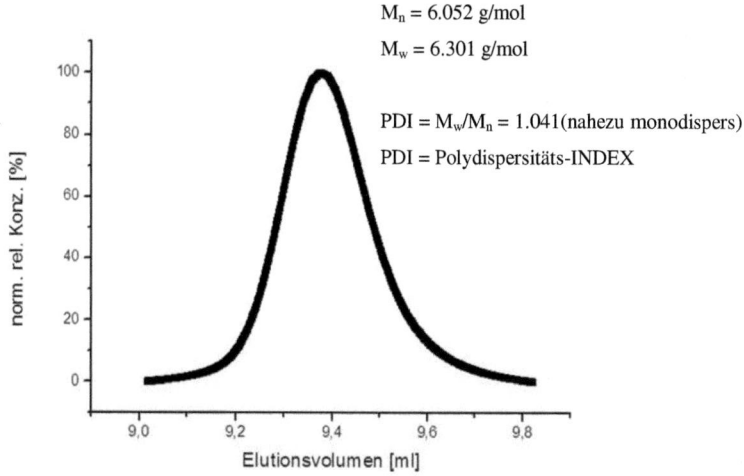

M_n = 6.052 g/mol
M_w = 6.301 g/mol

PDI = M_w/M_n = 1.041 (nahezu monodispers)
PDI = Polydispersitäts-INDEX

Abbildung 4-9. Gelpermeations-Chromatogramm (GPC) der methylestergeschützten dritten Generation **44**.

Somit konnte die Darstellung einer dritten Generation mit Carboxyl-oberfläche erfolgreich in einer 1→2-Verzweigung über UGI-4CRs durchgeführt werden. Auf die Synthese einer vierten Generation wurde verzichtet, da die Aufreinigung und Identifikation sich als schwierig gestalten würde. Vielmehr sollte die Oberfläche eines Dendrimers derivatisiert werden, um eine Anwendung der UGI-Dendrimere aufzuzeigen.

Da der Einsatz des konvertierbaren Isonitrils als festphasengebundene Variante (siehe Kapitel 2.2.4) wenig erfolgreich war, sollte durch

Anbindung an einer Dendrimeroberfläche das Experiment wiederholt werden.

4.3.3.6 Oberflächenderivatisierung eines Dendrimers erster Generation mit dem konvertierbaren Isonitril

Um das Formamid **46** (Beschreibung der Synthese siehe Kapitel 2.2.4.1), als Vorstufe des konvertierbaren Isonitrils, an eine Dendrimeroberfläche zu binden, wurde in Betracht gezogen, über die freie Carboxylgruppe von **46** einen PEG-Linker als monogeschütztes Diamin **47** anzubinden. Neben den unzähligen Kupplungsmethoden aus der Peptidchemie sollte die Anbindung allerdings wiederum über eine UGI-4CR erfolgen. Die Reaktion von **46** und **47** mit *t*-Butylisonitril **20** und Isobutyraldehyd **25** führte in einer guten Ausbeute von 68% zum α-Aminoacylamid **48**, das in Form eines leicht gelblichen Öls erhalten wurde (Schema 4-25).

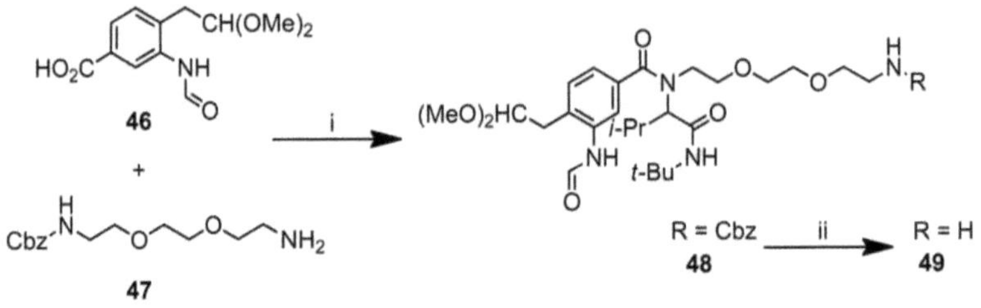

Schema 4-25. UGI-4CR zur Anbindung eines Linkers **47** an das Formamid **46** mit anschließender Funktionalisierung zu **49** . *Reagenzien und Bedingungen*: (i) *i*-PrCHO **25**, *t*-BuNC **20**, MeOH, RT, 1 d, 68%; (ii) H$_2$, Pd(OH)$_2$/C, MeOH, RT, 1 d, 93%.

Die nachfolgende Abspaltung der Cbz-Schutzgruppe erfolgte unter H$_2$-Atmosphäre mit Pd(OH)$_2$ auf Aktivkohle als Hydrierkatalysator unter mehrstündigem Rühren in Methanol als Lösungsmittel. Das Aminderivat **49** ließ sich nahezu quantitativ ebenfalls als gelbliches Öl erhalten.

Das primäre Amin **49** sollte ebenfalls über mehrfache UGI-4CRs an die Oberfläche eines funktionalisierten Dendrimers der ersten Generation gebunden werden. Die Reaktion der Octacarbonsäure **22** mit Überschüssen an **49**, *t*-Butylisonitril **20** und Isobutyraldehyd **25** lieferte das oberflächenderivatisierte Dendrimer **50** in einer guten Ausbeute als farblosen Feststoff (Schema 4-26).

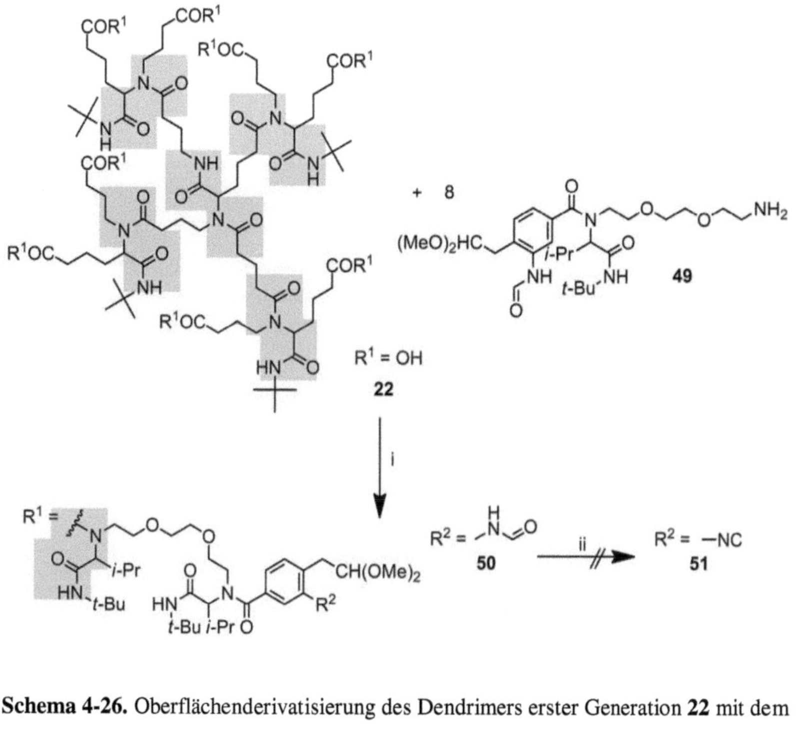

Schema 4-26. Oberflächenderivatisierung des Dendrimers erster Generation **22** mit dem Formamid **49** und nachfolgende Synthese des konvertierbaren Isonitrils **51**. *Reagenzien und Bedingungen*: (i) 8 Äquiv. *i*-PrCHO **25** und *t*-BuNC **20**, MeOH, RT, 1 d, 72%; (ii) $POCl_3$, NEt_3, THF, -60°C - RT, 1 d, kein gewünschtes Produkt detektierbar.

Die üblichen Analysenmethoden identifizierten eindeutig das gewünschte Produkt und deuteten auf eine hohe Reinheit hin.

Das MALDITOF-MS-Spektrum von **50** zeigte sehr intensiv den gewünschten $[M+Na]^+$-Peak an, wie aus dem gesamten Spektrum zu entnehmen war (Abbildung 4-10a). Schaut man sich den Ausschnitt im Bereich des Produkt-Peaks genauer an, erkennt man weiterhin den $[M+K]^+$-Peak sowie eine Anzahl nicht interpretierbarer Peaks mit geringer Intensität (Abbildung 4-10b).

Des Weiteren ließen sich im ESI-MS-Spektrum sehr gut mehrfach geladene Peaks wie $[M+3Na]^{3+}$-, $[M+4Na]^{4+}$- und $[M+5Na]^{5+}$-Peaks erkennen. Das hochauflösende ESI-MS von **50** zeigte das Isotopenmuster des sehr gut ausgeprägten $[M+4Na]^{4+}$-Peaks (Abbildung 4-11). ^{1}H und ^{13}C NMR-Spektren ließen sich problemlos interpretieren und deuten weiterhin auf eine hohe Reinheit hin.

Nach eindeutiger Charakterisierung des oberflächengebundenen Formamids **50** sollten nachfolgend die korrespondierenden Isonitril-funktionen nach dem klassischen Verfahren generiert werden. Durch Behandlung mit Phosphorylchlorid und Triethylamin in THF ließ sich leider das isonitrilmodifizierte Dendrimer **51** nicht erhalten (Schema 4-26). Nach Aufarbeitung wurde ein nicht identifizierbarer dunkelbrauner Feststoff erhalten. Durch Aufnahme von ^{1}H und ^{13}C NMR-Spektren sowie eines IR-Spektrums ließen sich keine Isonitrilfunktionen detektieren. Auch massenspektrometrische Untersuchungen zeigten keine interpretierbaren Peaks. Es scheint vielmehr so, dass die Behandlung mit Phosphorylchlorid zur Zersetzung des Dendrimers führte. Daraufhin wurde die Fortsetzung des Projektes vorerst abgebrochen.

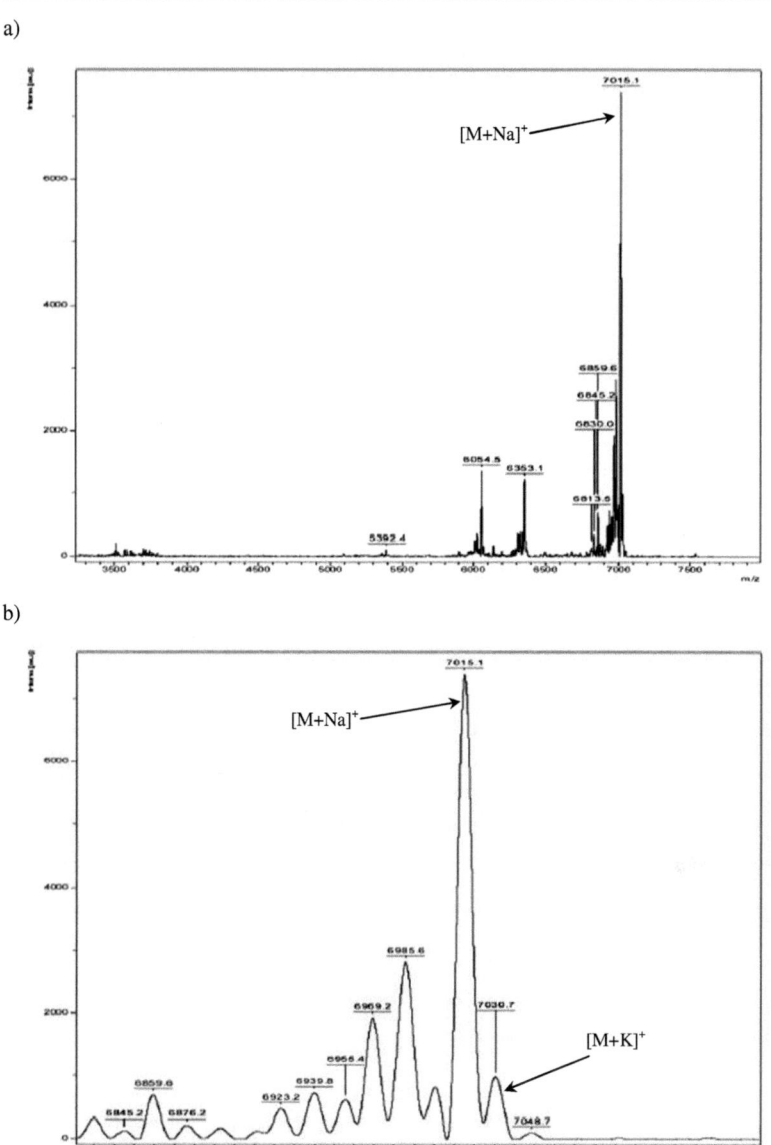

Abbildung 4-10. MALDITOF-MS Spektrum vom oberflächenderivatisierten Dendrimer **50**; a) gesamtes Spektrum; b) Ausschnitt der Produktpeaks.

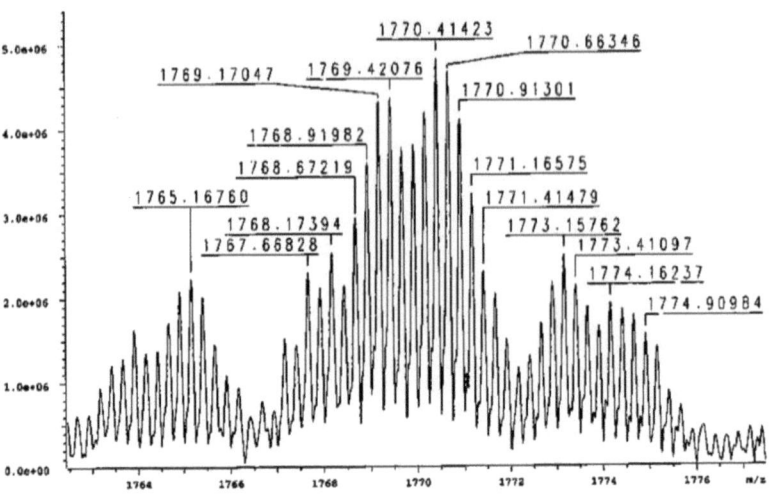

Abbildung 4-11. Hochauflösendes ESI-MS vom oberflächenderivatisierten Dendrimer 50 (Isotopenmuster des [M+4Na]$^{4+}$-Peaks).

Trotzdem sollte es möglich sein, durch mildere Synthesemethoden (siehe Kapitel 1.1.2.2) Isonitrile auf Dendrimeroberflächen erfolgreich zu generieren.[107-110] Allerdings konnte gezeigt werden, dass sich die Oberflächen ebenfalls über UGI-4CRs modifizieren lassen und dadurch einen Zugang für eine hohe Anwendungsbreite liefern, wie einleitend in diesem Kapitel erwähnt wurde.

4.4 Zusammenfassung

Der Aufbau von Kerneinheiten und Dendrimeren bis zur dritten Generation über divergente Methoden konnte sehr erfolgreich über Ugi-4CRs generiert werden. Es ließen sich tetra- und trifunktionelle Kerneinheiten mit homogenen sowie unterschiedlichen aliphatischen Kettenlängen über terminal geschützte Carboxylgruppen synthetisieren. Die erhaltenen

Ausbeuten waren mäßig, stellen aber eine hervorragende Möglichkeit in der Erzeugung hochdiverser Kerneinheiten aus preiswerten Substanzen dar. Des Weiteren ließen sich, ausgehend von diesen Kerneinheiten, estergeschützte Dendrimere der ersten Generation in guten Ausbeuten generieren. Es konnte erfolgreich ein homogenes Dendrimer der ersten Generation über eine 1→2-Verzweigung mit C_3-Ketten erzeugt werden. Die Darstellung diverser erster Generationen in der 1→2-Verzweigungsstrategie durch Verwendung unterschiedlicher NBUs war ebenfalls erfolgreich. Außerdem ließen sich Dendrimere mit unterschiedlichen Kettenlängen in ähnlich guten Ausbeuten synthetisieren.

Eine homogene zweite Generation mit peripheren Carboxylgruppen ließ sich ebenfalls erfolgreich über mehrfache UGI-4CRs in hoher Ausbeute erhalten. Des Weiteren konnte gezeigt werden, dass nicht nur 1→2-Verzweigungen sondern auch 1→3-Verzweigungen und lineare Verlängerungen möglich sind. Basierend auf diesen unterschiedlichen Verzweigungsstrategien lässt sich die Produktdiversität weiter erhöhen.

Weiterhin konnte erfolgreich eine monodisperse homogene dritte Generation nach der 1→2-Verzweigungsstrategie mit Carboxyloberfläche generiert werden, die sich eindeutig massenspektrometrisch und per GPC bestimmen ließ.

Eine Oberflächenderivatisierung war ebenfalls vom Erfolg geprägt. Die anschließende Umsetzung des oberflächengebundenen Formamids in das entsprechende konvertierbare Isonitril scheiterte wahrscheinlich aufgrund der drastischen Reaktionsbedingungen.

Alles in allem kann gesagt werden, dass der Aufbau von peptoidischen Dendrimeren über UGI-4CRs eine sehr erfolgreiche Alternative gegenüber herkömmlichen Verfahren darstellt, um wohldefinierte und hochdiverse makromolekulare Substanzen zu generieren.

4.5 Experimenteller Teil

Alle verwendeten Chemikalien und Lösungsmittel sind kommerziell erhältlich (Fluka, Buchs, Schweiz) und wurden ohne weitere Aufreinigung zur Synthese eingesetzt. Die für einige Reaktionen notwendige Trocknung der Lösungsmittel THF, Et_2O und CH_2Cl_2 erfolgte nach gängigen Methoden.[111] Beim verwendeten Petrolether (PE) handelt es sich um die niedrig siedende Fraktion (40 – 60°C). Arbeiten unter Luft- und Feuchtigkeitsauschluss erfolgten unter Stickstoffatmosphäre.

Die Aufreinigung der Rohprodukte durch Säulenchromatographie wurde mit Kieselgel 60 (230 – 400 Maschen, 0.040 – 0.063 mm) der Firma Merck, Darmstadt, Deutschland durch-geführt. Zur Reaktionskontrolle diente die analytische Dünnschichtchromatographie an mit Kieselgel beschichteter Aluminiumfolie (Kieselgel 60 F_{254}) ebenfalls von der Firma Merck, Darmstadt. Die Detektion der Substanzen erfolgte mit UV-Licht (λ = 254 nm), Cer(IV)-Molybdatophosphorsäure, Ninhydrin-Lösung, Vanillin-Lösung oder durch Anfärben mit Iod.

NMR-Spektren wurden mit Varian Mercury 300, 400 und 500 Spektrometer aufgenommen. Alle in ppm angegebenen ^1H NMR-Spektren wurden relativ zum TMS-Signal bestimmt. Die ermittelten Daten der ^{13}C NMR-Spektren beziehen sich auf die Zentrallinie von $CDCl_3$ bei 77.00 ppm oder CD_3OD bei 49.00 ppm.

Infrarotspektren wurden mit einem Infrarot-Spektrometer 5700 der Firma Nicolet aufge-nommen. Die Durchführung der Messungen erfolgte mit der ATR-Methode.

Elektronenspray-Ionisations Massenspektren (ESI-MS) wurden mit API 150 der Firma Applied Biosystems aufgenommen. Hochauflösende Massenspektren (HRMS) wurden mit einem Bruker BioApex 70 eV FT-

ICR aufgenommen. MALDITOF-MS wurden gemessen mit einem Ultraflex III TOF/TOF Massenspektrometer von Bruker Daltonik, Bremen. Die Bestimmung der Schmelzpunkte erfolgte mit einem DM LS2 Mikroskop der Firma Leica.

Synthese der Bausteine für den Aufbau von Dendrimeren durch Ugi-4CRs

Methyl 5-Oxopentanoat (3)[102]

δ-Valerolacton **1** (20.0 g, 200 mmol) in MeOH (400 mL) wird mit 20 Tropfen konz. H_2SO_4 versetzt und für einen Tag unter Rückfluss erhitzt. Anschließend lässt man das Reaktionsgemisch auf Raumtemperatur abkühlen und gibt $NaHCO_3$ (2.00 g) hinzu. Nach 15 Minuten kräftigem Rühren wird die farblose Lösung filtriert und im Vakuum zur Trockene eingeengt. Das Zwischenprodukt Methyl 5-Hydroxypentanoat **2** erhält man als farblose Flüssigkeit (26.4 g, quant.). ESI-MS von $C_6H_{12}O_3$ (M+H$^+$ = 133.1; M+Na$^+$ = 155.0).

Oxidation mit PCC:[102]

PCC (33.4 g, 155 mmol) wird in CH_2Cl_2 (120 mL) suspendiert und Methyl 5-Hydroxypentanoat **2** (13.7 g, 103 mmol) in CH_2Cl_2 (60 mL) nachfolgend zugegeben. Man lässt für zwei Stunden bei Raumtemperatur reagieren und versetzt anschließend mit Et_2O (200 mL). Die organische Lösung wird abdekantiert und der verbleibende schwarze, teerartige Rückstand mit Et_2O (3 x 50 mL) behandelt. Die vereinten organischen Lösungen werden über Celite® filtriert und im Rotationsverdampfer eingedampft. Das erhaltene Rohprodukt wird durch Vakuum-destillation aufgereinigt (7 mbar, 75°C). Reines Methyl 5-Oxopentanoat **3** wird als farblose Flüssigkeit erhalten (6.05 g, 45%). DC (Ethylacetat/MeOH 9:1) R_f = 0.77; ^{1}H NMR (CDCl$_3$, 400 MHz) δ = 1.96 (quint., J = 7.2 Hz, 2 H, CH$_2$), 2.39 (t, J = 7.4 Hz, 2 H, CH$_2$), 2.55 (t, J = 7.2 Hz, 2 H, CH$_2$), 3.68 (s, 3 H, CH$_3$), 9.78 (s, 1 H, CH) ppm; ^{13}C NMR (CDCl$_3$, 100 MHz) δ =

17.14, 32.74, 42.75, 51.49, 173.22, 201.45 ppm; ESI-MS von $C_6H_{10}O_3$ (M+Na$^+$ = 152.9; 3M+Na$^+$ = 413.5; 4M+Na$^+$ = 543.6; M-H$^-$ = 129.2); IR (ATR) ν = 3459.6, 2953.4, 2727.8, 1720.8 (CO$_2$Me), 1437.0, 1369.0, 1314.0, 1197.6, 1161.8, 1119.5, 1078.3, 1003.6, 849.5 cm^{-1}.

Alternative Methode mit TEMPO als Oxidationsmittel:[103]

Methyl 5-Hydroxypentanoat **2** (20.0 g, 151 mmol) in einem Gemisch aus Ethylacetat (230 mL), Toluol (230 mL) und Wasser (38 mL) wird mit NaBr (16.3 g, 158 mmol) versetzt. Die Lösung wird mit Hilfe eines Eisbades auf 0°C gekühlt, und eine katalytische Menge TEMPO (0.60 g, 3.85 mmol) wird hinzugegeben. Anschließend tropft man langsam über einen Zeitraum von etwa einer Stunde eine mit KHCO$_3$ gesättigte wässrige Natriumhypochlorit-Lösung (~11%ig, 120 mL) zu der gekühlten Reaktionsmischung hinzu. Nach beendetem Zutropfen verdünnt man mit Ethylacetat (200 mL). Nach Abtrennen der organischen Phase wird die wässrige Phase mit Ethylacetat (2 x 100 mL) extrahiert. Die vereinten organischen Lösungen werden zuerst mit 10%iger Kaliumhydrogensulfat-Lösung (2 x 100 mL, versetzt mit 2.0 g Kaliumiodid), dann mit 10%iger Natriumthiosulfat-Lösung (2 x 100 mL) und schließlich mit Wasser (100 mL) gewaschen. Danach wird die organische Lösung über Na$_2$SO$_4$ getrocknet, filtriert und im Vakuum bis zur Trockene eingeengt. Das erhaltene Rohprodukt wird durch Vakuumdestillation aufgereinigt (7 mbar, 75°C). Reines Methyl 5-Oxopentanoat **3** wird als farblose Flüssigkeit erhalten (8.46 g, 43%).

Methyl 4-Aminobutyrat-Hydrochlorid (5)[104]

Cl$^-$ $^+$H$_3$N⁓⁓CO$_2$Me

4-Aminobuttersäure (GABA) **4** (20.0 g, 194 mmol) wird in MeOH (300 mL) suspendiert und mit Hilfe eines Eisbades auf 0°C gekühlt. Anschließend wird Thionylchlorid (71.4 g, 600 mmol) langsam zur kräftig gerührten Reaktionsmischung zugetropft. Nach beendeter Zugabe lässt man die klare Lösung auf Raumtemperatur erwärmen und rührt noch für ca. einen Tag weiter. Im Vakuum wird die Lösung dann bis zur Trockene eingeengt und der erhaltene Feststoff mit Et$_2$O (300 mL) gewaschen. Nach Vakuumtrocknung wird reines Methyl 4-Aminobutyrat-Hydrochlorid **5** als farbloses Kristallisat erhalten (29.7 g, quant.). Smp. 120 – 121°C (MeOH); ^{1}H NMR

(CD$_3$OD, 400 MHz) δ = 1.96 (quint., J = 7.4 Hz, 2 H, CH$_2$), 2.50 (t, J = 7.2 Hz, 2 H, CH$_2$), 3.00 (t, J = 7.6 Hz, 2 H, CH$_2$), 3.69 (s, 3 H, CH$_3$) ppm; ^{13}C NMR (CD$_3$OD, 100 MHz) δ = 23.69, 31.40, 40.04, 52.28, 174.51 ppm; ESI-MS von C$_5$H$_{12}$NO$_2$ (M$^+$ = 118.3); IR (ATR) ν = 3382.3, 2954.2, 1721.1 (CO$_2$Me), 1621.7, 1511.8, 1439.4, 1376.7, 1290.5, 1209.2, 1149.1, 1065.3, 981.9, 967.6, 881.2, 757.1 cm^{-1}.

Methyl 3-Aminopropionat-Hydrochlorid (6)[104]

Cl$^-$ $^+$H$_3$N~~CO$_2$Me

Die Synthese von Methyl 3-Aminopropionat-Hydrochlorid **6** aus β-Alanin (30.0 g, 337 mmol) ist identisch mit der Vorschrift von Experiment **5**. Das reine Produkt **6** wird als farbloses Pulver erhalten (46.5 g, quant.). Smp. 103 – 104°C (MeOH); ^{1}H NMR (CD$_3$OD, 300 MHz) δ = 2.78 (t, J = 6.6 Hz, 2 H, CH$_2$), 3.22 (t, J = 6.6 Hz, 2 H, CH$_2$), 3.73 (s, 3 H, CH$_3$) ppm; ^{13}C NMR (CD$_3$OD, 75 MHz) δ = 32.10, 36.48, 52.65, 172.33 ppm; ESI-MS von C$_4$H$_{10}$NO$_2$ (M$^+$ = 103.8); IR (ATR) ν = 3344.4, 2951.4, 2831.3, 1731.0 (CO$_2$Me), 1609.1, 1505.1, 1439.4, 1375.4, 1346.8, 1321.2, 1218.5, 1110.0, 1019.1, 832.4, 791.5 cm^{-1}.

Methyl 6-Aminohexanoat-Hydrochlorid (7)[104]

Cl$^-$ $^+$H$_3$N~~~~CO$_2$Me

Die Synthese von Methyl 6-Aminohexanoat-Hydrochlorid **7** aus 6-Aminohexansäure (39.7 g, 303 mmol) ist identisch mit der Vorschrift von Experiment **5**. Das reine Produkt **7** wird als farbloses Pulver erhalten (55.0 g, quant.). Smp. 111 – 112°C (MeOH); ^{1}H NMR (CD$_3$OD, 300 MHz) δ = 1.35 – 1.48 (m, 2 H, CH$_2$), 1.60 – 1.75 (m, 4 H, CH$_2$), 2.36 (t, J = 7.3 Hz, 2 H, CH$_2$), 2.89 – 2.98 (m, 2 H, CH$_2$), 3.65 (s, 3 H, CH$_3$) ppm; ^{13}C NMR (CD$_3$OD, 75 MHz) δ = 25.41, 26.90, 28.21, 34.39, 40.56, 52.04, 175.32 ppm; ESI-MS von C$_7$H$_{16}$NO$_2$ (M$^+$ = 147.1); IR (ATR) ν = 2949.5, 1731.5 (CO$_2$Me), 1620.2, 1582.1, 1472.4, 1459.7, 1424.7, 1393.0, 1385.0, 1362.8, 1315.1, 1253.1, 1197.5, 1154.6, 1070.4, 1049.7, 976.6, 952.8, 884.4, 835.2, 736.7, 704.9 cm^{-1}.

Methyl 4-Isocyanobutyrat (9)

$$CN\diagup\diagdown CO_2Me$$

Methyl 4-Aminobutyrat-Hydrochlorid **5** (20.0 g, 130 mmol) wird in Trimethylorthoformiat (44 mL, 391 mmol) suspendiert und für sechs Stunden unter Rückfluss erhitzt, bis die DC-Kontrolle (CH_2Cl_2/MeOH 9:1) eine vollständige Formylierung anzeigt. Die Lösung wird im Rotationsverdampfer bis zur Trockene eingeengt, um das Formamid **8** als farbloses Öl zu erhalten (18.9 g, quant.). DC (CH_2Cl_2/MeOH 9:1) R_f = 0.66; ESI-MS von $C_6H_{11}NO_3$ (M+H$^+$ = 146.4; M+Na$^+$ = 168.0).

Formamid **8** (18.9 g, 130 mmol) und Diisopropylamin (39.5 g, 391 mmol) in absolutem CH_2Cl_2 (350 mL) werden mit Hilfe eines Eisbades auf 0°C gekühlt. Anschließend wird $POCl_3$ (24.0 g, 156 mmol) in CH_2Cl_2 (50 mL) langsam zugetropft. Man lässt das Reaktionsgemisch auf Raumtemperatur erwärmen und kontrolliert die Reaktion per DC (CH_2Cl_2/MeOH 9:1). Nach zwei Stunden wird ein vollständiger Umsatz detektiert, und man versetzt mit 20%iger Na_2CO_3-Lösung (200 mL). Nach einer weiteren halben Stunde wird die Lösung mit CH_2Cl_2 (100 mL) und Wasser (100 mL) verdünnt. Nach Abtrennen der wässrigen Phase wird die organische Lösung über Na_2SO_4 getrocknet, filtriert und im Vakuum bis zur Trockene eingeengt. Nach säulenchromatographischer Aufreinigung (CH_2Cl_2/MeOH 9:1) wird Methyl 4-Isocyanobutyrat **9** als leicht gelbliche Flüssigkeit erhalten (14.9 g, 90%). DC (CH_2Cl_2/MeOH 9:1) R_f = 0.87; ^{1}H NMR ($CDCl_3$, 400 MHz) δ = 1.97 – 2.04 (m, 2 H, CH_2), 2.52 (t, J = 7.0 Hz, 2 H, CH_2), 3.49 – 3.53 (m, 2 H, CH_2), 3.71 (s, 3 H, CH_3) ppm; ^{13}C NMR ($CDCl_3$, 100 MHz) δ = 24.11, 30.01, 40.56, 40.65, 40.74, 51.70, 156.45, 156.53, 156.61, 172.44 ppm; ESI-MS von $C_6H_9NO_2$ (M+Na$^+$ = 150.2); IR (ATR) ν = 2954.2, 2148.5 (NC), 1731.5 (CO_2Me), 1437.4, 1372.3, 1255.9, 1199.6, 1171.2, 1078.7, 1021.2, 996.3, 942.5, 900.4, 861.4, 662.5 cm^{-1}.

Methyl 3-Isocyanopropionat (10)

$$CN\diagdown\diagup CO_2Me$$

Die Synthese von Methyl 3-Isocyanopropionat **10** aus Formamid **6** (18.8 g, 143 mmol) ist identisch mit der Vorschrift von Experiment **9**. Das reine Isonitril **10** wird als leicht bräunliche Flüssigkeit erhalten (13.6 g, 84%, zwei Stufen). DC (CH$_2$Cl$_2$/MeOH 19:1) R_f = 0.80; ^{1}H NMR (CDCl$_3$, 300 MHz) δ = 2.72 – 2.77 (m, 2 H, CH$_2$), 3.67 – 3.73 (m, 2 H, CH$_2$), 3.75 (s, 3 H, CH$_3$) ppm; ^{13}C NMR (CDCl$_3$, 75 MHz) δ = 33.85, 36.98, 37.07, 37.16, 52.16, 156.93, 157.01, 157.09, 169.57 ppm; ESI-MS von C$_5$H$_7$NO$_2$ (M+Na$^+$ = 136.1; 2M+Na$^+$ = 249.9); IR (ATR) ν = 2956.9, 2151.2 (NC), 1733.8 (CO$_2$Me), 1439.0, 1372.8, 1319.3, 1269.1, 1198.6, 1176.1, 1059.3, 1009.8, 986.3, 960.5, 879.9, 844.1, 794.8, 707.3, 662.4 cm^{-1}.

Methyl 6-Isocyanohexanoat (11)

CN~~~~CO$_2$Me

Die Synthese von Methyl 6-Isocyanohexanoat **11** aus Formamid **7** (23.8 g, 137 mmol) ist identisch mit der Vorschrift von Experiment **9**. Das reine Isonitril **11** wird als leicht gelbliche Flüssigkeit erhalten (16.0 g, 75%, zwei Stufen). DC (CH$_2$Cl$_2$/MeOH 19:1) R_f = 0.80; ^{1}H NMR (CDCl$_3$, 300 MHz) δ = 1.40 – 1.56 (m, 2H, CH$_2$), 1.60 – 1.77 (m, 4H, CH$_2$), 2.35 (t, J = 7.3 Hz, 2H, CH$_2$), 3.41 (tt, J = 6.6, 2.0 Hz, 2H, CH$_2$), 3.67 (s, 3H, CH$_3$) ppm; ^{13}C NMR (CDCl$_3$, 75 MHz) δ = 23.84, 25.67, 28.61, 33.52, 41.11, 41.20, 41.29, 51.38, 155.44, 155.51, 155.59, 173.30 ppm; ESI-MS von C$_8$H$_{13}$NO$_2$ (M+H$^+$ = 155.8); IR (ATR) ν = 2951.3, 2865.8, 2148.4 (NC), 1733.4 (CO$_2$Me), 1681.1, 1437.1, 1366.4, 1198.4, 1161.8, 1098.7, 1038.0, 1007.0, 859.4, 737.0 cm^{-1}.

Synthese von Kerneinheiten und deren Funktionalisierungen

Allgemeine Arbeitsvorschrift zu UGI-4CRs mit primären Alkylammoniumchloriden:
Die Aldehyd- oder Ketokomponente (6.50 mmol), das primäre Ammoniumchlorid (6.50 mmol) und Triethylamin (6.50 mmol) in MeOH (10 mL) werden für zwei Stunden bei Raumtemperatur gerührt, um das Imin-Intermediat zu bilden. Anschließend gibt man nacheinander die Carbonsäurekomponente (6.50 mmol) und die Isonitrilkomponente (6.50 mmol) hinzu. Die Reaktion verläuft bei Raumtemperatur durch eintägiges Rühren

und der Verlauf wird per DC kontrolliert. Nach beendeter Reaktion wird die methanolische Lösung eingedampft und das erhaltene Rohprodukt säulenchromatographisch aufgereinigt.

Methyl 5-[(5-Methoxy-1-{[(4-methoxy-4-oxobutyl)amino]carbonyl}-5-oxopentyl)- (4-methoxy-4-oxobutyl-)amino]-5-oxopentanoat (13)

Die UGI-4CR von Monomethylglutarat **12** (0.95 g, 6.51 mmol) mit der Aldehydkomponente **3** (0.85 g, 6.51 mmol), dem primären Ammoniumchlorid **5** (1.00 g, 6.51 mmol) und Isonitril **9** (0.83 g, 6.51 mmol) liefert die methylestergeschützte Kerneinheit **13** nach säulenchromatographischer Aufreinigung (Ethylacetat/MeOH 4:1) als leicht gelbliches Öl (0.82 g, 25%). DC (Ethylacetat) R_f = 0.40; ^{1}H NMR (CDCl$_3$, 300 MHz) δ = 1.54 – 1.61 (m, 2 H, CH$_2$), 1.71 – 2.04 (m, 8 H, 4 CH$_2$), 2.24 – 2.44 (m, 8 H, 4 CH$_2$), 2.51 (t, J = 7.2 Hz, 2 H, CH$_2$), 3.20 – 3.35 (m, 4 H, 2 CH$_2$), 3.66, 3.67, 3.68, 3.69 (4s, 12 H, 4 CH$_3$), 4.80 (t, J = 7.6 Hz, 1 H, CH), 6.83 (t, J = 5.8 Hz, 1 H, NH) ppm; ^{13}C NMR (CDCl$_3$, 75 MHz) δ = 19.97, 20.61, 20.89, 21.55, 24.61, 24.78, 27.49, 30.81, 31.32, 31.46, 31.54, 32.25, 32.81, 32.89, 33.01, 33.05, 33.15, 33.51, 35.42, 38.68, 38.93, 44.46, 51.55, 51.59, 51.62, 51.71, 57.19, 170.93, 172.71, 173.14, 173.21, 173.31, 173.46, 173.88, 175.67 ppm; ESI-MS von C$_{23}$H$_{38}$N$_2$O$_{10}$ (M+H$^+$ = 502.8; M+Na$^+$ = 525.6; M-H$^-$ = 501.5); IR (ATR) ν = 2953.1, 2917.1, 2851.3, 1728.5 (CO$_2$Me), 1672.6, 1633.2 (Amid), 1531.1, 1435.1, 1365.9, 1253.1, 1195.1, 1167.6, 1091.9, 1059.4, 992.2, 866.8, 731.7 cm^{-1}; HRMS von C$_{23}$H$_{38}$N$_2$O$_{10}$ [M+Na]$^+$ ber. 525.24242 gef. 525.24111.

Allgemeine Arbeitsvorschrift für Verseifungen von Methylestern:
Das Methylesterderivat (1.50 mmol) in einem Gemisch aus THF (20 mL) und Wasser (10 mL) wird mit Hilfe eines Eisbades auf 0°C gekühlt. Anschließend versetzt man mit LiOH Monohydrat (2.5 Äquivalente je Methylestergruppe) und lässt das Reaktionsgemisch auf Raumtemperatur erwärmen. Man lässt für ca. einen Tag reagieren und

kontrolliert den Reaktionsverlauf per DC. Nach beendeter Reaktion säuert man mit 2 M NaHSO$_4$ an (pH 2) und extrahiert mit Ethylacetat (5 x 30 mL). Die vereinten organischen Lösungen werden über Na$_2$SO$_4$ getrocknet, filtriert und im Vakuum zur Trockene eingeengt, um das im Allgemeinen reine Carbonsäurederivat zu erhalten.

5-[(4-Carboxy-1-{[(3-carboxypropyl)amino]carbonyl}butyl)(3-carboxypropyl)amino]-5-oxopentansäure (14)

Die Verseifung der Methylestergruppen von der Kerneinheit **13** (0.76 g, 1.51 mmol) liefert das Tetracarbonsäurederivat **14** als leicht gelbliches Öl (0.61 g, 90%). DC (Ethylacetat/MeOH/H$_2$O 5:2:1) R_f = 0.36; ^{1}H NMR (CD$_3$OD, 300 MHz) δ = 1.54 – 1.62 (m, 2 H, CH$_2$), 1.73 – 1.97 (m, 8 H, 4 CH$_2$), 2.29 – 2.41 (m, 8 H, 4 CH$_2$), 2.55 (t, J = 7.4 Hz, 2 H, CH$_2$), 3.19 – 3.42 (m, 4 H, 2 CH$_2$), 4.75 (t, J = 6.6 Hz, 1 H, CH) ppm; ^{13}C NMR (CD$_3$OD, 75 MHz) δ = 21.38, 21.73, 21.97, 22.95, 25.59, 26.24, 29.44, 30.57, 31.77, 32.24, 32.62, 33.39, 33.66, 33.91, 34.04, 34.40, 39.92, 40.10, 46.48, 59.19, 61.86, 171.90, 172.82, 175,20, 175.74, 176.13, 176.59, 176.66, 176.70, 176.77, 176.81, 176.94 ppm; ESI-MS von C$_{19}$H$_{30}$N$_2$O$_{10}$ (M+H$^+$ = 447.4; M+Na$^+$ = 469.6; M-H$^-$ = 445.7); IR (ATR) ν = 3324.8, 2944.2, 2833.3, 1708.5 (CO$_2$H), 1626.2 (Amid), 1543.2, 1412.7, 1201.8, 1018.9 cm^{-1}; HRMS von C$_{19}$H$_{30}$N$_2$O$_{10}$ [M+Na]$^+$ ber. 469.17981 gef. 469.18014.

Methyl N-(6-Methoxy-6-oxohexyl)-N-(5-methoxy-5-oxopentanoyl)phenylalanyl-β-alaninat (16)

Die UGI-4CR von Monomethylglutarat **12** (2.00 g, 13.7 mmol) mit Phenylacetaldehyd **15** (1.64 g, 13.7 mmol), dem primären Ammoniumchlorid **7** (2.49 g, 13.7 mmol) und Isonitril **10** (1.55 g, 13.7 mmol) liefert die methylestergeschützte Kerneinheit **16** nach säulenchromatographischer Aufreinigung (Ethylacetat/MeOH 19:1) als gelbliches Öl (1.87 g, 27%). DC (Ethylacetat) R_f = 0.49; ^{1}H NMR (CDCl$_3$, 300 MHz) δ = 1.20 – 1.63 (m, 4 H, 2 CH$_2$), 1.86 – 2.00 (m, 4 H, 2 CH$_2$), 2.26 – 2.57 (m, 8 H, 4 CH$_2$), 3.02 – 3.30 (m, 4 H, 2 CH$_2$), 3.45 (q, J = 6.2 Hz, 2 H, CH$_2$), 3.66, 3.66, 3.67 (3s, 9 H, 3 CH$_3$), 4.79 (br, t, J = 7.4 Hz, 1 H, CH), 7.10 – 7.29 (m, 5 H, 5 CH) ppm; ^{13}C NMR (CDCl$_3$, 75 MHz) δ = 19.86, 20.33, 24.35, 26.30, 26.92, 29.09, 32.38, 32.87, 32.91, 33.55, 33.67, 33.87, 34.20, 34.98, 46.86, 51.47, 51.50, 51.53, 51.65, 60.57, 126.37, 128.23, 128.79, 137.17, 170.67, 172.11, 173.13, 173.37, 173.47, 173.58, 176.85 ppm; ESI-MS von C$_{26}$H$_{38}$N$_2$O$_8$ (M+H$^+$ = 507.2; M+Na$^+$ = 529.3; 2M+Na$^+$ = 1036.1; M-H$^-$ = 505.4); IR (ATR) ν = 3352.7, 2951.7, 1730.9 (CO$_2$Me), 1644.3 (Amid), 1530.9, 1436.8, 1367.3, 1196.7, 1172.0, 1062.1, 1024.7, 842.8, 752.0, 701.5 cm^{-1}; HRMS von C$_{26}$H$_{38}$N$_2$O$_8$ [M+Na]$^+$ ber. 529.25259 gef. 529.25267.

N-(4-Carboxybutanoyl)-N-(5-carboxypentyl)phenylalanyl-β-alanin (17)

Die Verseifung der Methylestergruppen von der Kerneinheit **16** (1.10 g, 2.17 mmol) liefert das Tricarbonsäurederivat **17** als gelbliches Öl (0.97 g, 96%). DC (Ethylacetat/MeOH/H$_2$O 5:2:1) R_f = 0.59; ^{1}H NMR (CD$_3$OD, 300 MHz) δ = 1.20 – 1.64 (m, 4 H, 2 CH$_2$), 1.80 – 1.92 (m, 4 H, 2 CH$_2$), 2.22 – 2.50 (m, 8 H, 4 CH$_2$), 3.00 – 3.32 (m, 4 H, 2 CH$_2$), 3.35 – 3.43 (m, 2 H, CH$_2$), 4.63 – 4.69 (m, 1 H, CH), 7.16 – 7.29 (m, 5 H, 5 CH) ppm; ^{13}C NMR (CD$_3$OD, 75 MHz) δ = 21.37, 21.69, 25.60, 27.32, 30.05, 33.51, 33.91, 34.30, 34.65, 35.48, 36.41, 62.68, 127.53, 129.37, 130.19, 139.05, 172.38, 174.93, 175.17, 175.26, 176.60, 176.73, 177.21 ppm; ESI-MS von C$_{23}$H$_{32}$N$_2$O$_8$ (M+H$^+$ = 465.2; M+Na$^+$ = 487.3; 2M+Na$^+$ = 951.8; M-H$^-$ = 463.6); IR (ATR) ν = 2940.7, 1703.4 (CO$_2$H), 1538.2, 1496.1, 1409.5, 1190.8, 1056.8, 864.9, 752.4, 701.7 cm^{-1}; HRMS von C$_{23}$H$_{32}$N$_2$O$_8$ [M+Na]$^+$ ber. 487.20563 gef. 487.20562.

Methyl 6-Methoxy-*N*-(6-methoxy-6-oxohexyl)-*N*-(5-methoxy-5-oxopentanoyl)-6-oxonorleucyl-*β*-alaninat (18)

Die UGI-4CR von Monomethylglutarat **12** (2.00 g, 13.7 mmol) mit der Aldehydkomponente **3** (1.78 g, 13.7 mmol), dem primären Ammoniumchlorid **7** (2.49 g, 13.7 mmol) und Isonitril **10** (1.55 g, 13.7 mmol) liefert die methylestergeschützte Kerneinheit **18** nach säulenchromatographischer Aufreinigung (Ethylacetat/MeOH 9:1) als braunes Öl (1.95 g, 28%). DC (Ethylacetat/MeOH 19:1) R_f = 0.71; ^{1}H NMR (CDCl$_3$, 300 MHz) δ = 1.23 – 1.34 (m, 2 H, CH$_2$), 1.48 – 1.77 (m, 8 H, 4 CH$_2$), 1.93 – 2.03 (m, 2 H, CH$_2$), 2.28 – 2.45 (m, 8 H, 4 CH$_2$), 2.51 (t, *J* = 6.3 Hz, 2 H, CH$_2$), 3.22 (t, *J* = 8.2 Hz, 2 H, CH$_2$), 3.42 – 3.50 (m, 2 H, CH$_2$), 3.66, 3.67, 3.68, 3.68 (4s, 12 H, 4 CH$_3$), 4.76 (t, *J* = 7.6 Hz, 1 H, CH), 6.99 (t, *J* = 5.8 Hz, 1 H, NH) ppm; ^{13}C NMR (CDCl$_3$, 75 MHz) δ = 20.27, 20.40, 21.47, 24.30, 26.43, 27.33, 29.44, 32.21, 32.94, 33.09, 33.43, 33.65, 33.68, 34.90, 36.96, 45.20, 51.42, 51.46, 51.49, 51.63, 57.13, 170.86, 171.96, 173.23,

173.37, 173.41, 173.47, 176.37 ppm; ESI-MS von $C_{24}H_{40}N_2O_{10}$ (M+H$^+$ = 517.2; M+Na$^+$ = 539.4; 2M+Na$^+$ = 1055.6; M-H$^-$ = 515.6); IR (ATR) ν = 3372.9, 2951.5, 2835.4, 1731.4 (CO_2Me), 1625.5 (Amid), 1533.0, 1437.4, 1367.8, 1198.1, 1173.5, 1024.4, 842.0 cm^{-1}; HRMS von $C_{24}H_{40}N_2O_{10}$ [M+Na]$^+$ ber. 539.25752 gef. 539.25756.

N-(4-Carboxybutanoyl)-N-(5-carboxypentyl)-6-oxidanyl-6-oxidanylidenenorleucyl-β-alanin (19)

Die Verseifung der Methylestergruppen von der Kerneinheit **18** (1.87 g, 3.62 mmol) liefert das Tetracarbonsäurederivat **19** als rotbraunes Öl (1.55 g, 93%). DC (Ethylacetat/MeOH/H$_2$O 5:2:1) R_f = 0.40; ^{1}H NMR (CDCl$_3$, 300 MHz) δ = 1.21 – 1.41 (m, 2 H, CH$_2$), 1.53 – 1.75 (m, 8 H, 4 CH$_2$), 1.84 – 1.99 (m, 2 H, CH$_2$), 2.26 – 2.40 (m, 8 H, 4 CH$_2$), 2.43 – 2.55 (m, 2 H, CH$_2$), 3.10 – 3.38 (m, 2 H, CH$_2$), 3.40 – 3.47 (m, 2 H, CH$_2$), 4.75 (t, J = 6.7 Hz, 1 H, CH) ppm; ^{13}C NMR (CD$_3$OD, 75 MHz) δ = 21.39, 21.78, 21.88, 22.86, 25.61, 27.56, 29.26, 30.80, 33.38, 33.93, 34.00, 34.39, 34.44, 34.76, 36.45, 47.08, 59.02, 172.81, 175.04, 175.14, 175.56, 176.64, 176.85, 177.28 ppm; ESI-MS von $C_{20}H_{32}N_2O_{10}$ (M+H$^+$ = 461.3; M+Na$^+$ = 483.0; M-H$^-$ = 459.5); IR (ATR) ν = 3338.5, 2944.2, 2834.3, 1708.7 (CO_2H), 1662.7, 1621.8 (Amid), 1537.6, 1410.4, 1198.4, 1019.5 cm^{-1}; HRMS von $C_{20}H_{32}N_2O_{10}$ [M+Na]$^+$ ber. 483.19547 gef. 483.19500.

Divergenter Aufbau von Dendrimeren durch Ugi-4CR

Darstellung von Dendrimeren der ersten Generation

Methylestergeschützte erste Generation (1→2-Verzweigung) (21)

Die vierfache UGI-4CR der Tetracarbonsäurekerneinheit **14** (0.84 g, 1.88 mmol) mit Überschüssen an der Aldehydkomponente **3** (2.94 g, 22.6 mmol), dem primären Ammoniumchlorid **5** (3.47 g, 22.6 mmol) und *t*-Butylisonitril **20** (1.88 g, 22.6 mmol) liefert die methylestergeschützte erste Generation **21** nach säulenchromatographischer Aufreinigung (Ethylacetat/MeOH 19:1) als leicht gelbliches Öl (2.12 g, 66%). DC (Ethylacetat/MeOH 19:1) R_f = 0.64; ^{1}H NMR (CDCl$_3$, 300 MHz) δ = 1.24 – 1.37 (m, 36 H, 12 CH$_3$), 1.52 – 1.90 (m, 38 H, 19 CH$_2$), 2.26 – 2.63 (m, 24 H, 12 CH$_2$), 3.25 –3.41 (m, 10 H, 5 CH$_2$), 3.62 – 3.68 (m, 24 H, 8 CH$_3$), 4.70 – 4.83 (m, 5 H, 5 CH), 6.46 – 6.50 (m, 5 H, 5 NH) ppm; ^{13}C NMR (CDCl$_3$, 75 MHz) δ = 21.00, 21.47, 24.74, 27.38, 28.50, 28.66, 30.83, 30.95, 33.50, 43.65, 50.89, 51.45, 51.64, 53.38, 56.98, 60.24, 169.90, 172.70, 173.25, 173.70 ppm; ESI-MS von C$_{83}$H$_{142}$N$_{10}$O$_{26}$ (M+H$^+$ = 1697.4; M+Na$^+$ = 1718.2; M+2Na^{2+} = 870.9; M-H$^-$ = 1694.8; M+Cl$^-$ = 1730.6); IR (ATR) ν = 3318.6, 2953.9, 2246.8, 1731.7 (CO$_2$Me), 1673.3 (Amid), 1624.1 (Amid), 1532.8, 1435.2, 1363.8, 1258.6, 1196.9, 1168.3, 1076.3, 918.0, 728.1 cm^{-1}; HRMS von C$_{83}$H$_{142}$N$_{10}$O$_{26}$ exakte Masse = 1695.00967 m/z (z = 2) [M+2Na]$^{2+}$ ber. 870.49461 gef. 870.49746.

Erste Generation als Octacarbonsäure (22)

Die Verseifung der Methylestergruppen von der ersten Generation **21** (2.00 g, 1.18 mmol) liefert das Octacarbonsäurederivat **22** als farblosen Feststoff (1.74 g, 93%). DC (Ethylacetat/MeOH/H$_2$O 2:2:1) R_f = 0.80; Smp. 75 – 76°C (Ethylacetat); ^{1}H NMR (CD$_3$OD, 300 MHz) δ = 1.21 – 1.39 (m, 36 H, 12 CH$_3$), 1.53 – 1.94 (m, 38 H, 19 CH$_2$), 2.24 – 2.54 (m, 24 H, 12 CH$_2$), 3.24 – 3.39 (m, 10 H, 5 CH$_2$), 4.75 – 4.78 (m, 5 H, 5 CH) ppm; ^{13}C NMR (CD$_3$OD, 75 MHz) δ = 22.76, 22.90, 25.28, 26.30, 28.85, 29.43, 31.77, 32.69, 33.87, 34.39, 45.51, 52.20, 52.52, 58.97, 61.78, 171.95, 176.05, 176.54, 176.67 ppm; ESI-MS von C$_{75}$H$_{126}$N$_{10}$O$_{26}$ (M+H$^+$ = 1585.4; M+Na$^+$ = 1606.0; M-H$^-$ = 1582.1, M+2Na^{2+} = 814.7, M-H^{2-} = 791.0); IR (ATR) ν = 3335.3, 2964.2, 1713.2 (CO$_2$H), 1620.4 (Amid), 1538.9, 1455.3, 1417.4, 1365.9, 1218.4, 1027.2, 864.6, 754.3 cm^{-1}; HRMS von C$_{75}$H$_{126}$N$_{10}$O$_{26}$ exakte Masse = 1582.88447 m/z (z = 2) [M-2H]$^{2-}$ ber. 790.43441 gef. 790.43280.

Methylestergeschützte erste Generation (1→2-Verzweigung) (23)

Die dreifache UGI-4CR der Tricarbonsäurekerneinheit **17** (0.18 g, 0.38 mmol) mit Überschüssen an der Aldehydkomponente **3** (0.45 g, 3.42 mmol), dem primären Ammoniumchlorid **7** (0.62 g, 3.42 mmol) und *t*-Butylisonitril **20** (0.28 g, 3.42 mmol) liefert die methylestergeschützte erste Generation **23** nach säulenchromatographischer Aufreinigung (Ethylacetat/MeOH 19:1) als gelbliches Öl (0.36 g, 64%). DC (Ethylacetat/MeOH 19:1) R_f = 0.64; ^{1}H NMR (CDCl$_3$, 300 MHz) δ = 1.24 – 1.94 (m, 65 H, 9 CH$_3$, 19 CH$_2$), 2.25 – 2.41 (m, 20 H, 10 CH$_2$), 3.19 – 3.30 (m, 12 H, 6 CH$_2$), 3.65, 3.66, 3.67 (3s, 18 H, 6 CH$_3$), 4.65 – 4.80 (m, 4 H, 4 CH), 6.40 – 6.62 (m, 4 H, 4 NH), 7.16 – 7.24 (m, 5 H, 5 CH) ppm; ^{13}C NMR (CDCl$_3$, 75 MHz) δ = 21.49, 24.39, 24.58, 25.03, 26.54, 26.84, 27.35, 27.54, 28.55, 29.69, 32.68, 33.26, 33.51, 33.77, 44.57, 50.85, 50.91, 51.46, 53.39, 57.22, 128.17, 128.82, 169.68, 169.95, 173.30, 173.50, 173.78 ppm; ESI-MS von C$_{77}$H$_{128}$N$_8$O$_{20}$ (M+H$^+$ = 1486.3; M+Na$^+$ = 1509.2; M+2Na^{2+} = 766.2; M-H$^-$ = 1484.3); IR (ATR) ν = 3316.5, 2950.8, 2867.1, 1732.2 (CO$_2$Me), 1677.0 (Amid), 1622.5 (Amid), 1536.6, 1453.6, 1435.3, 1364.0, 1198.0, 1171.0, 1077.0, 1009.7, 883.2, 752.9, 702.3 cm^{-1}; HRMS von C$_{77}$H$_{128}$N$_8$O$_{20}$ exakte Masse = 1484.92449 m/z (z = 2) [M+2Na]$^{2+}$ ber. 765.45202 gef. 765.45117.

Erste Generation als Hexacarbonsäure (24)

Die Verseifung der Methylestergruppen von der ersten Generation **23** (0.18 g, 0.12 mmol) liefert das Hexacarbonsäurederivat **24** als farbloses Öl (0.15 g, 93%). DC (Ethylacetat/MeOH/H$_2$O 3:2:1) R_f = 0.81; ^{1}H NMR (CD$_3$OD, 300 MHz) δ = 1.25 – 1.88 (m, 65 H, 9 CH$_3$, 19 CH$_2$), 2.26 – 2.64 (m, 20 H, 10 CH$_2$), 3.13 – 3.54 (m, 12 H, 6 CH$_2$), 4.73 – 4.76 (m, 4 H, 4 CH), 7.16 – 7.24 (m, 5 H, 5 CH) ppm; ^{13}C NMR (CD$_3$OD, 75 MHz) δ = 22.73, 24.21, 25.65, 25.77, 27.57, 27.84, 28.82, 29.38, 31.00, 34.39, 34.80, 46.25, 52.15, 59.06, 129.54, 130.38, 172.21, 176.75, 176.90, 177.25 ppm; ESI-MS von C$_{71}$H$_{116}$N$_8$O$_{20}$ (M+H$^+$ = 1402.2; M+Na$^+$ = 1424.4; M-H$^-$ = 1400.3); IR (ATR) ν = 3331.5, 2941.6, 2831.5, 1713.0 (CO$_2$H), 1661.5 (Amid), 1621.0 (Amid), 1541.6, 1455.1, 1425.6, 1366.1, 1221.4, 1090.1, 1022.1 cm^{-1}; HRMS von C$_{71}$H$_{116}$N$_8$O$_{20}$ [M+Na]$^+$ ber. 1423.82036 gef. 1423.81896.

Methylestergeschützte erste Generation (1→2-Verzweigung) (26)

Die dreifache UGI-4CR der Tricarbonsäurekerneinheit **17** (0.18 g, 0.38 mmol) mit Überschüssen an Isobutyraldehyd **25** (0.25 g, 3.42 mmol), dem primären Ammoniumchlorid **5** (0.53 g, 3.42 mmol) und Isonitril **11** (0.53 g, 3.42 mmol) liefert die methylestergeschützte erste Generation **26** nach säulenchromatographischer Aufreinigung (Ethylacetat/MeOH 19:1) als farbloses Öl (0.35 g, 63%). DC (Ethylacetat/MeOH 19:1) R_f = 0.49; ^{1}H NMR (CDCl$_3$, 300 MHz) δ = 0.74 – 0.99 (m, 18 H, 6 CH$_3$), 1.21 – 1.95 (m, 32 H, 16 CH$_2$), 2.27 – 2.65 (m, 23 H, 10 CH$_2$, 3 CH), 3.15 – 3.59 (m, 18 H, 9 CH$_2$), 3.65, 3.67, 3.68 (3s, 18 H, 6 CH$_3$), 4.06 – 4.40 (m, 4 H, 4 CH), 6.67 – 7.05 (m, 4 H, 4 NH), 7.17 – 7.26 (m, 5 H, 5 CH) ppm; ^{13}C NMR (CDCl$_3$, 75 MHz) δ = 18.84, 19,77, 24.44, 26.29, 26.33, 29.03, 30.77, 30.92, 33.80, 38.92, 39.00, 51.39, 51.63, 128.15, 128.77, 172.64, 172.84, 173.63 ppm; ESI-MS von C$_{74}$H$_{122}$N$_8$O$_{20}$ (M+H$^+$ = 1444.1; M+Na$^+$ = 1466.3; M+2Na^{2+} = 744.6; M-H$^-$ = 1442.3; M+Cl$^-$ = 1478.6); IR (ATR) ν = 3307.2, 2949.9, 2870.9, 1732.1 (CO$_2$Me), 1621.1 (Amid), 1537.8, 1435.3, 1366.8, 1196.3, 1162.4, 1102.1, 1029.3, 924.9, 865.9, 731.9, 701.0 cm^{-1}; HRMS von C$_{74}$H$_{122}$N$_8$O$_{20}$ exakte Masse = 1442.87754 m/z (z = 2) [M+2Na]$^{2+}$ ber. 744.42854 gef. 744.42727.

Erste Generation als Hexacarbonsäure (27)

Die Verseifung der Methylestergruppen von der ersten Generation **26** (0.20 g, 0.14 mmol) liefert das Hexacarbonsäurederivat **27** als farbloses Öl (0.17 g, 91%). DC (Ethylacetat/MeOH/H$_2$O 3:2:1) R_f = 0.76; ^{1}H NMR (CD$_3$OD, 300 MHz) δ = 0.80 – 0.97 (m, 18 H, 6 CH$_3$), 1.31 – 1.81 (m, 32 H, 16 CH$_2$), 2.22 – 2.67 (m, 23 H, 10 CH$_2$, 3 CH), 3.15 – 3.68 (m, 18 H, 9 CH$_2$), 4.49 – 4.51 (m, 4 H, 4 CH), 7.19 – 7.26 (m, 5 H, 5 CH) ppm; ^{13}C NMR (CD$_3$OD, 75 MHz) δ = 19.19, 19.29, 20.01, 20.74, 24.21, 24.73, 25.66, 26.16, 26.49, 27.51, 28.17, 29.14, 29.86, 30.69, 31.93, 32.80, 33.54, 34.79, 37.01, 40.12, 43.69, 45.56, 64.81, 67.76, 127.69, 129.57, 130.37, 130.59, 171.64, 172.44, 172.56, 175.50, 176.18, 176.29, 176.75, 177.34 ppm; ESI-MS von C$_{68}$H$_{110}$N$_8$O$_{20}$ (M+H$^+$ = 1359.9; M+Na$^+$ = 1382.5; M-H$^-$ = 1358.6); IR (ATR) ν = 3306.9, 2940.2, 2831.6, 1712.4 (CO$_2$H), 1620.5 (Amid), 1549.0, 1418.0, 1372.9, 1197.7, 1165.3, 1088.8, 1022.4, 701.6 cm^{-1}; HRMS von C$_{68}$H$_{110}$N$_8$O$_{20}$ [M+Na]$^+$ ber. 1381.77341 gef. 1381.77333.

Methylestergeschützte erst Generation (1→2-Verzweigung) (29)

Die dreifache UGI-4CR der Tricarbonsäurekerneinheit **17** (0.18 g, 0.39 mmol) mit Überschüssen an der Aldehydkomponente **3** (0.46 g, 3.51 mmol), Benzylamin **28** (0.38 g, 3.51 mmol) und Isonitril **10** (0.40 g, 3.51 mmol) liefert die methylestergeschützte erste Generation **29** nach säulenchromatographischer Aufreinigung (Ethylacetat/MeOH 19:1) als leicht gelbliches Öl (0.39 g, 68%). DC (Ethylacetat/MeOH 19:1) R_f = 0.47; ^{1}H NMR (CDCl$_3$, 300 MHz) δ = 1.13 – 2.57 (m, 40 H, 20 CH$_2$), 2.91 – 3.51 (m, 12 H, 6 CH$_2$), 3.60 – 3.69 (m, 18 H, 6 CH$_3$), 4.42 – 4.89 (m, 10 H, 3 CH$_2$, 4 CH), 6.83 – 6.98 (m, 4 H, 4 NH), 7.12 – 7.31 (m, 20 H, 20 CH) ppm; ^{13}C NMR (CDCl$_3$, 75 MHz) δ = 21.66, 24.60, 27.86, 33.48, 33.72, 34.19, 34.90, 35.13, 48.25, 51.45, 51.66, 53.42, 57.18, 125.78, 125.86, 126.27, 127.19, 128.21, 128.53, 136.95, 137.23, 170.10, 172.08, 173.24, 174.53 ppm; ESI-MS von C$_{77}$H$_{104}$N$_8$O$_{20}$ (M+Na$^+$ = 1484.0; M+2Na^{2+} = 754.3); IR (ATR) ν = 3314.6, 2949.9, 1731.8 (CO$_2$Me), 1625.5 (Amid), 1531.8, 1496.5, 1436.8, 1364.4, 1196.8, 1172.9, 1076.6, 1027.0, 918.3, 886.3, 729.6, 698.7 cm^{-1}; HRMS von C$_{77}$H$_{104}$N$_8$O$_{20}$ exakte Masse = 1460.73669 m/z (z = 2) [M+2Na]$^{2+}$ ber. 753.35812 gef. 753.35629.

Erste Generation als Hexacarbonsäure (30)

Die Verseifung der Methylestergruppen von der ersten Generation **29** (0.25 g, 0.17 mmol) liefert das Hexacarbonsäurederivat **30** als farblosen Feststoff (0.21 g, 92%). DC (Ethylacetat/MeOH/H$_2$O 3:2:1) R_f = 0.72; Smp. 84 – 85°C (Ethylacetat); ^{1}H NMR (CD$_3$OD, 300 MHz) δ = 0.96 – 2.51 (m, 40 H, 20 CH$_2$), 2.96 – 3.48 (m, 12 H, 6 CH$_2$), 4.35 – 4.78 (m, 10 H, 3 CH$_2$, 4 CH), 7.12 – 7.33 (m, 20 H, 20 CH) ppm; ^{13}C NMR (CD$_3$OD, 75 MHz) δ = 22.74, 22.81, 25.88, 27.39, 29.64, 29.84, 30.72, 33.97, 34.28, 34.34, 34.55, 36.32, 36.55, 36.79, 58.57, 61.92, 127.41, 127.49, 127.64, 127.91, 128.42, 128.54, 129.29, 129.51, 129.82, 130.37, 130.61, 138.76, 138.84, 139.12, 139.18, 172.45, 175.17, 175.51, 176.41, 176.71, 176.88 ppm; ESI-MS von C$_{71}$H$_{92}$N$_8$O$_{20}$ (M+H$^+$ = 1378.1; M+Na$^+$ = 1399.9; M-H$^-$ = 1376.3); IR (ATR) ν = 2940.3, 1715.6 (CO$_2$H), 1622.1 (Amid), 1538.5, 1496.6, 1451.4, 1417.4, 1364.0, 1196.0, 1077.2, 1029.1, 862.2, 732.6, 700.5 cm^{-1}; HRMS von C$_{71}$H$_{92}$N$_8$O$_{20}$ [M+Na]$^+$ ber. 1399.63256 gef. 1399.63316.

Methylestergeschützte erste Generation (1→2-Verzweigung) (31)

Die vierfache UGI-4CR der Tetracarbonsäurekerneinheit **19** (0.18 g, 0.38 mmol) mit Überschüssen an Isobutyraldehyd **25** (0.33 g, 4.56 mmol), dem primären Ammoniumchlorid **6** (0.64 g, 4.56 mmol) und Isonitril **11** (0.71 g, 4.56 mmol) liefert die methylestergeschützte erste Generation **31** nach säulenchromatographischer Aufreinigung (Ethylacetat/MeOH 19:1) als leicht gelbliches Öl (0.37 g, 57%). DC (Ethylacetat/MeOH 19:1) R_f = 0.46; ^{1}H NMR (CDCl$_3$, 300 MHz) δ = 0.79 – 0.96 (m, 24 H, 8 CH$_3$), 1.24 – 1.68 (m, 36 H, 18 CH$_2$), 1.97 – 2.74 (m, 30 H, 13 CH$_2$, 4 CH), 3.12 – 3.59 (m, 20 H, 10 CH$_2$), 3.66, 3.68 (2s, 24 H, 8 CH$_3$), 4.08 – 4.41 (m, 5 H, 5 CH), 6.73 – 6.98 (m, 5 H, 5 NH) ppm; ^{13}C NMR (CDCl$_3$, 75 MHz) δ = 18.80, 19.75, 24.45, 26.31, 29.05, 32.47, 33.57, 33.80, 39.00, 51.42, 51.74, 53.41, 170.46, 171.15, 173.63 ppm; ESI-MS von C$_{84}$H$_{144}$N$_{10}$O$_{26}$ (M+Na$^+$ = 1732.6; M+2Na^{2+} = 877.6; M-H$^-$ = 1708.7; M+Cl$^-$ = 1744.7); IR (ATR) ν = 3317.4, 2951.8, 2871.0, 1731.9 (CO$_2$Me), 1624.8 (Amid), 1537.4, 1434.7, 1370.2, 1196.2, 1163.3, 987.2, 850.7 cm^{-1}; HRMS von C$_{84}$H$_{144}$N$_{10}$O$_{26}$ exakte Masse = 1709.02532 m/z (z = 2) [M+2Na]$^{2+}$ ber. 877.50243 gef. 877.50363.

4. Divergenter Aufbau von Dendrimeren durch Ugi-4CRs

Erste Generation als Octacarbonsäure (32)

Die Verseifung der Methylestergruppen von der ersten Generation **31** (0.25 g, 0.15 mmol) liefert das Octacarbonsäurederivat **32** als farblosen Feststoff (0.23 g, 96%). DC (Ethylacetat/MeOH/H$_2$O 3:2:1) R_f = 0.48; Smp. 70 – 71°C (Ethylacetat); ^{1}H NMR (CD$_3$OD, 300 MHz) δ = 0.81 – 0.97 (m, 24 H, 8 CH$_3$), 1.21 – 1.99 (m, 36 H, 18 CH$_2$), 2.27 – 2.61 (m, 30 H, 13 CH$_2$, 4 CH), 3.10 – 3.94 (m, 20 H, 10 CH$_2$), 4.46 – 4.49 (m, 5 H, 5 CH) ppm; ^{13}C NMR (CD$_3$OD, 75 MHz) δ = 19.36, 19.78, 20.10, 25.70, 27.52, 27.56, 28.22, 29.23, 29.88, 30.92, 33.30, 33.79, 34.19, 34.78, 40.16, 41.91, 64.88, 67.51, 171.42, 172.30, 174.13, 174.26, 175.26, 177.12 ppm; ESI-MS von C$_{76}$H$_{128}$N$_{10}$O$_{26}$ (M+H$^+$ = 1597.3; M+Na$^+$ = 1620.0; M+2Na^{2+} = 820.6; M-H$^-$ = 1596.5); IR (ATR) ν = 3344.5, 2942.1, 2833.4, 1712.1 (CO$_2$H), 1622.4 (Amid), 1556.0, 1422.2, 1202.4, 1117.7, 1021.0 cm^{-1}; HRMS von C$_{76}$H$_{128}$N$_{10}$O$_{26}$ [M+Na]$^+$ ber. 1619.88990 gef. 1619.89041.

Methylestergeschützte erste Generation (1→2-Verzweigung) (33)

Die vierfache UGI-4CR der Tetracarbonsäurekerneinheit **19** (0.18 g, 0.39 mmol) mit Überschüssen an Isobutyraldehyd **25** (0.34 g, 4.68 mmol), dem primären Ammoniumchlorid **5** (0.72 g, 4.68 mmol) und Isonitril **11** (0.73 g, 4.68 mmol) liefert die methylestergeschützte erste Generation **33** nach säulenchromatographischer Aufreinigung (Ethylacetat/MeOH 19:1) als leicht gelbliches Öl (0.47 g, 68%). DC (Ethylacetat/MeOH 19:1) R_f = 0.48; ^{1}H NMR (CDCl$_3$, 300 MHz) δ = 0.78 – 0.96 (m, 24 H, 8 CH$_3$), 1.24 – 2.05 (m, 44 H, 22 CH$_2$), 2.25 – 2.63 (m, 30 H, 13 CH$_2$, 4 CH), 3.12 – 3.41 (m, 20 H, 10 CH$_2$), 3.66, 3.68 (2s, 24 H, 8 CH$_3$), 4.12 – 4.40 (m, 5 H, 5 CH), 6.75 – 6.98 (m, 5 H, 5 NH) ppm; ^{13}C NMR (CDCl$_3$, 75 MHz) δ = 18.92, 19.82, 24.49, 26.35, 29.09, 30.95, 32.90, 33.86, 39.00, 51.44, 51.68, 53.42, 170.59, 172.91, 173.68 ppm; ESI-MS von C$_{88}$H$_{152}$N$_{10}$O$_{26}$ (M+H$^+$ = 1767.1; M+Na$^+$ = 1789.4; M+2Na^{2+} = 905.7; M-H$^-$ = 1764.5); IR (ATR) ν = 3308.2, 3072.4, 2951.6, 2871.1, 1731.9 (CO$_2$Me), 1621.0 (Amid), 1537.2, 1434.9, 1366.6, 1195.8, 1160.6, 1027.2, 923.6, 865.5, 731.1 cm^{-1}; HRMS von C$_{88}$H$_{152}$N$_{10}$O$_{26}$ exakte Masse = 1765.08793 m/z (z = 2) [M+2Na]$^{2+}$ ber. 905.53373 gef. 905.53281.

Erste Generation als Octacarbonsäure (34)

Die Verseifung der Methylestergruppen von der ersten Generation **33** (0.36 g, 0.21 mmol) liefert das Octacarbonsäurederivat **34** als farblosen Feststoff (0.32 g, 94%). DC (Ethylacetat/MeOH/H$_2$O 3:2:1) R_f = 0.50; Smp. 67 – 68°C (Ethylacetat); ^{1}H NMR (CD$_3$OD, 300 MHz) δ = 0.80 – 1.05 (m, 24 H, 8 CH$_3$), 1.29 – 2.07 (m, 44 H, 22 CH$_2$), 2.22 – 2.73 (m, 30 H, 13 CH$_2$, 4 CH), 3.15 – 3.63 (m, 20 H, 10 CH$_2$), 4.49 – 4.52 (m, 5 H, 5 CH) ppm; ^{13}C NMR (CD$_3$OD, 75 MHz) δ = 19.35, 19.86, 20.07, 24.25, 24.75, 25.69, 26.15, 27.51, 27.84, 28.19, 29.15, 29.88, 30.93, 31.84, 31.92, 32.81, 33.80, 34.13, 34.80, 40.13, 45.49, 64.66, 67.64, 171.41, 172.18, 172.29, 175.91, 176.05, 176.53, 177.08 ppm; ESI-MS von C$_{80}$H$_{136}$N$_{10}$O$_{26}$ (M+H$^+$ = 1655.5; M+Na$^+$ = 1676.0; M+2Na^{2+} = 847.3; M-H$^-$ = 1653.8); IR (ATR) v = 3326.8, 2939.2, 1712.4 (CO$_2$H), 1619.9 (Amid), 1552.5, 1417.8, 1373.1, 1273.5, 1197.4, 1164.9, 1088.5, 1022.4 cm^{-1}; HRMS von C$_{80}$H$_{136}$N$_{10}$O$_{26}$ [M+Na]$^+$ ber. 1675.95249 gef. 1675.95060.

Methylestergeschützte erste Generation (1→2-Verzweigung) (35)

Die vierfache UGI-4CR der Tetracarbonsäurekerneinheit **19** (0.18 g, 0.39 mmol) mit Überschüssen an Isobutyraldehyd **25** (0.34 g, 4.68 mmol), dem primären Ammoniumchlorid **7** (0.85 g, 4.68 mmol) und Isonitril **11** (0.73 g, 4.68 mmol) liefert die methylestergeschützte erste Generation **35** nach säulenchromatographischer Aufreinigung (Ethylacetat/MeOH 19:1) als leicht gelbliches Öl (0.49 g, 67%). DC (Ethylacetat/MeOH 19:1) R_f = 0.47; ^{1}H NMR (CDCl$_3$, 300 MHz) δ = 0.78 – 0.99 (m, 24 H, 8 CH$_3$), 1.21 – 1.65 (m, 58 H, 29 CH$_2$), 2.00 – 2.69 (m, 32 H, 14 CH$_2$, 4 CH), 3.12 – 3.42 (m, 20 H, 10 CH$_2$), 3.65, 3.66 (2s, 24 H, 8 CH$_3$), 4.08 – 4.20 (m, 5 H, 5 CH), 6.89 – 7.06 (m, 5 H, 5 NH) ppm; ^{13}C NMR (CDCl$_3$, 75 MHz) δ = 17.55, 18.90, 19.59, 19.74, 24.32, 24.42, 24.61, 26.26, 26.38, 26.47, 26.61, 26.93, 29.01, 29.17, 29.40, 29.79, 31.11, 33.77, 38.43, 38.88, 49.24, 51.34, 51.39, 53.37, 68.38, 170.50, 173.47, 173.57 ppm; ESI-MS von C$_{96}$H$_{168}$N$_{10}$O$_{26}$ (M+H$^+$ = 1878.5; M+Na$^+$ = 1901.3; M+2Na^{2+} = 961.9; M+Cl$^-$ = 1913.9); IR (ATR) ν = 3307.6, 2936.1, 2867.3, 1732.3 (CO$_2$Me), 1672.4, 1621.2 (Amid), 1537.2, 1434.9, 1367.3, 1196.1, 1163.0, 1100.7, 1010.2, 854.7, 731.7 cm^{-1}; HRMS von C$_{96}$H$_{168}$N$_{10}$O$_{26}$ exakte Masse = 1877.21313 m/z (z = 2) [M+2Na]$^{2+}$ ber. 961.59633 gef. 961.59395.

Erste Generation als Octacarbonsäure (36)

Die Verseifung der Methylestergruppen von der ersten Generation **35** (0.38 g, 0.20 mmol) liefert das Octacarbonsäurederivat **36** als farbloses Öl (0.33 g, 94%). DC (Ethylacetat/MeOH/H$_2$O 3:2:1) R_f = 0.61; ^{1}H NMR (CD$_3$OD, 300 MHz) δ = 0.80 – 1.00 (m, 24 H, 8 CH$_3$), 1.13 – 1.99 (m, 60 H, 30 CH$_2$), 2.15 – 2.71 (m, 30 H, 13 CH$_2$, 4 CH), 3.15 – 3.82 (m, 20 H, 10 CH$_2$), 4.47 – 4.50 (m, 5 H, 5 CH) ppm; ^{13}C NMR (CD$_3$OD, 75 MHz) δ = 19.30, 19.82, 20.04, 25.57, 25.67, 25.76, 26.48, 27.53, 27.82, 28.19, 28.66, 29.11, 29.88, 30.65, 33.83, 34.26, 34.79, 40.13, 46.20, 54.82, 64.94, 67.68, 172.42, 172.56, 176.02, 177.27 ppm; ESI-MS von C$_{88}$H$_{152}$N$_{10}$O$_{26}$ (M+H$^+$ = 1766.2; M+Na$^+$ = 1788.4; M+2Na^{2+} = 905.8; M-H$^-$ = 1764.5); IR (ATR) ν = 3330.6, 2937.1, 2870.1, 1712.5 (CO$_2$H), 1615.1 (Amid), 1548.6, 1421.5, 1372.2, 1232.2, 1089.2, 1024.0, 850.3, 731.0 cm^{-1}; HRMS von C$_{88}$H$_{152}$N$_{10}$O$_{26}$ [M+Na]$^+$ ber. 1788.07770 gef. 1788.07978.

Darstellung von Dendrimeren der zweiten Generation

Methylestergeschützte zweite Generation (37)

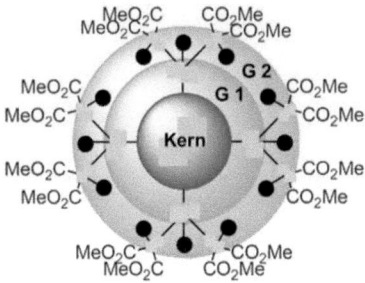

Die achtfache UGI-4CR der Octacarbonsäure als erste Generation **17** (0.40 g, 0.25 mmol) mit Überschüssen an der Aldehydkomponente **3** (1.31 g, 10.1 mmol), dem primären Ammoniumchlorid **5** (1.55 g, 10.1 mmol) und *t*-Butylisonitril **20** (0.84 g, 10.1 mmol) liefert die methylestergeschützte zweite Generation **37** nach säulenchromatographischer Aufreinigung (Ethylacetat/MeOH 19:1) als leicht bräunliches Öl (1.00 g, 97%). DC (Ethylacetat/MeOH 9:1) R_f = 0.79; ^{1}H NMR (CDCl$_3$, 300 MHz) δ = 1.23 – 1.35 (m, 108 H, 36 CH$_3$), 1.54 – 2.51 (m, 142 H, 71 CH$_2$), 3.28 – 3.36 (m, 26 H, 13 CH$_2$), 3.66 – 3.68 (m, 48 H, 16 CH$_3$), 4.67 – 4.88 (m, 13 H, 13 CH), 6.40 – 6.77 (m, 13 H, 13 NH) ppm; ^{13}C NMR (CDCl$_3$, 75 MHz) δ = 20.97, 21.42, 22.14, 24.70, 25.34, 27.29, 28.45, 28.60, 30.29, 30.80, 31.85, 32.88, 32.99, 33.44, 43.62, 47.97, 50.20, 50.80, 51.38, 51.58, 53.36, 56.94, 169.86, 172.61, 172.72, 173.15, 173.38, 173.46, 173.68 ppm; ESI-MS von C$_{203}$H$_{350}$N$_{26}$O$_{58}$ (M+2Na^{2+} = 2064.8; M+3Na^{3+} = 1384.8; M+2Cl^{2-} = 2077.1); IR (ATR) ν = 3323.0, 2954.8, 2248.1, 1731.7 (CO$_2$Me), 1673.0 (Amid), 1624.8 (Amid), 1536.6, 1453.6, 1435.5, 1416.1, 1364.0, 1258.7, 1197.9, 1170.1, 1073.8, 914.1, 726.6 cm^{-1}; HRMS von C$_{203}$H$_{350}$N$_{26}$O$_{58}$ exakte Masse = 4080.52373 m/z (z = 3) [M+4H]$^{3+}$ ber. 1361.51835 gef. 1361.51388; MALDITOF-MS von C$_{203}$H$_{350}$N$_{26}$O$_{58}$ [M+Na]$^+$ ber. 4103.514 gef. 4102.949; [M+K]$^+$ ber. 4119.487 gef. 4118.936.

Zweite Generation als Polycarbonsäure (38)

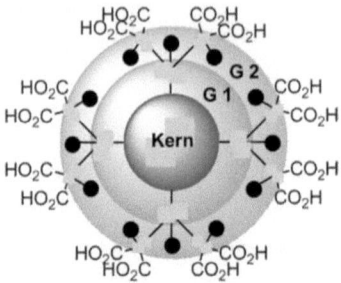

Die Verseifung der Methylestergruppen von der zweiten Generation **37** (0.86 g, 0.21 mmol) liefert das Polycarbonsäurederivat **38** als farblosen Feststoff (0.75 g, 92%). DC (Ethylacetat/MeOH/H$_2$O 2:2:1) R_f = 0.85; Smp. 131 – 132°C (Ethylacetat); ^{1}H NMR (CD$_3$OD, 300 MHz) δ = 1.22 – 1.40 (m, 108 H, 36 CH$_3$), 1.52 – 2.56 (m, 142 H, 71 CH$_2$), 3.29 – 3.41 (m, 26 H, 13 CH$_2$), 4.70 – 4.85 (m, 13 H, 13 CH) ppm; ^{13}C NMR (CD$_3$OD, 75 MHz) δ = 20.85, 22.73, 22.91, 23.48, 25.32, 26.36, 28.87, 28.97, 29.36, 29.89, 31.14, 31.44, 31.78, 32.72, 33.86, 34.39, 45.51, 52.14, 52.50, 58.96, 61.73, 171.92, 175.22, 176.02, 176.49, 176.60 ppm; ESI-MS von C$_{187}$H$_{318}$N$_{26}$O$_{58}$ (M+2Na^{2+} = 1952.0; M+3Na^{3+} = 1307.3; M-2H^{2-} = 1928.6); IR (ATR) ν = 3342.2, 2965.1, 1712.6 (CO$_2$H), 1659.7 (Amid), 1614.5 (Amid), 1538.7, 1454.8, 1417.5, 1393.5, 1365.1, 1264.2, 1218.3, 1023.9, 865.3 cm^{-1}; HRMS von C$_{187}$H$_{318}$N$_{26}$O$_{58}$ exakte Masse = 3856.27333 m/z (z = 3) [M-3H]$^{3-}$ ber. 1284.41662 gef. 1284.42075; MALDITOF-MS von C$_{187}$H$_{318}$N$_{26}$O$_{58}$ [M+Na]$^+$ ber. 3879.263 gef. 3879.021; [M+K]$^+$ ber. 3895.237 gef. 3895.102.

Methylestergeschütztes linear verlängertes Produkt der ersten Generation (39)

Die achtfache UGI-4CR der Octacarbonsäure **36** (0.08 g, 0.05 mmol) mit Überschüssen an Isobutyraldehyd **25** (0.14 g, 1.88 mmol), Benzylamin **28** (0.20 g, 1.88 mmol) und Isonitril **11** (0.29 g, 1.88 mmol) liefert die unverzweigte methylestergeschützte zweite Generation **39** nach säulenchromatographischer Aufreinigung (Ethylacetat/MeOH 19:1) als leicht gelbliches Öl (0.17 g, 86%). DC (Ethylacetat/MeOH 19:1) R_f = 0.52; ^{1}H NMR (CDCl$_3$, 500 MHz) δ = 0.74 – 0.94 (m, 72 H, 24 CH$_3$), 1.18 – 1.64 (m, 108 H, 54 CH$_2$), 2.13 – 2.40 (m, 54 H, 21 CH$_2$, 12 CH), 2.95 – 3.18 (m, 36 H, 18 CH$_2$), 3.65 (s, 24 H, 8 CH$_3$), 4.53 – 4.59 (m, 16 H, 8 CH$_2$), 4.75 – 4.78 (m, 13 H, 13 CH), 6.82 – 7.05 (m, 13 H, 13 NH), 7.11 – 7.34 (m, 40 H, 40 CH), ppm; ^{13}C NMR (CDCl$_3$, 125 MHz) δ = 18.73, 19.51, 24.14, 24.29, 24.45, 24.53, 26.19, 26.48, 26.85, 26.68, 28.83, 29.09, 29.25, 33.65, 33.86, 38.83, 38.96, 48.49, 51.27, 125.87, 126.93, 127.81, 128.34, 137.45, 169.71, 173.74, 174.93, 175.12 ppm; ESI-MS von C$_{240}$H$_{376}$N$_{26}$O$_{42}$ (M+2Na^{2+} = 2171.5;

M+3Na^{3+} = 1455.3); IR (ATR) ν = 3307.8, 2936.4, 2869.7, 1736.8 (CO$_2$Me), 1626.5 (Amid), 1541.4, 1452.3, 1368.8, 1234.2, 1203.4, 1168.0, 1102.5, 1029.7, 971.3, 854.3, 731.5, 696.8 cm^{-1}; HRMS von C$_{240}$H$_{376}$N$_{26}$O$_{42}$ exakte Masse = 4294.80855 m/z (z = 3) [M+3Na]$^{3+}$ ber. 1454.59262 gef. 1454.58922.

Methylestergeschützte zweite Generation (1→2-Verzweigung) (40)

Die achtfache UGI-4CR der Octacarbonsäure **36** (0.076 g, 0.04 mmol) mit Überschüssen an Isobutyraldehyd **25** (0.12 g, 1.72 mmol), dem primären Ammoniumchlorid **5** (0.26 g, 1.72 mmol) und Isonitril **11** (0.27 g, 1.72 mmol) liefert die zweifach verzweigte methylestergeschützte zweite Generation **40** nach säulenchromatographischer Aufreinigung (Ethylacetat/MeOH 19:1) als farbloses Öl (0.15 g, 81%). DC (Ethylacetat/MeOH 19:1) R_f = 0.38; ^{1}H NMR (CDCl$_3$, 500 MHz) δ = 0.79 – 1.01 (m, 72 H, 24 CH$_3$), 1.22 – 1.89 (m, 124 H, 62 CH$_2$), 2.25 – 2.43 (m, 70 H, 29 CH$_2$, 12 CH), 2.91 – 3.41 (m, 52 H, 26 CH$_2$), 3.66, 3.67, 3.68 (3s, 48 H, 16 CH$_3$), 4.20 – 4.26 (m, 13 H, 13 CH), 6.83 – 7.05 (m, 13 H, 13 NH) ppm; ^{13}C NMR (CDCl$_3$, 125 MHz) δ = 18.68,

19.40, 19.57, 24.25, 24.31, 24.55, 24.88, 26.12, 26.25, 26.40, 26.67, 28.83, 29.03, 29.21, 29.34, 29.42, 30.68, 31.10, 33.05, 33.57, 33.64, 38.78, 39.08, 51.25, 51.39, 51.49, 68.41, 170.66, 170.72, 172.91, 173.51, 173.71, 173.83, 174.31, 174.46 ppm; ESI-MS von $C_{224}H_{392}N_{26}O_{58}$ (M+2Na^{2+} = 2211.8; M+3Na^{3+} = 1482.9); IR (ATR) ν = 3305.9, 2935.6, 2870.4, 1732.5 (CO_2Me), 1620.5 (Amid), 1538.8, 1435.1, 1367.1, 1196.3, 1161.2, 1101.7, 1030.0, 854.8 cm^{-1}; HRMS von $C_{224}H_{392}N_{26}O_{58}$ exakte Masse = 4374.85238 m/z (z = 3) [M+3Na]$^{3+}$ ber. 1481.27390 gef. 1481.27444.

Methylestergeschützte Generation 2 (1→3-Verzweigung) (41)

Die achtfache UGI-4CR der Octacarbonsäure **36** (0.08 g, 0.05 mmol) mit Überschüssen an der Aldehydkomponente **3** (0.24 g, 1.86 mmol), dem primären Ammoniumchlorid **6** (0.26 g, 1.86 mmol) und Isonitril **11** (0.29 g, 1.86 mmol) liefert die dreifach verzweigte methylestergeschützte zweite Generation **41** nach säulenchromatographischer Aufreinigung (Ethylacetat/MeOH 19:1) als leicht gelbliches Öl (0.19 g, 89%). DC (Ethylacetat/MeOH 9:1) R_f = 0.36; ^{1}H NMR (CDCl$_3$, 300 MHz) δ = 0.79 – 0.94 (m, 24

H, 8 CH$_3$), 1.23 – 2.00 (m, 140 H, 70 CH$_2$), 2.28 – 2.91 (m, 78 H, 37 CH$_2$, 4 CH), 3.10 – 3.41 (m, 52 H, 26 CH$_2$), 3.66, 3.68 (2s, 72 H, 24 CH$_3$), 4.68 – 4.83 (m, 13 H, 13 CH), 6.80 – 6.97 (m, 13 H, 13 NH) ppm; ^{13}C NMR (CDCl$_3$, 125 MHz) δ = 18.63, 19.49, 20.89, 21.26, 21.52, 21.59, 24.04, 24.19, 24.26, 24.44, 24.59, 26.00, 26.07, 26.14, 26.34, 26.53, 27.31, 28.76, 28.88, 28.97, 29.02, 29.22, 32.58, 32.69, 33.02, 33.10, 33.18, 33.30, 33.55, 34.01, 38.43, 38.88, 38.90, 39.25, 40.19, 43.45, 51.20, 51.31, 51.38, 51.44, 51.48, 51.56, 56.73, 169.46, 170.65, 171.13, 173.18, 173.26, 173.34, 173.45, 173.67, 174.01, 174.18 ppm; ESI-MS von C$_{232}$H$_{392}$N$_{26}$O$_{74}$ (M+2Na^{2+} = 2386.9; M+3Na^{3+} = 1600.1); IR (ATR) ν = 3307.7, 2948.1, 2865.7, 1731.3 (CO$_2$Me), 1625.3 (Amid), 1537.4, 1434.9, 1368.8, 1196.8, 1166.9, 1104.2, 1058.6, 1010.7, 849.2 cm^{-1}; HRMS von C$_{232}$H$_{392}$N$_{26}$O$_{74}$ exakte Masse = 4726.77102 m/z (z = 3) [M+3Na]$^{3+}$ ber. 1598.58011 gef. 1598.59495.

Methylestergeschützte zweite Generation (1→3-Verzweigung) (42)

Die sechsfache UGI-4CR der Hexacarbonsäure **27** (0.10 g, 0.07 mmol) mit Überschüssen an der Aldehydkomponente **3** (0.27 g, 2.10 mmol), dem primären Ammoniumchlorid **7** (0.38 g, 2.10 mmol) und Isonitril **9** (0.27 g, 2.10 mmol) liefert die dreifach verzweigte methylestergeschützte zweite Generation **42** nach säulenchromatographischer Aufreinigung (Ethylacetat/MeOH 9:1) als bräunliches Öl (0.22 g, 84%). DC (Ethylacetat/MeOH 9:1) R_f = 0.59; ^{1}H NMR (CDCl$_3$, 300 MHz) δ =

0.79 – 0.95 (m, 18 H, 6 CH$_3$), 1.18 – 1.94 (m, 104 H, 52 CH$_2$), 2.11 – 2.65 (m, 59 H, 28 CH$_2$, 3 CH), 2.86 – 3.57 (m, 42 H, 21 CH$_2$), 3.66, 3.67 (2s, 54 H, 18 CH$_3$), 4.75 – 4.89 (m, 10 H, 10 CH), 6.91 – 7.02 (m, 10 H, 10 NH), 7.19 – 7.24 (m, 5 H, 5 CH) ppm; ^{13}C NMR (CDCl$_3$, 125 MHz) δ = 18.48, 19.38, 20.87, 21.21, 21.54, 24.03, 24.20, 24.24, 24.30, 24.42, 24.49, 24.58, 25.28, 25.89, 25.92, 25.94, 26.01, 26.13, 26.18, 26.24, 26.29, 26.47, 27.20, 27.33, 27.51, 28.80, 28.87, 29.08, 29.33, 29.44, 30.93, 30.95, 30.98, 31.06, 31.15, 31.21, 32.68, 32.97, 33.15, 33.23, 33.31, 33.42, 33.48, 33.53, 37.85, 38.23, 38.27, 38.36, 38.80, 40.29, 44.80, 45.39, 45.43, 48.28, 51.11, 51.12, 51.17, 51.20, 51.28, 51.38, 128.05, 128.68, 170.86, 170.90, 173.10, 173.13, 173.17, 173.21, 173.32, 173.37, 173.44, 173.59, 173.67, 173.69, 173.73, 173.95, 174.00 ppm; ESI-MS von C$_{182}$H$_{302}$N$_{20}$O$_{56}$ (M+2Na^{2+} = 1856.2; M+3Na^{3+} = 1242.2); IR (ATR) ν = 3308.1, 2949.7, 1731.4 (CO$_2$Me), 1626.3 (Amid), 1532.0, 1435.4, 1366.5, 1196.4, 1168.6, 1095.0, 1004.0, 883.6, 703.1 cm^{-1}; HRMS von C$_{182}$H$_{302}$N$_{20}$O$_{56}$ exakte Masse = 3664.13986 m/z (z = 3) [M+3Na]$^{3+}$ ber. 1244.36972 gef. 1244.37251.

Methylestergeschützte zweite Generation (1→2-Verzweigung) (43)

Die sechsfache UGI-4CR der Hexacarbonsäure **30** (0.15 g, 0.11 mmol) mit Überschüssen an Isobutyraldehyd **25** (0.23 g, 3.24 mmol), dem primären Ammoniumchlorid **6** (0.45 g, 3.24 mmol) und Isonitril **11** (0.50 g, 3.24 mmol) liefert die zweifach verzweigte methylestergeschützte zweite Generation **43** nach säulenchromatographischer Aufreinigung (Ethylacetat/MeOH 9:1) als leicht gelbliches

Öl (0.26 g, 74%). DC (Ethylacetat/MeOH 9:1) R_f = 0.48; ^{1}H NMR (CDCl$_3$, 300 MHz) δ = 0.76 – 0.94 (m, 36 H, 12 CH$_3$), 1.31 – 1.95 (m, 56 H, 28 CH$_2$), 2.27 – 2.68 (m, 50 H, 22 CH$_2$, 6 CH), 3.11 – 3.85 (m, 36 H, 18 CH$_2$), 3.65, 3.66 (2s, 36 H, 12 CH$_3$), 4.18 – 5.03 (m, 16 H, 3 CH$_2$, 10 CH), 6.83 – 7.04 (m, 10 H, 10 NH), 7.24 – 7.38 (m, 20 H, 20 CH) ppm; ^{13}C NMR (CDCl$_3$, 125 MHz) δ = 18.48, 19.41, 20.59, 21.67, 21.77, 24.14, 24.29, 24.41, 26.02, 26.53, 27.61, 27.96, 28.09, 28.48, 28.71, 29.03, 29.31, 32.02, 32.16, 32.56, 33.26, 33.51, 33.90, 35.27, 38.43, 38.73, 38.78, 38.95, 40.01, 40.56, 48.07, 51.15, 51.45, 57.03, 66.41, 125.65, 125.75, 126.22, 127.02, 127.20, 127.54, 128.06, 128.23, 128.41, 128.50, 136.91, 137.08, 137.37, 168.96, 170.17, 170.28, 171.09, 172.03, 172.41, 173.05, 173.47, 173.61, 173.93, 174.35 ppm; ESI-MS von C$_{167}$H$_{260}$N$_{20}$O$_{44}$ (M+2Na^{2+} = 1649.1; M+3Na^{3+} = 1107.1); IR (ATR) ν = 3306.9, 2941.2, 2874.2, 2828.6, 1732.5 (CO$_2$Me), 1625.5 (Amid), 1539.3, 1435.7, 1369.1, 1198.6, 1166.2, 1104.8, 1026.0, 731.2, 699.1 cm^{-1}; HRMS von C$_{167}$H$_{260}$N$_{20}$O$_{44}$ exakte Masse = 3249.87223 m/z (z = 3) [M+3Na]$^{3+}$ ber. 1106.28051 gef. 1106.28024.

Darstellung eines Dendrimers der dritten Generation

Methylestergeschützte dritte Generation (44)

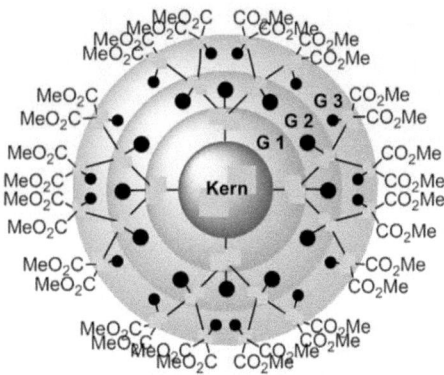

Die sechzehnfache UGI-4CR der Polycarbonsäure **38** (0.30 g, 0.08 mmol) mit Überschüssen an der Aldehydkomponente **3** (0.81 g, 6.22 mmol), dem primären Ammoniumchlorid **5** (0.96 g, 6.22 mmol) und *t*-Butylisonitril **20** (0.52 g, 6.22 mmol) liefert die methylestergeschützte dritte Generation **44** nach säulenchromatographischer Aufreinigung (Ethylacetat/MeOH 9:1) als leicht gelbliches Öl (0.61 g, 88%). DC (Ethylacetat/MeOH 19:1) R_f = 0.80; ^{1}H NMR (CDCl$_3$, 300 MHz) δ = 1.28 – 1.34 (m, 252 H, 84 CH$_3$), 1.54 – 2.46 (m, 302 H, 151 CH$_2$), 3.27 –3.43 (m, 58 H, 29 CH$_2$), 3.65 – 3.67 (m, 96 H, 32 CH$_3$), 4.65 – 4.93 (m, 29 H, 29 CH), 6.45 – 6.81 (m, 29 H, 29 NH) ppm; ^{13}C NMR (CDCl$_3$, 75 MHz) δ = 20.78, 21.43, 22.13, 24.76, 27.38, 28.47, 29.85, 30.84, 32.86, 33.47, 42.07, 43.63, 50.86, 51.43, 51.63, 53.38, 56.95, 169.85, 172.70, 172.86, 173.22, 173.71 ppm; ESI-MS von C$_{443}$H$_{766}$N$_{58}$O$_{122}$ (M+4Na^{4+} = 2237.7); IR (ATR) ν = 3315.9, 2958.8, 1732.4 (CO$_2$Me), 1673.7 (Amid), 1621.4 (Amid), 1537.1, 1453.4, 1434.8, 1391.9, 1363.8, 1259.3, 1223.0, 1198.1, 1170.3, 1072.6, 885.1 cm^{-1}; HRMS von C$_{443}$H$_{766}$N$_{58}$O$_{122}$ exakte Masse = 8851.55185 m/z (z = 4) [M+4Na]$^{4+}$ ber. 2235.87773 exakte Masse konnte nicht identifiziert werden (siehe Spektrum); MALDITOF-MS von C$_{443}$H$_{766}$N$_{58}$O$_{122}$ [M+Na]$^+$ ber. 8874.541 gef. 8880.963; [M+K]$^+$ ber. 8896.479 gef. 8890.516.

Dritte Generation als Polycarbonsäure (45)

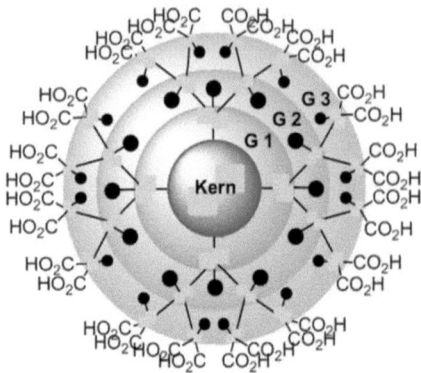

Die Verseifung der Methylestergruppen von der dritten Generation **44** (0.49 g, 0.06 mmol) liefert das Polycarbonsäurederivat **45** als farblosen Feststoff (0.37 g, 80%). DC (Ethylacetat/MeOH/H$_2$O 2:2:1) R_f = 0.91; Smp. 109 – 110°C (Ethylacetat); ^{1}H NMR (CD$_3$OD, 300 MHz) δ = 1.21 – 1.35 (m, 252 H, 84 CH$_3$), 1.53 – 2.56 (m, 302 H, 151 CH$_2$), 3.30 – 3.42 (m, 58 H, 29 CH$_2$), 4.68 – 4.84 (m, 29 H, 29 CH) ppm; ^{13}C NMR (CD$_3$OD, 75 MHz) δ = 20.83, 22.77, 22.93, 23.56, 26.41, 28.95, 29.38, 29.89, 30.74, 30.92, 31.20, 31.50, 31.82, 32.21, 32.76, 33.89, 34.43, 45.55, 52.16, 52.52, 58.96, 61.78, 171.94, 174.93, 175.23, 175.94, 176.55 ppm; ESI-MS von C$_{411}$H$_{702}$N$_{58}$O$_{122}$ (M-4H^{4-} = 2101.4); IR (ATR) ν = 3335.8, 2964.9, 1716.1 (CO$_2$H), 1620.4 (Amid), 1541.6, 1455.3, 1422.0, 1393.7, 1365.7, 1221.5, 1071.6, 871.1, 753.2 cm^{-1}; MALDITOF-MS von C$_{411}$H$_{702}$N$_{58}$O$_{122}$ [M+Na]$^+$ ber. 8426.041 gef. 8431.544; [M+K]$^+$ ber. 8442.015 gef. 8446.877.

Oberflächenderivatisierung eines Dendrimers erster Generation mit dem konvertierbaren Isonitril

Benzyl {9-[4-(2,2-Dimethoxyethyl)-3-(formylamino)benzoyl]-10-isopropyl-13,13-dimethyl-11-oxo-3,6-dioxa-9,12-diazatetradec-1-yl}carbamat (48)

Die UGI-4CR des Formamids **46** (1.19 g, 4.70 mmol) mit Isobutyraldehyd **25** (0.34 g, 4.70 mmol), dem Aminderivat **47** (1.33 g, 4.70 mmol) und *t*-Butylisonitril **20** (0.39 g, 4.70 mmol) liefert das Cbz-geschützte Aminderivat **48** nach säulenchromatographischer Aufreinigung (Ethylacetat/MeOH 19:1) als leicht gelbliches Öl (1.93 g, 68%). DC (Ethylacetat) R_f = 0.38; ^{1}H NMR (CDCl$_3$, 300 MHz, *s-cis* (Minder)- und *s-trans* (Haupt)-Isomer) δ = 0.73, 0.95 – 1.01 (t, *J* = 6.0 Hz, m, 6 H, 2 CH$_3$), 1.35, 1.39 (2s, 9 H, 3 CH$_3$), 2.56 – 2.77 (m, 1 H, CH), 2.93 (t, *J* = 4.9 Hz, 2 H, CH$_2$), 3.39, 3.41 (2s, 6 H, 2 CH$_3$), 3.45 – 3.96 (m, 13 H, 6 CH$_2$, CH), 4.42 – 4.47 (m, 1 H, CH), 5.08 (s, 2 H, CH$_2$), 5.67, 5.87 (br, 2s, 1 H, NH), 7.14 – 7.33 (m, 8 H, 8 CH), 7.70, 8.02 (2s, 1 H, NH), 8.38, 8.53 (s, d, *J* = 11.3 Hz, 1 H, CHO), 8.76 – 8.90 (m, 1 H, NH) ppm; ^{13}C NMR (CDCl$_3$, 75 MHz, *s-cis* (Minder)- und *s-trans* (Haupt)-Isomer) δ = 18.99, 19.72, 19.80, 26.46, 28.50, 36.32, 36.75, 40.78, 41.30, 50.81, 51.83, 53.34, 54.03, 54.49, 66.36, 67.91, 68.22, 69.94, 70.14, 105.69, 106.45, 119.88, 122.26, 123.59, 127.89, 128.31, 129.01, 130.07, 131.29, 131.89, 135.73, 136.59, 156.44, 159.09, 163.05, 168.51, 169.78, 169.97, 172.75, 173.15 ppm; ESI-MS von C$_{35}$H$_{52}$N$_4$O$_9$ (M+H$^+$ = 673.7; M+Na$^+$ = 695.4; 2M+Na$^+$ = 1367.8; M-H$^-$ = 671.8); IR (ATR) ν = 3314.9, 2963.6, 1668.0 (Amid), 1612.8 (Amid), 1573.5, 1531.2, 1454.5, 1416.9, 1364.0, 1250.3, 1114.9, 1067.6, 1026.3, 924.6, 823.8, 736.9, 697.0 cm^{-1}; HRMS von C$_{35}$H$_{52}$N$_4$O$_9$ [M+Na]$^+$ ber. 695.36320 gef. 695.36354.

N-{2-[2-(2-Aminoethoxy)ethoxy]ethyl}-*N*-{1-[(*tert*-butylamino)carbonyl]-2-methylpropyl}-4-(2,2-dimethoxyethyl)-3-(formylamino)benzamid (49)

Das Cbz-geschützte Aminderivat **48** (1.93 g, 2.87 mmol) in MeOH (50 mL) wird mit einer Spatelspitze Pd(OH)$_2$ (20% auf Aktivkohle) versetzt. Unter kräftigem Rühren lässt man für längere Zeit unter H$_2$-Atmosphäre bei Raumtemperatur reagieren. Nach drei Stunden zeigt die DC-Kontrolle (Ethylacetat) eine komplette Abspaltung der Cbz-Schutzgruppe an. Der Katalysator wird daraufhin über Celite® abfiltriert und die farblose Lösung im Vakuum zur Trockene eingeengt. Das Aminderivat **49** wird als leicht gelbliches Öl erhalten (1.44 g, 93%). DC (Ethylacetat/MeOH/H$_2$O 2:2:1) R_f = 0.38; ^{1}H NMR (CDCl$_3$, 500 MHz, *s-cis* (Minder)- und *s-trans* (Haupt)- Isomer) δ = 0.76, 0.99 – 1.01 (t, *J* = 6.1 Hz, m, 6 H, 2 CH$_3$), 1.37, 1.40 (2s, 9 H, 3 CH$_3$), 1.82 (br, s, 2 H, NH$_2$), 2.64 – 2.89 (m, 2 H, CH$_2$), 2.94 – 2.97(m, 1 H, CH), 3.40, 3.42 (2s, 6 H, 2 CH$_3$), 3.43 – 4.03 (m, 13 H, 6 CH$_2$, CH), 4.42 – 4.49 (m, 1 H, CH), 7.17 – 7.32(m, 3 H, 3 CH), 7.70, 8.01 (2s, 1 H, NH), 8.42, 8.52 (2s, 1 H, CHO), 8.68, 8.95 (2s, 1 H, NH) ppm; ^{13}C NMR (CDCl$_3$, 125 MHz, *s-cis* (Minder)- und *s-trans* (Haupt)-Isomer) δ = 18.62, 18.98, 19.77, 19.84, 26.47, 26.55, 28.49, 28.76, 36.28, 36.72, 41.29, 41.53, 41.57, 50.79, 50.82, 51.81, 53.34, 53.81, 53.94, 54.01, 54.44, 67.82, 67.98, 68.13, 68.27, 69.85, 69.97, 70.05, 70.12, 73.05, 73.15, 105.64, 106.37, 106.74, 119.97, 122.21, 122.82, 123.67, 123.95, 125.39, 129.09, 129.77, 130.29, 131.28, 131.83, 131.95, 134.23, 135.23, 135.62, 135.72, 136.37, 136.64, 159.05, 159.29, 162.80, 168.49, 169.74, 169.93, 171.73, 172.72, 173.12 ppm; ESI-MS von C$_{27}$H$_{46}$N$_4$O$_7$ (M+H$^+$ = 539.0; M+Na$^+$ = 561.1; M-H$^-$ = 537.8); IR (ATR) ν = 3309.1, 2963.7, 2933.0, 2871.5, 2830.9, 2358.8, 2338.3, 1668.1 (Amid), 1613.1 (Amid), 1573.4, 1530.9, 1454.1, 1417.1, 1388.9, 1362.7, 1307.2, 1295.7, 1270.6, 1245.2, 1224.9, 1189.6, 1168.9, 1115.1, 1067.1, 1038.6, 1002.4, 978.2, 919.0, 859.0, 823.5, 793.9, 750.5, 729.0, 665.0 cm^{-1}; HRMS von C$_{27}$H$_{46}$N$_4$O$_7$ [M+Na]$^+$ ber. 539.34448 gef. 539.34383.

Formamidmodifizierte Dendrimeroberfläche der ersten Generation (50)

Die achtfache UGI-4CR der Octacarbonsäure **22** (0.10 g, 0.06 mmol) mit Überschüssen an Isobutyraldehyd **25** (0.11 g, 1.52 mmol), dem Aminderivat **49** (0.82 g, 1.52 mmol) und *t*-Butylisonitril **20** (0.13 g, 1.52 mmol) liefert die als Formamid oberflächenderivatisierte erste Generation **50** nach säulenchromatographischer Aufreinigung (Ethylacetat/MeOH 4:1) als farblosen Feststoff (0.32 g, 72%). DC (Ethylacetat/MeOH 4:1) R_f = 0.68; ^{1}H NMR (CDCl$_3$, 300 MHz) δ = 0.75 – 1.03 (m, 96 H, 32 CH$_3$), 1.24 – 1.39 (m, 180 H, 60 CH$_3$), 1.57 – 1.89 (m, 34 H, 17 CH$_2$), 2.41 – 2.63 (m, 40 H, 12 CH$_2$, 16 CH), 2.86 – 3.00 (m, 18 H, 9 CH$_2$), 3.31 – 4.50 (m, 185 H, 16 CH$_3$, 54 CH$_2$, 29 CH), 6.42 – 7.05 (m, 21 H, 21 NH), 7.16 – 7.32 (m, 24 H, 24 CH), 8.42, 8.50 (s, d, *J* = 11.4 Hz, 8 H, 8 CHO), 8.87 – 8.94 (m, 8 H, 8 NH), ppm; ^{13}C NMR (CDCl$_3$, 125 MHz) δ = 18.63, 19.01, 19.64, 19.77, 19.85, 22.12, 25.17, 26.46, 26.55, 28.41, 28.49, 28.74, 29.52, 30.34, 33.11, 36.20, 36.64, 41.20, 43.96, 48.16, 50.74, 50.79, 51.80, 53.79, 54.00, 54.42, 55.84, 57.27, 67.74, 67.99, 68.13, 68.23, 68.81, 69.68, 69.84, 70.15, 70.29, 76.57, 77.20, 105.62, 106.32, 106.70, 119.74, 122.17, 122.84, 123.60, 124.00, 125.41, 129.20, 129.82, 130.43, 131.36, 131.96, 134.19, 135.21, 135.51, 135.72, 136.25, 136.63, 159.13, 159.30, 162.69, 168.45, 168.88, 169.69, 169.89, 170.02, 170.99, 171.66, 172.64, 173.09, 173.47, 174.33 ppm; ESI-MS von C$_{363}$H$_{614}$N$_{50}$O$_{82}$ (M+3Na^{3+} = 2353.5; M+4Na^{4+} = 1771.0; M+5Na^{5+} = 1421.3); IR (ATR) ν = 3306.4, 3076.1, 2965.4, 2937.6, 2876.3, 2830.2, 2359.9, 2340.5, 1660.9 (Amid), 1621.5 (Amid), 1572.5, 1543.8, 1455.1, 1418.3, 1391.4, 1364.9, 1313.5, 1297.6, 1273.8, 1248.4, 1223.2, 1191.1, 1170.5, 1116.4, 1070.1, 1025.0, 928.6, 820.9,

795.5, 733.5, 668.3 cm^{-1}; HRMS von $C_{363}H_{614}N_{50}O_{82}$ exakte Masse = 6986.54127 m/z (z = 4) [M+4Na]$^{4+}$ ber. 1769.62509 exakte Masse konnte nicht identifiziert werden (siehe Spektrum); MALDITOF-MS von $C_{363}H_{614}N_{50}O_{82}$ [M+Na]$^+$ ber. 7009.531 gef. 7015.103; [M+K]$^+$ ber. 7025.505 gef. 7030.729.

4.6 Referenzen

[1.] H. Frey, K. Lorenz, C. Lach, *Chem. unserer Zeit* **1996**, *30*, 75.
[2.] C. Gao, D. Yan, *Prog. Polym. Sci.* **2004**, *29*, 183.
[3.] J. Issberner, R. Moors, F. Vögtle, *Angew. Chem. Int. Ed.* **1995**, *33*, 2413; *Angew. Chem.* **1994**, *106*, 2507.
[4.] B. I. Voit, *Acta Polym.* **1995**, *46*, 87.
[5.] F. Vögtle, G. Richardt, N. Werner, *Dendritische Moleküle. Konzepte, Synthesen, Eigenschaften, Anwendungen;* Teubner: Wiesbaden, **2007**.
[6.] E. Buhleier, W. Wehner, F. Vögtle, *Synthesis* **1978**, 155.
[7.] E. Alonso, D. Astruc, *J. Am. Chem. Soc.* **2000**, *122*, 3222.
[8.] D. de Groot, J. N. H. Reek, P. C. J. Kamer, P. W. N. M. van Leeuwen, *Eur. J. Org. Chem.* **2002**, 1085.
[9.] J. W. J. Knapen, A. W. van der Made, J. C. de Wilde, P. W. N. M. van Leeuwen, P. Wijkens, D. M. Grove, G. van Koten, *Nature* **1994**, *372*, 659.
[10.] C. Kollner, B. Pugin, A. Togni, *J. Am. Chem. Soc.* **1998**, *120*, 10274.
[11.] A. Miedaner, C. J. Curtis, R. M. Barkley, D. L. Dubois, *Inorg. Chem.* **1994**, *33*, 5482.
[12.] G. E. Oosterom, J. N. H. Reek, P. C. J. Kamer, P. W. N. M. van Leeuwen, *Angew. Chem. Int. Ed.* **2001**, *40*, 1828; *Angew. Chem.* **2001**, *113*, 1878.
[13.] M. T. Reetz, G. Lohmer, R. Schwickardi, *Angew. Chem. Int. Ed.* **1997**, *36*, 1526; *Angew. Chem.* **1997**, *109*, 1559.
[14.] G. R. Newkome, Z. Q. Yao, G. R. Baker, V. K. Gupta, *Abstr. Pap. Am. Chem. Soc.* **1985**, *189*, 166.
[15.] G. R. Newkome, C. N. Moorefield, G. R. Baker, A. L. Johnson, R. K. Behera, *Angew. Chem. Int. Ed.* **1991**, *30*, 1176; *Angew. Chem.* **1991**, *103*, 1205.
[16.] G. R. Newkome, C. N. Moorefield, G. R. Baker, M. J. Saunders, S. H. Grossman, *Angew. Chem. Int. Ed.* **1991**, *30*, 1178; *Angew. Chem.* **1991**, *103*, 1207.
[17.] P. Busson, J. Ortegren, H. Ihre, U. W. Gedde, A. Hult, G. Andersson, A. Eriksson, M. Lindgren, *Macromolecules* **2002**, *35*, 1663.
[18.] M. W. P. L. Baars, S. H. M. Sontjens, H. M. Fischer, H. W. I. Peerlings, E. W. Meijer, *Chem. Eur. J.* **1998**, *4*, 2456.
[19.] M. Ballauff, *Chem. unserer Zeit* **1988**, *22*, 63.
[20.] M. Fischer, F. Vögtle, *Angew. Chem. Int. Ed.* **1999**, *38*, 885; *Angew. Chem.* **1999**, *111*, 934.
[21.] H. Kobayashi, M. W. Brechbiel, *Curr. Pharm. Biotechnol.* **2004**, *5*, 539.
[22.] S. Svenson, D. A. Tomalia, *Adv. Drug Deliv. Rev.* **2005**, *57*, 2106.
[23.] M. W. P. L. Baars, R. Kleppinger, M. H. J. Koch, S. L. Yeu, E. W. Meijer, *Angew. Chem. Int. Ed.* **2000**, *39*, 1285; *Angew. Chem.* **2000**, *112*, 1341.
[24.] R. Haag, *Angew. Chem. Int. Ed.* **2004**, *43*, 278; *Angew. Chem.* **2004**, *116*, 280.
[25.] J. F. G. A. Jansen, R. A. J. Janssen, E. M. M. de Brabander-van den Berg, E. W. Meijer, *Adv. Mater.* **1995**, *7*, 561.
[26.] C. Kojima, K. Kono, K. Maruyama, T. Takagishi, *Bioconjug. Chem.* **2000**, *11*, 910.
[27.] A. Clouet, T. Darbre, J. L. Reymond, *Angew. Chem. Int. Ed.* **2004**, *43*, 4612; *Angew. Chem.* **2004**, *116*, 4712.
[28.] E. Delort, T. Darbre, J. L. Reymond, *J. Am. Chem. Soc.* **2004**, *126*, 15642.
[29.] E. Delort, N. Q. Nguyen-Trung, T. Darbre, J. L. Reymond, *J. Org. Chem.* **2006**, *71*, 4468.
[30.] D. Lagnoux, T. Darbre, M. L. Schmitz, J. L. Reymond, *Chem. Eur. J.* **2005**, *11*, 3941.
[31.] E. M. M. de Brabander-van den Berg, E. W. Meijer, *Angew. Chem. Int. Ed.* **1993**, *32*, 1308; *Angew. Chem.* **1993**, *105*, 1370.
[32.] R. Moors, F. Vögtle, *Chem. Ber.* **1993**, *126*, 2133.
[33.] C. Wörner, R. Mülhaupt, *Angew. Chem. Int. Ed.* **1993**, *32*, 1306; *Angew. Chem.* **1993**, *105*, 1367.

[34.] D. A. Tomalia, H. Baker, J. Dewald, M. Hall, G. Kallos, S. Martin, J. Roeck, J. Ryder, P. Smith, *Polymer J.* **1985**, *17*, 117.
[35.] D. A. Tomalia, H. Baker, J. Dewald, M. Hall, G. Kallos, S. Martin, J. Roeck, J. Ryder, P. Smith, *Macromolecules* **1986**, *19*, 2466.
[36.] D. A. Tomalia, A. M. Naylor, W. A. Goddard III, *Angew. Chem. Int. Ed.* **1990**, *29*, 138; *Angew. Chem.* **1990**, *102*, 119.
[37.] E. V. Andreitchenko, C. G. Clark, R. E. Bauer, G. Lieser, K. Müllen, *Angew. Chem. Int. Ed.* **2005**, *44*, 6348; *Angew. Chem.* **2005**, *117*, 6506.
[38.] R. E. Bauer, V. Enkelmann, U. M. Wiesler, A. J. Berresheim, K. Müllen, *Chem. Eur. J.* **2002**, *8*, 3858.
[39.] A. Herrmann, G. Mihov, G. W. M. Vandermeulen, H. A. Klok, K. Müllen, *Tetrahedron* **2003**, *59*, 3925.
[40.] M. Kastler, J. Schmidt, W. Pisula, D. Sebastiani, K. Müllen, *J. Am. Chem. Soc.* **2006**, *128*, 9526.
[41.] F. Morgenroth, K. Müllen, *Tetrahedron* **1997**, *53*, 15349.
[42.] F. Morgenroth, E. Reuther, K. Müllen, *Angew. Chem. Int. Ed.* **1997**, *36*, 631; *Angew. Chem.* **1997**, *109*, 647.
[43.] U. M. Wiesler, A. J. Berresheim, F. Morgenroth, G. Lieser, K. Müllen, *Macromolecules* **2001**, *34*, 187.
[44.] R. G. Denkewalter, J. F. Kolc, W. J. Lukasavage, US-A 4360646, **1979**.
[45.] R. G. Denkewalter, J. F. Kolc, W. J. Lukasavage, US-A 4289872, **1981**.
[46.] R. G. Denkewalter, J. F. Kolc, W. J. Lukasavage, US-A 4410688, **1983**.
[47.] H. Hart, *Pure Appl. Chem.* **1993**, *65*, 27.
[48.] K. Shahlai, H. Hart, *J. Am. Chem. Soc.* **1990**, *112*, 3687.
[49.] K. Shahlai, H. Hart, *J. Org. Chem.* **1991**, *56*, 6905.
[50.] M. Braun, S. Atalick, D. M. Guldi, H. Lanig, M. Brettreich, S. Burghardt, M. Hatzimarinaki, E. Ravanelli, M. Prato, R. van Eldik, A. Hirsch, *Chem. Eur. J.* **2003**, *9*, 3867.
[51.] A. W. Kleij, R. van de Coevering, R. J. M. K. Gebbink, A. M. Noordman, A. L. Spek, G. van Koten, *Chem. Eur. J.* **2001**, *7*, 181.
[52.] C. Larre, A. M. Caminade, J. P. Majoral, *Angew. Chem. Int. Ed.* **1997**, *36*, 596; *Angew. Chem.* **1997**, *109*, 613.
[53.] C. Loup, M. A. Zanta, A. M. Caminade, J. P. Majoral, B. Meunier, *Chem. Eur. J.* **1999**, *5*, 3644.
[54.] J. B. Lambert, J. L. Pflug, C. L. Stern, *Angew. Chem. Int. Ed.* **1995**, *34*, 98; *Angew. Chem.* **1995**, *107*, 106.
[55.] J. B. Lambert, J. L. Pflug, J. M. Denari, *Organometallics* **1996**, *15*, 615.
[56.] A. Sekiguchi, M. Nanjo, C. Kabuto, H. Sakurai, *J. Am. Chem. Soc.* **1995**, *117*, 4195.
[57.] W. Uhlig, *Z. Naturforsch.* **2003**, *58*, 183.
[58.] J. Nakayama, J. S. Lin, *Tetrahedron Lett.* **1997**, *38*, 6043.
[59.] D. Seyferth, D. Y. Son, A. L. Rheingold, R. L. Ostrander, *Organometallics* **1994**, *13*, 2682.
[60.] A. Tuchbreiter, H. Werner, L. H. Gade, *Dalton Trans.* **2005**, 1394.
[61.] A. W. van der Made, P. W. N. M. van Leeuwen, *J. Chem. Soc., Chem. Commun.* **1992**, 1400.
[62.] A. W. van der Made, P. W. N. M. van Leeuwen, J. C. de Wilde, R. A. C. Brandes, *Adv. Mater.* **1993**, *5*, 466.
[63.] L. L. Zhou, J. Roovers, *Macromolecules* **1993**, *26*, 963.
[64.] R. Buschbeck, K. Brüning, H. Lang, *Synthesis* **2001**, 2289.
[65.] H. Lang, B. Lühmann, *Adv. Mater.* **2001**, *13*, 1523.
[66.] C. Kim, S. Son, *J. Organomet. Chem.* **2000**, *599*, 123.
[67.] A. Morikawa, M. Kakimoto, Y. Imai, *Macromolecules* **1991**, *24*, 3469.
[68.] J. P. Majoral, A. M. Caminade, *Chem. Rev.* **1999**, *99*, 845.
[69.] M. Bardaji, M. Kustos, A. M. Caminade, J. P. Majoral, B. Chaudret, *Organometallics* **1997**, *16*, 403.

[70.] T. R. Krishna, M. Parent, M. H. V. Werts, L. Moreaux, S. Gmouh, S. Charpak, A. M. Caminade, J. P. Majoral, M. Blanchard-Desce, *Angew. Chem. Int. Ed.* **2006**, *45*, 4645; *Angew. Chem.* **2006**, *118*, 4761.
[71.] M. L. Lartigue, M. Slany, A. M. Caminade, J. P. Majoral, *Chem. Eur. J.* **1996**, *2*, 1417.
[72.] N. Launay, A. M. Caminade, R. Lahana, J. P. Majoral, *Angew. Chem. Int. Ed.* **1994**, *33*, 1589; *Angew. Chem.* **1994**, *106*, 1682.
[73.] C. Marmillon, F. Gauffre, T. Gulik-Krzywicki, C. Loup, A. M. Caminade, J. P. Majoral, J. P. Vors, E. Rump, *Angew. Chem. Int. Ed.* **2001**, *40*, 2626; *Angew. Chem.* **2001**, *113*, 2696.
[74.] C. O. Turrin, J. Chiffre, D. de Montauzon, J. C. Daran, A. M. Caminade, E. Manoury, G. Balavoine, J. P. Majoral, *Macromolecules* **2000**, *33*, 7328.
[75.] C. O. Turrin, J. Chiffre, D. de Montauzon, G. Balavoine, E. Manoury, A. M. Caminade, J. P. Majoral, *Organometallics* **2002**, *21*, 1891.
[76.] C. Hawker, J. M. J. Fréchet, *J. Chem. Soc., Chem. Commun.* **1990**, 1010.
[77.] C. J. Hawker, J. M. J. Fréchet, *J. Am. Chem. Soc.* **1990**, *112*, 7638.
[78.] A. Klaikherd, B. S. Sandanaraj, D. R. Vutukuri, S. Thayumanavan, *J. Am. Chem. Soc.* **2006**, *128*, 9231.
[79.] K. L. Wooley, C. J. Hawker, J. M. J. Fréchet, *J. Am. Chem. Soc.* **1991**, *113*, 4252.
[80.] T. M. Miller, T. X. Neenan, *Chem. Mater.* **1990**, *2*, 346.
[81.] T. M. Miller, T. X. Neenan, R. Zayas, H. E. Bair, *J. Am. Chem. Soc.* **1992**, *114*, 1018.
[82.] U. M. Wiesler, K. Müllen, *Chem. Commun.* **1999**, 2293.
[83.] P. Bharathi, U. Patel, T. Kawaguchi, D. J. Pesak, J. S. Moore, *Macromolecules* **1995**, *28*, 5955.
[84.] V. Percec, J. G. Rudick, M. Peterca, S. R. Staley, M. Wagner, M. Obata, C. M. Mitchell, W. D. Cho, V. S. K. Balagurusamy, J. N. Lowe, M. Glodde, O. Weichold, K. J. Chung, N. Ghionni, S. N. Magonov, P. A. Heiney, *Chem. Eur. J.* **2006**, *12*, 5731.
[85.] Z. F. Xu, J. S. Moore, *Angew. Chem. Int. Ed.* **1993**, *32*, 246; *Angew. Chem.* **1993**, *105*, 261.
[86.] Z. F. Xu, J. S. Moore, *Angew. Chem. Int. Ed.* **1993**, *32*, 1354; *Angew. Chem.* **1993**, *105*, 1394.
[87.] Z. F. Xu, M. Kahr, K. L. Walker, C. L. Wilkins, J. S. Moore, *J. Am. Chem. Soc.* **1994**, *116*, 4537.
[88.] M. Lehmann, C. Köhn, H. Meier, S. Renker, A. Oehlhof, *J. Mater. Chem.* **2006**, *16*, 441.
[89.] H. Meier, M. Lehmann, *Angew. Chem. Int. Ed.* **1998**, *37*, 643; *Angew. Chem.* **1998**, *110*, 666.
[90.] S. A. Soomro, R. Benmouna, R. Berger, H. Meier, *Eur. J. Org. Chem.* **2005**, 3586.
[91.] J. Tolosa, C. Romero-Nieto, E. Díez-Barra, P. Sánchez-Verdú, J. Rodríguez-López, *J. Org. Chem.* **2007**, *72*, 3847.
[92.] E. R. Gillies, J. M. J. Fréchet, *J. Am. Chem. Soc.* **2002**, *124*, 14137.
[93.] A. Dömling, I. Ugi, *Angew. Chem. Int. Ed.* **2000**, *39*, 3169; *Angew. Chem.* **2000**, *112*, 3300.
[94.] A. Dömling, *Chem. Rev.* **2006**, *106*, 17.
[95.] T. W. Greene, P. G. M. Wuts, *Protective Groups in Organic Synthesis, 4th ed.*; Wiley-VCH: Weinheim, **2006**.
[96.] C. B. Gilley, M. J. Buller, Y. Kobayashi, *Org. Lett.* **2007**, *9*, 3631.
[97.] J. Isaacson, C. B. Gilley, Y. Kobayashi, *J. Org. Chem.* **2007**, *72*, 5024.
[98.] O. Kreye, B. Westermann, L. A. Wessjohann, *Synlett* **2007**, 3188.
[99.] M. Vamos, K. Ozboya, Y. Kobayashi, *Synlett* **2007**, 1595.
[100.] R. Obrecht, R. Herrmann, I. Ugi, *Synthesis* **1985**, 400.
[101.] I. Ugi, U. Fetzer, U. Eholzer, H. Knupfer, K. Offermann, *Angew. Chem. Int. Ed.* **1965**, *4*, 472; *Angew. Chem.* **1965**, *77*, 492.
[102.] M. Huckstep, R. J. K. Taylor, M. P. L. Caton, *Synthesis* **1982**, 881.
[103.] P. Wipf, T. Takada, M. J. Rishel, *Org. Lett.* **2004**, *6*, 4057.
[104.] R. L. Smith, T. J. Lee, N. P. Gould, E. J. Cragoe, H. G. Oien, F. A. Kuehl, *J. Med. Chem.* **1977**, *20*, 1292.

[105.] T. Chancellor, C. Morton, *Synthesis* **1994**, 1023.
[106.] F. Liu, H. Y. Zha, Z. J. Yao, *J. Org. Chem.* **2003**, *68*, 6679.
[107.] R. Appel, R. Kleinstück, K. D. Ziehn, *Angew. Chem. Int. Ed.* **1971**, *10*, 132; *Angew. Chem.* **1971**, *83*, 143.
[108.] J. E. Baldwin, I. A. O'Neil, *Synlett* **1990**, 603.
[109.] S. M. Creedon, H. K. Crowley, D. G. McCarthy, *J. Chem. Soc. Perkin Trans. 1* **1998**, 1015.
[110.] S. Khapli, S. Dey, D. Mal, *J. Indian. Inst. Sci.* **2001**, *81*, 461.
[111.] Autorenkollektiv, *Organikum,* 22. Auflage; Wiley-VCH: Weinheim, **2004**.

5. Abkürzungsverzeichnis

3CR	Dreikomponentenreaktion (three component reaction)
4CR	Vierkomponentenreaktion (four component reaction)
ATR	abgeschwächte Totalreflexion (attenuated total reflection)
Cbz	Benzyloxycarbonyl-Schutzgruppe (häufig auch als Z-Schutzgruppe bezeichnet)
CSA	(+)-Campher-10-sulfonsäure (β)
DC	Dünnschichtchromatographie
DIPEA	Diisopropylethylamin (Hünig-Base)
DMAD	Dimethylacetylendicarboxylat
DMAP	4-N,N-Dimethylaminopyridin (Steglich-Base)
DMF	N,N-Dimethylformamid
ESI – MS	Elektronensprayionisations – Massenspektrometer
EWG	elektronenziehende Gruppe (electron withdrawing group)
GABA	γ-Aminobuttersäure (4-Aminobuttersäure)
GPC	Gelpermeationschromatographie
HOBt	1-Hydroxybenzotriazol
IBX	2-Iodoxybenzoic acid
IMCR	isonitrilbasierte Multikomponentenreaktion
LDA	Lithiumdiisopropylamid
MALDITOF – MS	Matrix-assisted laser desorption/ionization in time of flight – mass spectrometer
MCR	Multikomponentenreaktion (multicomponent reaction)
MiB	multiple multicomponent macrocyclizations including bifunctional building blocks

MRI	magnetic resonance imaging
NBU	nonbranching unit
NCS	*N*-Chlorsuccinimid
NIR	Nahinfrarot
PAMAM	Polyamidoamine (Dendrimere)
PCC	Pyridiniumchlorochromat
PE	Petrolether
PEG	Polyethylenglykol
PMB	*p*-Methoxybenzyl-Gruppe
POPAM	Polypropylenamine (Dendrimere)
PPTS	Pyridinium-4-toluolsulfonat
PURG	protected Ugi reactive group
R_f	Retentionsfaktor
RT	Raumtemperatur
Smp.	Schmelzpunkt
TBS	*t*-Butyldimethylsilyl-Schutzgruppe
TBTU	2-(1*H*-Benzotriazol-1-yl)-1,1,3,3-tetramethyluronium-tetrafluoroborat
TEMPO	2,2,6,6-Tetramethylpiperidin-1-oxyl
TFA	Trifluoressigsäure
THF	Tetrahydrofuran
TMS	Tetramethylsilan oder Trimethylsilylgruppe (z. B. TMS-CN)
TNBS	2,4,6-Trinitrobenzolsulfonsäure
TRIS	*Tris*(hydroxymethyl)-aminomethan
URG	Ugi reactive group

6. Publikationen und Patente

Aus dieser Dissertation sind folgende Publikationen und Patente hervorgegangen:

- "Dye-Modified and Photoswitchable Macrocycles by Multiple Multicomponent Macrocyclizations Including Bifunctional Building Blocks (MiBs)"

  Oliver Kreye, Bernhard Westermann, Daniel G. Rivera, Dean V. Johnson, Romano V. A. Orru, Ludger A. Wessjohann, *QSAR Comb. Sci.* **2006**, *25*, 461.

- "Natural Product inspired meta/para'-Biarylether Lactam Macrocycles by double Ugi Multicomponent Reactions"

  Bernhard Westermann, Dirk Michalik, Angela Schaks, Oliver Kreye, Christoph Wagner, Kurt Merzweiler and Ludger A. Wessjohann, *Heterocycles.* **2007**, *73*, 863.

- "A stable, convertible Isonitrile as a Formic Acid Anion [⁻COOH] Equivalent and its Application in Multicomponent Reactions"

  Oliver Kreye, Bernhard Westermann, Ludger A. Wessjohann, *Synlett* **2007**, 3188.

- "MCR Dendrimers"

  Ludger A. Wessjohann, Michael Henze, Oliver Kreye, Daniel G. Rivera, *WO Patent* **2011**, 134607.

yes
i want morebooks!

Buy your books fast and straightforward online - at one of world's fastest growing online book stores! Environmentally sound due to Print-on-Demand technologies.

Buy your books online at
www.get-morebooks.com

Kaufen Sie Ihre Bücher schnell und unkompliziert online – auf einer der am schnellsten wachsenden Buchhandelsplattformen weltweit! Dank Print-On-Demand umwelt- und ressourcenschonend produziert.

Bücher schneller online kaufen
www.morebooks.de

VDM Verlagsservicegesellschaft mbH
Heinrich-Böcking-Str. 6-8
D - 66121 Saarbrücken

Telefon: +49 681 3720 174
Telefax: +49 681 3720 1749

info@vdm-vsg.de
www.vdm-vsg.de

Printed by Books on Demand GmbH, Norderstedt / Germany